航天科技图书出版基金资助出版

液体火箭发动机可靠性

谭松林　李宝盛 等 编著

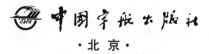

中国宇航出版社
·北京·

图书在版编目（CIP）数据

液体火箭发动机可靠性/谭松林等编著．--北京：
中国宇航出版社,2014.7

ISBN 978-7-5159-0744-4

Ⅰ.①液… Ⅱ.①谭… Ⅲ.①液体推进剂火箭发动机
－可靠性 Ⅳ.①V434

中国版本图书馆 CIP 数据核字（2014）第 151055 号

责任编辑　杨　洁
责任校对　祝延萍　　　　　　**封面设计**　文道思

出　版
发　行　**中国宇航出版社**

社　址　北京市阜成路 8 号　　　　邮　编　100830
　　　　（010）68768548
网　址　www.caphbook.com
经　销　新华书店
发行部　（010）68371900　　　　（010）88530478（传真）
　　　　（010）68768541　　　　（010）68767294（传真）
零售店　读者服务部　　　　　　北京宇航文苑
　　　　（010）68371105　　　　（010）62529336
承　印　北京画中画印刷有限公司
版　次　2014 年 7 月第 1 版　　　2014 年 7 月第 1 次印刷
规　格　880×1230　　　　　　开　本　1/32
印　张　12.75　　　　　　　　字　数　355 千字
书　号　ISBN 978-7-5159-0744-4
定　价　98.00 元

本书如有印装质量问题，可与发行部联系调换

航天科技图书出版基金简介

航天科技图书出版基金是由中国航天科技集团公司于2007年设立的，旨在鼓励航天科技人员著书立说，不断积累和传承航天科技知识，为航天事业提供知识储备和技术支持，繁荣航天科技图书出版工作，促进航天事业又好又快地发展。基金资助项目由航天科技图书出版基金评审委员会审定，由中国宇航出版社出版。

申请出版基金资助的项目包括航天基础理论著作，航天工程技术著作，航天科技工具书，航天型号管理经验与管理思想集萃，世界航天各学科前沿技术发展译著以及有代表性的科研生产、经营管理译著，向社会公众普及航天知识、宣传航天文化的优秀读物等。出版基金每年评审1～2次，资助10～20项。

欢迎广大作者积极申请航天科技图书出版基金。可以登录中国宇航出版社网站，点击"出版基金"专栏查询详情并下载基金申请表；也可以通过电话、信函索取申报指南和基金申请表。

网址：http：//www.caphbook.com

电话：（010）68767205，68768904

前　言

一直以来，液体火箭发动机以高可靠、高质量为主要表征，奠定了航天发展的动力基石。在液体火箭发动机研制工作中，积累了大量的可靠性工程经验，形成了一套较为完整的液体火箭发动机可靠性工程研制范式，可靠性理念与工程技术早已融于具体的发动机设计、生产和实验与管理过程中。

为了进一步全面总结发动机可靠性工程研制经验，推广可靠性工作方法，聚焦液体火箭发动机可靠性工程领域共性问题，特编著《液体火箭发动机可靠性》一书。本书共分为8章，其中，第1章为发动机可靠性概论，站在发动机可靠性面临的现实问题这一高度来对全书所要涉及的内容进行高度概括，同时讨论发动机可靠性技术的发展趋势。第2章为任务剖面可靠性分析，全书一开始之所以安排这样一个章节，就是要试图将可靠性工程的概念贯穿到型号研制的始终，强调从任务剖面分析入手来揭示火箭总体对发动机明确或潜在的需求。第3章为系统可靠性建模与可靠性分配，传统的可靠性指标分配方法在很多教科书中都有涉及，但航天的发展需求已经对其提出了新的挑战，主要原因是新组件、新技术的使用越来越广泛，要合理地分配给组件和单元一个可靠性指标并按照这个指标开展设计与验证并不容易。第3章涉及了如何按照对象确定一个可靠性模型，内容包括：液体火箭发动机可靠性模型，液体火箭发动机组件可靠性指标分配，实例分析等。第4章为可靠性预计，包括可靠性预计概述、可靠性预计的目的和用途及分类、可靠性预计方法等。第5章为可靠性工程设计的一般方法，主要内容包括可靠性设计准则的制定与贯彻、冗余设计与容错设计、降额设计、裕度设计、环境适应性设计。第 6 章为可靠性分析，主要内容包括可靠性分析方法概述、故障模式、影响与危害性分析（FMECA）、故障模式影响分析（FMEA）、故障树分析（FTA）。第 7 章为可靠性试验方法，发动机的可靠性验证、鉴定、增长方法在型号研制中不断推陈出新，实际上发动机可靠性增长是一个无模型方法，怎么拉偏和覆盖，以最省的方法发现薄弱环节和实现可靠性增长，是发动机研究领域迫切需要解决的现实问题，本章主要内容包括可靠性试验分类、环境应力筛选试验、可靠性增长试验、可靠性鉴定与验收试验等。第 8 章为可靠性评定，主要内容包括可靠性评定的概念、单元可靠性评定方法、系统可靠性评定方法和性能可靠性评定方法等。第 9 章为可靠性管理，主要内容包括可靠性管理的一般要求、可靠性管理工作计划、外协与外购产品的监控、可靠性会签及评审、故障报告、分析与纠正措施、可靠性信息管理、培训与人员职责，以及技术状态管理等内容。

本书由谭松林负责统稿，王建昌参与了全书的策划。谭松林主要撰写第 1 章、第 2 章、第 9 章及附录，李宝盛撰写第 3 章、第 4 章、第 7 章和第 8 章，秒安安撰写第 5 章，江军撰写了第 6 章。在书稿的形成过程中，荆磊、张永、刘禾参与了部分校对工作，陈祖奎、蔡会让、章玉华、侯早提出了许多宝贵的修改意见。

本书在出版过程中得到了航天科技图书出版基金的大力资助和中国宇航出版社的鼎力支持。

书中内容难免有错误和疏漏之处，恳请关心和关注我国液体火箭发动机可靠性的专家、学者和工程技术人员及广大读者给予批评指正。

谭松林

2013 年 11 月于西安

目　录

第1章　发动机可靠性概论 ················· 1

1.1　可靠性基本概念 ················· 2

1.2　发动机可靠性参数体系 ··············· 5

1.3　可靠性技术工作的基本环节 ············ 7

1.4　液体火箭发动机可靠性工作简述 ·········· 9

1.5　如何做好液体火箭发动机可靠性工作 ········ 15

参考文献 ························· 19

第2章　任务剖面可靠性分析 ·············· 20

2.1　概述 ······················ 20

2.2　任务剖面特征分析 ················ 21

2.2.1　一级发动机任务剖面分析 ········· 23

2.2.2　二级发动机任务剖面分析 ········· 24

2.2.3　三级发动机任务剖面分析 ········· 27

2.2.4　姿轨控发动机任务剖面分析 ········ 29

2.2.5　探月推进系统任务剖面分析 ········ 32

2.3　环境适应性分析 ················· 35

2.3.1　环境适应性分析策划 ··········· 37

2.3.2　环境适应性分析方法 ··········· 38

2.3.3　需要重点关注的方面 ··········· 40

2.4　小结 ······················ 42

参考文献 ························· 43

第 3 章　系统可靠性建模与可靠性分配 ·············· 44

3.1　系统可靠性建模 ······························· 44

　3.1.1　可靠性建模概述 ······················· 44

　3.1.2　系统功能分析 ························· 48

　3.1.3　典型系统可靠性模型 ················· 52

　3.1.4　复杂系统可靠性模型 ················· 54

　3.1.5　系统可靠性的精细化建模 ············· 56

3.2　发动机组件可靠性建模 ··················· 58

　3.2.1　推力室、发生器可靠性模型 ········· 58

　3.2.2　涡轮泵可靠性模型 ··················· 59

　3.2.3　阀门可靠性模型 ····················· 60

　3.2.4　贮箱与气瓶可靠性模型 ·············· 60

　3.2.5　总装元件可靠性模型 ················· 61

3.3　系统可靠性分配 ························· 62

　3.3.1　可靠性分配概述 ····················· 62

　3.3.2　可靠性分配的原理和准则 ············· 63

　3.3.3　结构可靠性指标分配方法 ············· 64

　3.3.4　性能可靠性指标分配方法 ············· 68

　3.3.5　可靠性分配注意事项 ················· 70

参考文献 ······························· 72

第 4 章　可靠性预计 ····················· 73

4.1　可靠性预计概述 ······················· 73

4.2　可靠性预计的目的和用途及分类 ········· 74

4.3　可靠性预计方法 ······················· 75

　4.3.1　相似产品法 ························· 75

　4.3.2　应力分析法 ························· 78

　4.3.3　机械产品可靠性预计方法 ············· 80

　4.3.4　一次二阶矩方法 ····················· 89

参考文献 ······························· 96

第 5 章　可靠性工程设计的一般方法 ………………………… 97
　5.1　概述 ………………………………………………… 97
　5.2　可靠性设计准则的制定与贯彻 …………………… 98
　　5.2.1　可靠性设计准则的基本内容与特点 ………… 99
　　5.2.2　可靠性设计准则的制定 …………………… 100
　　5.2.3　型号可靠性设计准则的贯彻 ……………… 102
　　5.2.4　常用的可靠性设计准则 …………………… 105
　5.3　冗余设计与容错设计 ……………………………… 107
　　5.3.1　冗余与容错的概念 ………………………… 107
　　5.3.2　冗余设计 …………………………………… 108
　　5.3.3　容错设计 …………………………………… 125
　5.4　降额设计 …………………………………………… 131
　　5.4.1　概述 ………………………………………… 131
　　5.4.2　降额的一般要求 …………………………… 131
　　5.4.3　降额的具体要求 …………………………… 138
　5.5　裕度设计 …………………………………………… 145
　　5.5.1　概述 ………………………………………… 145
　　5.5.2　安全系数设计 ……………………………… 145
　　5.5.3　应力-强度干涉理论 ……………………… 147
　　5.5.4　概率裕度设计流程 ………………………… 151
　　5.5.5　承力结构件强度裕度概率设计 …………… 156
　　5.5.6　密封件密封裕度设计 ……………………… 165
　　5.5.7　耗损型产品寿命裕度设计 ………………… 168
　5.6　环境适应性设计 …………………………………… 176
　　5.6.1　定义与基本概念 …………………………… 177
　　5.6.2　抗冲击、振动和噪声设计 ………………… 185
　　5.6.3　热设计与低温防护设计 …………………… 194
　　5.6.4　三防设计 …………………………………… 199
　　5.6.5　电磁兼容设计 ……………………………… 203

　　　5.6.6　非工作状态下贮存环境适应性设计 ·············· 208

参考文献 ····························· 211

第 6 章　可靠性分析 ························· 212

　6.1　概述 ···························· 212

　6.2　FMECA ·························· 213

　　　6.2.1　FMECA 简介 ················· 213

　　　6.2.2　FMECA 的目的和作用 ············ 214

　　　6.2.3　FMECA 方法和适用范围 ··········· 214

　　　6.2.4　FMECA 的特点 ··············· 216

　　　6.2.5　定义约定层次 ················ 218

　　　6.2.6　描述产品任务 ················ 219

　　　6.2.7　定义故障判据 ················ 219

　　　6.2.8　定义严酷度类别 ··············· 220

　　　6.2.9　FMECA 的工作步骤和实施 ········· 221

　　　6.2.10　FMECA 应注意的问题 ··········· 226

　　　6.2.11　FMEA 应用案例——某姿控动力系统 ····· 227

　　　6.2.12　FMECA 应用案例——某二级发动机系统 ······· 237

　　　6.2.13　工艺 FMECA 简介 ············· 255

　6.3　FTA ···························· 256

　　　6.3.1　概述 ···················· 256

　　　6.3.2　故障树的常用符号 ·············· 257

　　　6.3.3　FTA 的目的和数据需求 ··········· 258

　　　6.3.4　FTA 建树方法和原则 ············ 258

　　　6.3.5　FTA 建树步骤 ··············· 259

　　　6.3.6　FTA 定性分析 ··············· 260

　　　6.3.7　FMEA 与 FTA 的联系和区别 ······· 261

　　　6.3.8　质量问题的 FTA 分析示例 ········· 262

　　　6.3.9　进行 FTA 时应注意的问题 ········· 264

　6.4　技术风险分析 ······················ 265

　　　6.4.1　概念定义 ································· 265
　　　6.4.2　风险分析过程 ····························· 265
　　　6.4.3　风险分析的步骤和方法 ··················· 266
　　　6.4.4　风险分析报告 ··························· 271
　　6.5　其他分析方法简介 ···························· 272
　　　6.5.1　潜在电路分析 ··························· 273
　　　6.5.2　蒙特卡罗分析 ··························· 273
　　　6.5.3　事件树分析 ····························· 274
　　　6.5.4　马尔可夫分析 ··························· 275

参考文献 ·· 276

第7章　可靠性试验方法 ···························· 277
　　7.1　可靠性试验简介 ······························ 277
　　　7.1.1　可靠性试验的分类 ······················· 277
　　　7.1.2　设计与分析 ····························· 278
　　7.2　环境应力筛选试验 ···························· 280
　　　7.2.1　环境应力筛选试验简介 ··················· 280
　　　7.2.2　加速寿命试验 ··························· 282
　　　7.2.3　高加速应力筛选试验 ····················· 283
　　　7.2.4　发动机的环境应力筛选试验 ··············· 283
　　7.3　可靠性增长试验 ······························ 284
　　　7.3.1　可靠性增长试验设计简介 ················· 284
　　　7.3.2　可靠性增长模型 ························· 290
　　　7.3.3　发动机可靠性增长试验分析 ··············· 304
　　7.4　液体火箭发动机可靠性鉴定验收试验 ·········· 312
　　　7.4.1　简述 ··································· 312
　　　7.4.2　液体火箭发动机工作寿命及其可靠性 ······· 315
　　　7.4.3　校准试车不分解情况下液体火箭发动机的飞行任务
　　　　　　可靠性 ································· 315
　　　7.4.4　基于可靠性目标的鉴定验收试验方案的确定 ········ 317

7.5　昂贵、高可靠性产品批抽检验收的理论基础 ……………… 321

　　7.5.1　简述 ……………………………………………………… 321

　　7.5.2　产品批抽检验收试验方案 ……………………………… 322

　　7.5.3　高可靠性产品批抽检验收理论基础和验收方案风险

　　　　　　分析 ………………………………………………………… 326

　　7.5.4　高可靠性产品批抽检验收方案风险算例 …………… 329

　　7.5.5　小结 ……………………………………………………… 331

参考文献 ……………………………………………………………… 332

第8章　可靠性评定 ……………………………………………………… 333

8.1　可靠性评定的概念 …………………………………………… 333

8.2　单元可靠性评定方法 ………………………………………… 334

　　8.2.1　成败型单元可靠性评定 ………………………………… 334

　　8.2.2　寿命型单元可靠性评定 ………………………………… 336

　　8.2.3　正态分布强度-应力型模型可靠性评估 …………… 341

8.3　系统可靠性评定方法 ………………………………………… 346

　　8.3.1　系统可靠性评定方法简介 ……………………………… 346

　　8.3.2　系统可靠性信息的综合方法 …………………………… 346

　　8.3.3　系统可靠性综合评定 …………………………………… 348

　　8.3.4　某发动机可靠性综合评定案例 ………………………… 351

8.4　性能可靠性评定 ……………………………………………… 355

　　8.4.1　性能可靠性点估计 ……………………………………… 356

　　8.4.2　性能可靠性置信下限估计 ……………………………… 357

　　8.4.3　性能可靠性评定案例 …………………………………… 359

8.5　贮存可靠性评定 ……………………………………………… 360

8.6　可靠性评定最新进展 ………………………………………… 361

参考文献 ……………………………………………………………… 362

第9章　可靠性管理 ……………………………………………………… 363

9.1　一般要求 ……………………………………………………… 363

9.2　可靠性管理工作计划 ……………………………………… 366

9.3　外协件、外购件的监控 …………………………………… 368

9.4　可靠性会签及评审 ………………………………………… 369

9.5　故障报告、分析和纠正措施 ……………………………… 372

9.6　可靠性信息管理 …………………………………………… 373

9.7　可靠性队伍和技术培训 …………………………………… 377

9.8　不同人员可靠性职责 ……………………………………… 378

9.9　技术状态管理 ……………………………………………… 379

参考文献 ………………………………………………………… 381

附录 A　国外运载火箭液体型号发动机飞行故障汇总 ………… 382

附录 B　可靠性相关标准 ……………………………………… 394

第1章　发动机可靠性概论

众所周知，航天事业在广播、通信、导航、国土资源普查等诸多领域中越来越体现出其重要作用，同时为科学研究与和平利用空间提供了宝贵的平台和经验，在对外太空的探索过程中也获得了很多有价值的成果。不管是火箭还是卫星，都离不开动力。动力的先进与成熟水平及产品可靠性，在某种程度决定了火箭与卫星的总体能力，因而提供动力的液体发动机可谓航天事业的重要基石，其性能与功能、可靠性、安全性日益得到高度的关注。

经过广大科研人员的不懈努力，发动机的推力量级从几牛发展到了几千千牛，发动机品种从单组元挤压式供应系统发展到了双组元开式循环常规推进剂发动机、液氢液氧低温发动机、先进无毒无污染大推力闭式循环液氧煤油发动机，发动机所使用的推进剂从常规可贮存有毒推进剂发展到了无毒推进剂和低温高性能推进剂。目前，我国已经形成了较为完备的液体火箭发动机产品体系与型谱，满足了民用航天的现实需求，为航天事业的发展和壮大奠定了坚实的动力基础。

我国液体火箭发动机的研制工作始终坚持质量与可靠性第一的思想，在液体发动机的可靠性设计、可靠性分析、可靠性试验、可靠性验证与评价等方面取得了丰硕的成果。发动机研制、生产、试验的过程就是一个不断提高可靠性、不断与故障作斗争的过程。如何进一步提高液体火箭发动机的成熟度水平，如何系统地利用可靠性技术来开发新产品，如何更好地指导发动机的研制生产，这些问题非常值得我们进行深入的研究。关于这一点，相关领域的管理人员、工程技术人员、专家学者已经达成了广泛的共识。

1.1　可靠性基本概念

（1）可靠性

产品在规定的条件下和规定的时间内完成规定功能的概率称之产品的可靠性，也称可靠度。用数学形式表示为

$$R(t) = P(\xi > t)$$

不管是发动机组件还是整机，当我们研究一个具体的产品的可靠性问题时，总是把它看做一个整体，暂且不研究其内部关系及组成部分的可靠性如何，且认为产品无故障工作时间是一个随机变量，其分布函数是绝对连续的。

可靠性数学描述的精确定义所隐含的物理内涵有以下几点：

1）可靠性总是相对一定任务、一定条件、一定任务时间来说的，不存在无条件、无历程的抽象可靠性。

2）可靠性表征了一种概率尺度。

3）可靠性是产品故障发生难易程度的度量。

4）可靠性也是产品寿命裕度的度量。

关于可靠性的定义需要说明以下几点：

1）产品——指零件、元器件、设备或系统等。

2）规定的条件——指使用条件和环境条件等，常在产品使用维护技术文件与规范中明确。

3）规定的时间——也称任务时间。规定时间有时不用时、分、秒计算，而用其他量纲表示，如继电器用触点开关的次数表示，规定时间一般是通过合同来决定的。

4）完成规定的功能——是指制造设备或系统的目的。当不能完成功能时就称为故障，有时也称为失效。

故障指的是产品发生以下几种情况：

1）不能工作；

2）工作不稳定；

3）功能退化等。

研究可靠性，首先要明确故障的内容，因为可靠性本身就是产品不出故障的概率，不能确定故障就不能计算概率。习惯上，从性能可靠性和结构可靠性两个维度对液体发动机的可靠性进行分析和评价。

（2）任务剖面

任务剖面是指产品在规定任务时间内所经历的事件和环境的时序描述，包含工作状态、维修方案、工作时间与顺序、环境时间与顺序、任务成功或致命故障定义。

产品指标论证时就应提出或确定完整清晰的任务剖面。

（3）寿命剖面

寿命剖面是指产品从制造到寿命终结或退出使用这段时间内所经历的全部事件和环境的时序描述。它包含一个或多个任务剖面。寿命剖面的关键因素包括：事件、事件顺序、持续时间、环境和工作方式。

产品指标论证时就应提出或确定完整清晰的寿命剖面。

（4）概率密度函数、故障率函数、可靠度函数、累积故障分布函数

概率密度函数 $f(x)$ 表示随机变量的特征。对于给定的 x 值，其左侧概率密度函数下方的面积即为随机变量小于 x 的概率。因为概率密度函数表示完整的样本空间，整个概率密度函数下方的面积等于1，即对于连续型随机变量

$$\int_{-\infty}^{\infty} f(x)\,\mathrm{d}x = 1, f(x) \geqslant 0$$

对于离散型随机变量

$$\sum_i p_i = 1, p_i \geqslant 0$$

故障率函数是用来表示故障趋势的函数。故障率函数值越大，趋于发生故障的概率就越大。故障率函数是在一个非常小的时间区间 $[x_0, x_0 + \Delta x]$ 内的瞬时故障率。故障率也称为瞬时故障率。在数

学上，故障率函数定义为

$$\lambda(t) = \frac{f(x)}{R(x)}$$

式中　$f(x) = \lambda(x)\mathrm{e}^{-\int_{-\infty}^{x}\lambda(\tau)\mathrm{d}\tau}$ ；

　　$R(x)$ ——可靠度函数，$R(x) = \mathrm{e}^{-\int_{-\infty}^{x}\lambda(\tau)\mathrm{d}\tau}$ 。

因此，如果已知故障率函数、可靠度函数和概率密度函数中的一个函数，就可以得到另外的两个函数。

可靠度函数分别用时间函数和定义式表达如下：

时间函数

$$R(t) = P(\xi > t)$$

定义

$$R(t) = \frac{N_0 - r(t)}{N_0}$$

累积故障分布函数：产品在规定时间内和规定的条件下，丧失规定功能的概率（不可靠度）。

累积故障分布函数分别用时间函数和定义式表达如下：

时间函数

$$F(t) = P(\xi < t)$$

定义

$$F(t) = \frac{r(t)}{N_0}$$

可靠度函数与累积故障分布函数的关系见（图 1-1）

$$R(t) + F(t) = 1$$

可靠度函数与累积故障分布函数的关系如表 1-1 所示。

表 1-1　可靠度函数与累积故障分布函数的关系

	$R(t)$	$F(t)$
取值范围	$[0, 1]$	$[0, 1]$
单调性	非增函数	非减函数
对偶性	$1 - F(t)$	$1 - R(t)$

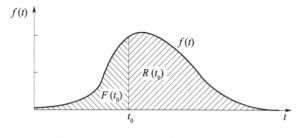

图 1 - 1　$R(t)$、$F(t)$ 与 $f(t)$ 的关系

1.2　发动机可靠性参数体系

前文已经指出，发动机可靠性参数体系习惯上分为性能可靠性和结构可靠性两大类。从火箭总体对发动机的需求和发动机本身的角度而言，体现发动机性能的主要参数包括比冲、推力和混合比。

比冲是指消耗单位质量推进剂所产生的推力大小，与推进剂种类、循环方式及推力室室压密切相关，是衡量发动机品质的重要指标。一般来说，比冲越高，表征发动机越先进。对于可以校准试车的发动机来说，通过地面试验可以得到发动机实际的比冲和其他诸如推力、流量、混合比等值，从而为火箭总体的载荷能力设计提供依据。对于发动机上大量采用电爆组件和不可拆卸一次性使用的组件及存在推进剂腐蚀而不宜进行校准试车等情况来说，就只能依据抽检试车或者定型试验给出的比冲值进行火箭总体的飞行参数装定。这时，比冲的统计偏差就显得尤为重要，因为火箭总体的载荷设计余量必须考虑到这些偏差可能造成的影响。

发动机推力既是火箭总体设计的指标之一，也是发动机设计的关键参数。挤压式发动机的推力设计主要与推力室室压和入口压力有关，泵压式发动机的推力设计除与推力室室压高度相关外，还与副系统的输送能力设计有关。在任务剖面内，发动机按程序正常关机后，一些工作内腔不可避免地还存在残余推进剂，这些推进剂在发动机结构温度的作用下，会进一步流动与蒸发，进入推力室燃烧产生剩余推力。推力偏差的大小及发动机关机后残余推进剂产生的后效推力，对火箭的推进剂加注预留余量及飞行时间都有很大影响。

混合比是针对双组元发动机而言的，指氧化剂与燃料的质量流量的比值。混合比偏差大，则意味着飞行结束时某一组元推进剂的剩余量多，这一指标将影响火箭的飞行轨道设计和运载能力。

工程上，火箭总体设计时会分别对这三个重要参数提出可靠性指标要求。例如：某发动机规定的比冲要求名义值是2 994 m/s，下限为－29.4 m/s，对上限不作要求，那么发动机比冲的可靠性（度）就是一定统计子样下，比冲在此区间分布的概率大小。

发动机性能可靠性指标体系针对这三个主要参数都会提出明确的可靠性置信水平与可靠度要求，目前主要采取统计法获得统计样本，而这些样本的获得又与发动机地面模拟试验状态密切相关。一般对于高空发动机来说，都是通过地面的高空模拟试验来获取发动机参数的。

发动机的故障往往表现为推进剂泄漏、起火、性能严重退化，甚至严重偏离设计工况而导致爆炸。发动机结构可靠性就是在规定的任务剖面内正常工作的能力。建立发动机结构可靠性分布函数模型有两种方法。一种是统计法，即检验可靠性分布具有某一分布参数的假设是否成立，例如是否符合指数分布、威布尔分布；另一种是物理法，即建立故障的物理模型，并用数学方法进行描述。前一种方法的缺点是根据试验数据进行统计推断，即证明在给定的任务时间内分布属于哪一种模型的假设，受试验条件限制，只能在一定的时间范围内进行，有时甚至不一定能够暴露故障，即使证明了分布属于假设的情形，也不应该认为在此试验时间范围以外的时间里仍然服从该分布。因为随着时间的推移，有可能产生新的故障机理，也许是渐变故障，也许是突发故障。后一种方法的主要缺点是需要有关故障物理方面大量和深入的（甚至是微观层面的）信息。

目前，对发动机结构可靠性的描述与评价仍然大量采用统计法，物理法主要用于发动机出现故障后进行的故障物理分析，寻找对可靠性薄弱环节的改进方向。在一些相对简单的产品中，也有应用物理法建立功能可靠性数学模型的实例，例如阀门的开启可靠性问题。研制试验表明，液体发动机结构失效大部分还是与威布尔分布模型最接近，而启动、关机阶段的故障特征更接近于指数分布。描述威布尔分布的可靠性特征参数取决于与生产制造水平密切相关的形状参数的选取、任务等效时间的选取和与发动机技术状态基线接近的组件信息及整机信息的折合。

在试验子样数量很少的情况下，要定量地评估发动机的结构可靠度水平是一件相当不容易的事情，只能采取工程分析的方法来判断发动机可靠工作的能力。发动机试验次数越多、飞行次数越多，暴露出的问题解决得越彻底，采用可靠性模型来评估其可靠性水平就越真实。无论采用何种模型，国内外的工程实践经验表明，准确评估发动机的可靠性水平无一例外地建立在大量进行任务剖面内试验考核的基础之上。

1.3 可靠性技术工作的基本环节

可靠性技术工作与具体工程对象的设计、生产、试验高度融合，以保证和提高产品可靠性为目标，在给定资源条件约束下，在全寿命周期中，最大限度地纠正与控制各种偶然故障并预防和根除必然故障。由此可见，可靠性技术贯穿于设计、试制、试验、定型生产、储存、使用直至寿命终止的全过程。

可靠性技术工作的基本环节包括可靠性设计、生产过程的可靠性控制、可靠性试验、可靠性分析及可靠性管理等内容。

可靠性设计是考虑可靠性的工程设计，不存在独立于工程设计之外的可靠性设计。详细来说，可靠性设计就是对产品的性能、可靠性、维修性、费用等各方面的因素进行综合权衡，从而得到产品的最优设计方案。

可靠性设计一般包括如下工作内容：

　　1）可靠性指标论证与分配；

　　2）预防性设计；

　　3）基础性设计；

　　4）裕度设计；

　　5）边缘性能设计；

　　6）冗余设计；

　　7）人机工程设计；

　　8）非工作状态下储存期控制设计；

　　9）维修性设计。

　　其中，边缘性能设计实际上就是最坏情况设计。首先要把输出特性表示为部件或基本参数的函数，按边界偏离的程度来确定产品可靠工作的能力，一般采用矩阵法或蒙特卡罗仿真来实现。

　　发动机设计中的可靠性工作涉及所谓的"简单性"，通常发动机系统的简化将显著地促使达到较高的可靠性。应当取消那些无实效的部件，其中可能包括一些所谓的安全装置和连锁装置，这些装置所引起的麻烦往往比其作用更大些。与简单性相对应的是冗余技术，液体火箭发动机中有些部件的固有可靠性要求可能非常高，或者其发生故障所带来的后果十分严重，为了达到更高的可靠性，可以考虑冗余功能设计。由于部件数增加，使结构复杂化，在此情况下，应当对所附加的质量和复杂性与所导致的故障模式概率的减小进行权衡。必须将冗余的部件与原部件在结构上采取措施加以隔开，防止它们由于同一故障原因（如杂质、受热、振动和爆炸等）而同时发生故障。此外，应当对每个冗余部件的状态进行监测，以保证其在飞行前保持完好。例如，为了防止密封连接发生故障，考虑取消法兰和密封而进行焊接。然而，如果一条管路在现场操作时由于疏忽而发生收缩，可能导致不得不将整台发动机从准备发射的运载火箭上卸下并进行更换，因而使操作复杂化。固然，熔焊或钎焊或许确实是许多连接问题的很好解决办法，但并非对所有的连接都是适用的。设计人员必须仔细分析系统的各个方面，其中包括操作，尤其是在应用中的操作。

在产品设计方案已经确定，即固有可靠性已经确立的前提条件下，就要依靠生产过程的可靠性控制来对产品的可靠性进行保证。生产过程的可靠性控制主要包括以下内容：

1）设计符合性控制；

2）工艺稳定性控制；

3）筛选与老炼；

4）可靠性验收。

进行可靠性试验的目的主要是处理暴露问题，进一步改进设计，提高固有可靠性，进行产品的挖潜与可靠性增长试验，包括增长性试验与验证性试验两类。

可靠性分析工作是产品开发工作中十分重要的环节，贯穿于产品设计、研制到使用的全过程，包括物理分析和统计分析两方面的内容。

可靠性管理是对产品的全寿命周期、各项可靠性技术工作、全体研制人员进行规划、组织、协调、监控等一系列的技术活动，以实现预定的可靠性目标，并使全寿命周期费用达到最低。

1.4 液体火箭发动机可靠性工作简述

可靠性技术自 20 世纪 40 年代萌芽并逐步应用于工程领域，已经取得了巨大成就并体现出顽强的生命力，航天作为一项大系统工程更是离不开可靠性理论的指导。液体火箭发动机作为一个高功率密度的热机，有其自身的特点。它不依赖于外界空气，靠自身携带的燃料和氧化剂作为工作介质。发动机往往工作于高温、高压、大振动的恶劣环境下，而高可靠、长寿命一直是工程技术人员追求的目标。

我国的发动机研制从 20 世纪 50 年代开始，走出了一条仿制—自主研制—独立设计开发具有自主知识产权的高性能发动机的发展之路。早期，发动机研制还没有系统地引入一些可靠性技术与方法，主要依赖工程技术人员专业水平，发动机的可靠性在其对工程技术问题的认知、解决中得到改进与提高。20 世纪 60 年代，为了保证产品加工质量设立了专门的检验队伍，以对产品与技术文件的符合性进行检验、把关。20 世纪 80 年代，航天行业贯彻军工产品条例，开始重视可靠性技术基础，在技术状态管理、故障模式影响分析、可靠性工程分析、产品寿命鉴定及一定严酷度条件下的可靠性裕度考核等方面做了大量的工作。进入 21 世纪，可靠性系统工程理念已经深入人心，更加强调在发动机产品设计开发之初就做好可靠性的顶层策划，关注风险控制和可靠性大纲的编制与执行。在具体的设计实现中，考虑了可靠性工程措施与专业设计融合，更加关注任务剖面的环境适应性、测试覆盖性、非冗余条件下的可靠性保证措施及发动机可靠性的充分验证与评价考核等，形成了相对完整的可靠性保证体系。

表 1-2 给出了液体火箭发动机研制各阶段可靠性工作项目流程。

表 1-2　液体火箭发动机研制各阶段可靠性工作项目流程

可靠性主要工作项目	应提供的文件清单	活动
方案论证阶段		
性能可靠性和结构可靠性指标论证与确认	在设计任务书中明确可靠性指标要求	
模样阶段		
1）制定可靠性大纲 2）制定可靠性设计准则 3）制定可靠性工作计划 4）确定原材料、元器件优选目录 5）制定元器件、原材料和工艺控制要求 6）组件和整机初步 FMEA 7）初步确定可靠性关键项目 8）初步可靠性建模、预计、分配 9）设计方案比较、优化试验 10）对承制方、供应方的监督控制	1）可靠性大纲文件 2）可靠性设计准则文件 3）可靠性工作计划文件 4）原材料、元器件优选目录清单 5）元器件、原材料和工艺控制要求文件 6）初步 FMEA 报告 7）初步可靠性关键项目清单 8）初步可靠性预计报告、分配报告 9）试验报告 10）产品质量与可靠性控制要求文件	1）研制任务书对可靠性要求的评审 2）可靠性大纲、工作项目计划、设计准则的评审 3）FMEA、指标分配和预计、关键项目清单的评审 4）可靠性试验方案的评审

续表

可靠性主要工作项目	应提供的文件清单	活动
初样研制阶段		
1）修订、完善可靠性大纲 2）修订、完善可靠性设计准则 3）修订、完善可靠性工作计划 4）按优选目录和控制要求，选用、选择、采购、使用元器件、原材料 5）修改、完善 FMEA 6）FTA 7）确定可靠性关键项目 8）可靠性建模、预计、分配 9）可靠性增长试验（一部分项目） 10）质量与可靠性问题归零 11）可靠性设计与分析 12）性能可靠性评估 13）结构可靠性初步评估	1）可靠性大纲文件 2）可靠性设计准则文件 3）可靠性工作计划文件 4）元器件、原材料选用控制文件 5）修订完善后的 FMEA 报告 6）FTA 报告 7）可靠性关键项目清单 8）可靠性预计报告、分配报告 9）可靠性增长试验报告（一部分项目） 10）归零报告 11）可靠性设计与分析初步报告 12）性能可靠性评估报告 13）结构可靠性初步评估报告	1）研制任务书对可靠性要求的评审 2）可靠性大纲、工作项目计划、设计准则的评审 3）FMEA、指标分配和预计、关键项目清单的评审 4）可靠性试验方案的评审 5）元器件清单的评审 6）初步评估情况及归零报告的评审 7）转阶段评审
试样阶段		
1）补充可靠性大纲 2）补充可靠性工作计划 3）更新 FMEA 4）更新 FTA 5）更新可靠性关键项目 6）更新可靠性建模、预计、分配 7）可靠性增长或验证试验（剩下部分） 8）质量与可靠性问题归零 9）特性分类 10）功能测试、贮存、装卸、包装、运输和维修对可靠性的影响 11）可靠性设计与分析 12）结构可靠性评估	1）可靠性大纲文件 2）可靠性工作计划文件 3）更新 FMEA 报告 4）更新 FTA 报告 5）更新可靠性关键项目清单 6）更新可靠性建模、预计、分配报告 7）试验报告 8）归零报告 9）特性分类分析报告 10）影响分析报告 11）可靠性设计与分析报告 12）结构可靠性评估报告	
定型/批生产阶段		
1）补充可靠性工作计划 2）质量与可靠性（设计、工艺、试验状态等）控制要求 3）抽检试验 4）结构可靠性综合评定	1）可靠性工作计划 2）控制要求文件 3）抽检试验报告 4）可靠性综合评定报告	

　　值得注意的是，在可靠性关键项目的确定过程中，必须充分识别和明确影响成败的设计、工艺、研制过程控制三类关键特性并加以控制，明确强制检验验收要求和数据包要求。产品设计关键特性应重点围绕用户要求、任务保障、系统兼容、环境适应、可靠性、安全性、维修性等方面来分析确定；产品工艺关键特性应重点围绕产品设计关键特性的工艺实现及不可检测项目来确定；产品研制过程控制关键特性应重点围绕产品设计关键特性和工艺关键特性的生产实现来确定。

　　发动机及其组件的关键特性参数的裕度要进行裕度指标的地面鉴定试验验证；实在没有条件开展试验验证的，要充分开展裕度指标的仿真验证，并对历史真实飞行数据进行充分分析。

　　现代发动机设计中大量采纳了可靠性技术，从源头化解风险，消除可靠性薄弱环节。针对零组件，在空间位置和结构许可的前提条件下，阀门和供电系统在功能实现上采用了冗余措施。对于空间推进动力系统，从长寿命、高可靠的要求出发，往往通过设计多路推进剂供应系统和热备份推力装置单元，实现故障状态下的系统重构与工作模式切换。以可靠性为中心的液体火箭发动机设计需要考虑的因素如图 1 - 2 所示。

　　在可靠性分析方面，强调可靠性建模和基本的"3F"（FMEA、FTA、FRACS[①]）技术应用，"3F"的主要目的是识别影响发动机可靠性的关键因素并加以控制和防范，如果未能有效识别影响发动机可靠性的关键因素，则很难达到有效度量可靠性的目的。除"3F"外，现在越来越重视环境适应性分析、测试覆盖性分析、最坏情况分析、包络分析、失效物理（physics of failure，POF）分析等技术。失效物理分析技术是最近兴起的一种从性能退化的角度研究产品可靠性问题的技术。

---

　　① FRACS：failure reporting，analysis and corrective action system，即故障报告、分析和纠正措施系统。

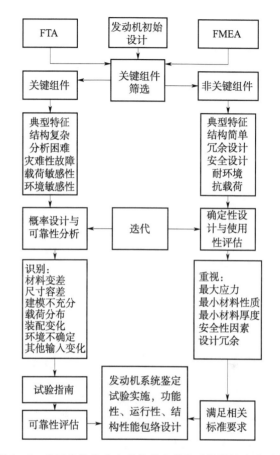

图 1-2　以可靠性为中心的液体火箭发动机设计考虑因素

在产品的开发阶段实施的故障预防措施和对潜在故障的纠正措施等一系列可靠性设计分析，以使开发阶段输出的制造要求和验收标准建立在实施可靠性工程的基础上，这样很多使用过程可能发生的故障在开发输出中就已被避免了，产品可靠性水平也自然大大提高了。

针对发动机的特点，可以总结和借鉴国内外先进方法，研究发动机环境剖面、工作模式、故障机理等，通过识别影响和决定产品可靠性的设计参数，建立可靠性模型，研究提出符合型号工程特点、能体现型号产品可靠性规律的可靠性量化设计方法，以及对应的量化可靠性指标评估方法，优化可靠性设计流程。结合典型产品应用，固化经验，形成液体发动机可靠性量化设计及评估规范。

在可靠性验证方面，除了必要的数字仿真、半实物仿真外，美国、俄罗斯等航天强国，无一例外地通过足够多的试车次数和足够长的累计试车时间来保证发动机的可靠性。从国外典型发动机地面试车情况统计表（见表1-3）中不难看出，世界上任何一种成熟型号发动机基本上要进行400次以上的试车，累计试车时间基本上在10万秒左右，有的甚至高达38万秒。而我国同类型发动机无论试车次数还是累计试车时间均远远低于国外产品。以长征系列发动机为例，在研制过程中及定型后可靠性、抽检试车累计时间分别为一级发动机3.5万秒，二级主发动机3.2万秒，二级游动发动机5万秒左右（见表1-4）。

表1-3　国外典型发动机地面试车情况统计表

发动机型号	试车次数	累计时间/s	使用台数	可靠性水平	备　注
F-1	—	250 000	—	0.99（γ=0.6）	AIAA93-4272 AIAA88-1408
J-2	1 428	153 191	43	0.99（γ=0.6）	AIAA88-1408
SSME	910	177 000	27	0.980 403（100％F）	AIAA90-2712
RD-170	804	93 300	—	—	—
RD-0120	800	165 000	—	—	—
RD-120	392	97 000	137	0.99（γ=0.95）	—
RD-8	450	380 000	200	—	—
HM-60	500	91 000	—	0.994 6（设计值）	AIAA91-2511

表1-4　长征系列发动机目前已完成的地面试车情况及其可靠性统计表

发动机	可靠性及 抽检试车次数	试车/飞行 累计时间/s	可靠性 评估值	置信度	要求值
一级发动机	205	35 000	0.992 72	0.7	0.999
二级主发动机	125	32 000	0.997 48	0.7	0.998 9
二级游动发动机	117	50 000	0.999 95	0.7	
常规推进剂三级发动机	83	31 600/15 000	0.984 6	0.7	0.99
低温推进剂三级发动机	146	86 400	0.958 5	0.7	0.99

国外发动机研制成功后参加飞行的次数也高于我国发动机，如美国大力神号各型火箭发射总数超过 360 次，而目前世界上可靠性最高的运载火箭之———俄罗斯联盟号各型火箭发射总数超过 1 700 次，其使用的多数发动机型号至今依然在役，并仍在不断改进。我国长征系列各型火箭发射超过 160 余次，尤其是近年来进入高密度航天发射时期，发动机的薄弱环节及深层次技术问题不时暴露，为我们明确了改进方向。此外，国外发动机研制成功并投入使用后的持续改进和可靠性增长费用一般远远大于研制费用，而我国在这方面的投入则相对较少。

在可靠性评估方面，传统的方法是采用正态分布模型评价性能可靠性，采用威布尔分布模型评价结构可靠性。应该注意的是，对于重复使用、多次启动的发动机，采用威布尔分布模型还存在不能完全反映发动机启动、关机、转级的可靠性特征。另外，如何合理评价反映工艺能力水平的指标也是影响评估结果的一个重要因素。

在动态可靠性评估方面，国外开展了大量的理论研究，发展了根据使用状况实时数据及期望性能变化模型预测故障状态下发动机实时可靠性、根据退化信号利用一般的多项式回归模型分析发动机的可靠性等理论。根据实时状态监测信息，利用贝叶斯（Bayes）方法更新随机参数，给出设备的剩余寿命分布，综合相似或相近产品性能退化的历史数据和发动机现场实时数据，利用神经网络和贝叶斯更新方法对现场发动机的剩余寿命分布进行估计，提出基于神经网络和模糊逻辑的实时可靠性评估方法。

1.5 如何做好液体火箭发动机可靠性工作

保证液体火箭发动机可靠性的唯一办法就是将产品设计得可靠，由一系列可靠性设计与分析工作项目来支持。对于液体火箭发动机的研制来说，可靠性技术的应用主要应关注以下几点：

1）可靠性预计：评价所提出的设计方案是否能满足规定的可靠

性定量要求，如何实际操作？如何把握与约定层次，研制费用与进度、可靠性要求与 FMECA 之间的关系？液体火箭发动机小子样条件下，如何结合发动机研制阶段的特点采用基于故障模式的可靠性预计？

2）可靠性分配：可靠性分配的层次如何确定？如果分配给某一层次产品的可靠性指标在现有技术水平下无法达到或代价太高，则其实际指导意义有限。如果考虑发动机全寿命周期的全面可靠性，发动机的可靠性指标是一组与生产、使用、运输、储存过程有关的指标体系，如何结合全寿命周期的指标进行可靠性分配？

3）可靠性设计准则：大多为一些通用要求，还有作为指导的标准和规范。在实际应用中发现，发动机组件可靠性概率设计存在模型建立的条件、精度与实际偏差太远的情形，主要原因是缺少数据库支持和未掌握一些非线性特性。

优质可靠的发动机产品首先是具备高的固有可靠性，其次是要保证生产制造工艺的可实现性，以及较高的工艺一致性水平。发动机工程设计人员除了需具备良好的专业素养和设计经验外，还必须具备良好的可靠性专业知识。如果对可靠性知识缺乏全面的理解和掌握或者可靠性工作脱离实际产品，那么研制工作就会走弯路，造成不必要的成本上升。如果把产品的可靠性工作看做是编大纲，建模型，搞预计，作分配，填 FMEA 表，而设计师系统没有真正介入，一切按原来的设计套路和试验与管理模式运行，那么可靠性工作的有效性就成了大问题，也就是人们通常所说的"两张皮"现象。

从可靠性管理的角度来看，以下七条措施可以保证发动机可靠性工作顺利开展并取得良好成效。

（1）培养一支懂可靠性工程的队伍

对于发动机专业科研技术人员来说，掌握发动机专业知识固然重要，懂得如何在工程研制中运用可靠性专业知识保证产品设计、开发、试验、生产的质量与可靠性更为迫切。这就要求从顶层做好可靠性工作计划，从源头提高产品的固有可靠性。研制过程中，充分利用可靠性分析、验证和鉴定与评估技术，使发动机可靠性水平以最经济的方式达到目标期望值。

（2）系统地收集、分析、整理本单位、本型号产品发生的所有不合格或故障问题

从某种意义上说，可靠性就是一门与故障作斗争的学科，只有全部掌握所研制发动机产品的历次故障和不合格产品发生情况，统计发生问题的规律与趋势，才能做到明确改进目标和可靠性水平现状。对故障进行闭环管理，不断进行改进，可杜绝问题重复发生。

（3）注重全面总结企业产品的可靠性经验和各种失败的教训

除了本型号的经验与教训，对企业其他型号或者行业内有关发动机的成功做法及典型故障案例进行举一反三，推广最佳可靠性工程实践经验，是提高发动机产品可靠性的一条有效途径。附录 A 对国外运载火箭液体型号发动机飞行试验时发生的故障进行了汇总。

（4）分析企业管理模式和产品特点，开展有针对性的可靠性工作

液体火箭发动机产品复杂、研制周期长，涉及的协作配套单位多，目前大部分发动机研制单位采用按专业分室、系统抓总的做法，因此要保证可靠性工作贯穿型号始终，必须认真研究可靠性工作策划的顶层架构的传递与落实，设置可靠性检查工作节点，由专人负责把关，有针对性地开展可靠性工作。

（5）有分析、有选择地应用各类可靠性技术

可靠性技术与方法从 20 世纪 50 年代发展到今天已经日趋完善，我国液体火箭发动机研制过程中积累了很多可靠性保证经验，比较常用的可靠性技术包括发动机设计技术、试验技术、可靠性分析与评价技术等。其中，"3F" 技术，失效物理分析技术，发动机可靠性增长方法，基于威布尔分布的评估技术，可靠性建模与指标分配、预计等都比较成熟并得到了广泛应用。为了提高生产工艺水平，大量采用了 PFMEA 技术，在生产过程中利用 6σ 方法提高合格率水平。

（6）制定提高产品可靠性的各种设计、制造和试验验收规范

工业化时代最显著的特征是大量采用标准和规范实现产品的质量与可靠性一致性。发动机研制过程积累了大量的经验并形成了标准工作范式、技术标准及设计准则。新产品开发应坚持在满足火箭总体目标的前提条件下，将继承与创新高度融合。继承离不开标准和规范的指导，创新建立在关键技术突破的基础上，同样要符合一定的设计准则与规范的约束。附录 B 给出了常用的发动机可靠性相关标准。

（7）克服工作的随意性，严格按照规范开展可靠性工作

基于流程的发动机开发与可靠性管理要求各项工作不发生遗漏，严格按程序进行，技术状态基线确定后不得随意变更，材料替代要经过充分论证，供应方的选择必须经过考核认证并进行定期评估，按规范分型号研制阶段、分工作步骤有条不紊地开展可靠性工作。

参 考 文 献

[1]   周正伐. 可靠性工程基础 [M]. 北京：宇航出版社，1999.

[2]   D·K·休泽尔，等. 液体火箭发动机现代工程设计 [M]. 朱宁昌，等，
       译. 北京：中国宇航出版社，2004.

[3]   SAE ARP4900   液体火箭发动机可靠性验证 [S]，1996.

[4]   格涅钦科. 可靠性数学理论问题 [M]. 徐维新，等，译. 北京：兵器工
       业出版社，1990.

第2章 任务剖面可靠性分析

2.1 概述

在第1章中，对可靠性和任务剖面的概念进行了详尽的解释，从其定义可知，在规定的条件下、规定的时间内，完成规定功能是可靠性的核心因素，条件和时间是对功能完成的约束，保证产品在特定的约束下实现所需的功能是可靠性工作的意义所在，而任务剖面正是对时间、条件等约束的具体描述。从系统工程的角度而言，任务剖面中的种种约束是可靠性工作的源头输入，只有充分、全面地将其辨识出来，可靠性工作才能有的放矢。由此可见，产品可靠性工作的首要步骤，就是对产品需要经历的任务历程进行全面分析，识别出产品在什么时机需要面对怎样的工作环境，实现何种功能，从而有针对性地开展可靠性工作，确保产品具备足够的可靠性支撑任务的完成。

对液体火箭发动机而言，它所承担的任务就是为飞行器提供动力。从功能上看，发动机可分为主动力发动机和姿态控制发动机两大类。按照发动机在火箭中的作用不同，又可分为助推发动机、芯一级发动机、芯二级发动机、三级发动机及姿轨控发动机等，有的二级发动机还具备推进剂利用系统，以利于在发动机关机前，将两组元推进剂同时消耗以提高火箭载荷能力。出于节省推进剂和最佳入轨的考虑，三级发动机往往还要求进行二次启动与滑行。发动机种类不同，在飞行器发射、飞行、在轨运行等不同阶段所面对的任务剖面也不尽相同。但由于发动机在运行过程中基本不具备维修性，任何一种任务剖面对发动机可靠性都提出了很高的要求。所以，发动机任务剖面分析对其可靠性工作来说就显得尤为重要，而且不能忽略任何一个细节。全面辨识任务剖面的可靠性要求，才能合理制定发动机可靠性指标，确定可行的可靠性设计方案，确保发动机具备满足需求的可靠性。

2.2　任务剖面特征分析

在决定新研液体火箭发动机之初，火箭总体设计在确定发动机可靠性参数与指标的同时，需明确以下条件：

1）火箭从准备、起飞到飞行结束所对应的任务剖面；

2）针对任务的发动机故障判别准则；

3）研制阶段管理中，应明确何时、何阶段应达到何种可靠性指标要求；

4）发动机在靶场的保障条件及设备设施要求；

5）火箭总体设计提供的发动机机械、电气、机械接口、增压输送等相关约束条件；

6）发动机可靠性验证时机与验证方法；

7）其他假设的约束条件。

针对任务剖面，如何有效辨识火箭总体对发动机提出的明确和隐含的技术要求及可靠性需求是高品质发动机设计的前提和基础。

如前所述，任务剖面是指产品在完成规定任务时间内所经历的事件和环境的时序描述。以发射准备、点火到星箭分离作为全飞行时序过程的出发点，以每一个与发动机工作有关的飞行时序动作为牵引，对每个动作或影响成败的关键环节（项目）的输入条件、输出结果、设计指标及满足情况、设计余量、可靠性措施、环境及相关影响、试验验证或仿真、计算等工程分析情况进行系统梳理，查找发动机设计中需要分析和确认的问题，从而从源头消除发动机设计中可能存在的隐患与薄弱环节，最终得出时序动作对发动机明确或隐含的技术要求，提高发动机固有可靠性水平。

现代火箭一般采用多级入轨的方式，根据载荷大小和用途的不同，选用的火箭构型也不一样。对于返回式飞船，一般采用二级火箭发射；对于地球同步轨道和太阳同步轨道飞行器，一般采用三级火箭发射，国外也有采用四级火箭发射的例子。随着技术的发展，从低成本和高可靠性出发，将来的火箭发射也有可能采取一级方案或一级半方案。火箭发射的载荷不同、飞行轨道不同、控制方式不同，对发动机的性能与功能要求都会有很大的差别。在火箭从准备发射到可靠入轨的飞行过程中，除要求发动机确保可靠工作外，往往还会提出一些其他要求，例如性能偏差的要求、启动与关机特性的要求、热环境的要求等。考虑到箭体控制、结构和推进剂流体输送，还会对发动机增压能力及低频模态特性提出要求。出于减少空间碎片与垃圾的需要，有些火箭甚至还要求三级发动机在完成火箭本身规定的任务外，还应具备离轨状态下，在偏离额定点很远的工况下工作的能力，以消耗剩余的推进剂，达到尽量减少空间环境污染的目的。总之，对于不同的飞行任务和不同的工作时段，对发动机的要求是不一样的。如何识别任务剖面对液体发动机明确或隐含的技术与可靠性要求，是从事液体发动机工程研制和发动机可靠性专业技术人员非常重要的一个研究方向，也是从源头提高可靠性设计输入的重要一环。不同的任务剖面，对发动机可靠性工作所关注的重点也有所不同，例如对运载火箭的一级发动机和助推发动机，其任务剖面从点火准备阶段开始，到关机分离结束，对其可靠性的关注重点是点火成功率、发动机工作过程的稳定性、关机的成功率。虽然任务剖面各不相同，但从发动机的工作原理、模式来看，无论在哪一种任务剖面下，发动机在工作过程中所面对的环境条件会有一些共同特性，即高温、强振动、大应力，只是在不同推力、不同种类的发动机上，这些特性所表现出的程度有所不同。

下面列举几种较为典型的发动机任务剖面，以实例简要说明发动机可靠性分析思路。

2.2.1　一级发动机任务剖面分析

俄罗斯著名科学家奇奥尔科夫斯基很早就提出了卫星入轨质量与火箭起飞质量之间的关系

$$v = v_0 \ln \frac{M}{M_0}$$

式中　v——入轨速度；

$\quad\quad v_0$——排气速度，与发动机性能直接相关；

$\quad\quad M$——载荷质量；

$\quad\quad M_0$——起飞质量。

对于采用多级发动机接力工作的火箭而言，往往一级火箭发动机总推力比较大，这样推进剂消耗多，最终载荷能力就大。美国 20 世纪 60 年代的阿波罗计划中，就采用了 8 台 680 t 大推力液氧煤油发动机，我国载人航天火箭一级采用了 8 台 75 t 推力的常规推进剂液体火箭发动机。

通过辨识，发现火箭一级飞行往往呈现如下一些特点：

1）火箭推质比（起飞推力与起飞总质量的比值）要求较高，国内火箭推质比一般是 1.25 左右，国外有的火箭推质比达到了 1.3 左右。

2）从点火到火箭离地有时间要求，主要是考虑到了发射导流槽和发射台架及地面辅助设备的抗热能力。

3）穿越大气层导致的气动加热及过载对火箭本身及发动机的热防护要求。

4）飞行时间一般在 160 s 左右。

掌握了这些特点，就可以得出对火箭发动机设计的明确或者隐含的要求如下：

1）一级尽量选用或者设计推力量级大的发动机，对于多机并联或者带捆绑助推发动机的火箭，还应该考虑到不同单机的推力同步性。

2）一级发动机的推力、流量指标偏差不像三级发动机要求那么高，但要控制在一个火箭总体可以接受的范围内。这样，发动机设计时就可以不采用一些复杂的调节阀门，采用普通的节流圈就可以实现指标要求，从而达到简化系统、提高可靠性的目的。

3）无论是采用系留发射还是直接起飞的火箭，发动机的启动加速性要满足火箭起飞要求（发射导流槽、地面设备等相关限制条件），那么采用什么样的启动接力方式就显得尤为重要。目前比较成熟和可靠性比较高的启动方式有火药启动器点火。对于采用液氢液氧作为推进剂的一级发动机，还可以采用点火炬点火的方式。

4）考虑到气动噪声振动和气动加热，发动机的控制电缆与一些导管往往通过绑扎和包敷功能性防热材料来提高热环境适应能力。

典型的一级发动机外观如图 2 - 1 所示。

图 2 - 1　一级四台发动机并联外观图

2.2.2　二级发动机任务剖面分析

二级飞行与一级飞行有很大的不同。在一、二级火箭分离之前，为了保证火箭可靠起稳与控制，二级火箭必须建立一定的推力。一般一级工作完毕，推进剂的消耗量差不多是火箭总质量的80%左右，因而在火箭飞行过程中，对于定推力的发动机来说，过载会越来越大。有些火箭的二级动力采用主发动机和游动发动机联合工作的模式，主机不摇摆，靠游动发动机控制火箭的俯仰、滚转与偏航。按照飞行轨道设计，当火箭飞行一定时刻后，要关闭主机，单靠游动发动机工作，而游动发动机没有自身增压能力，为了防止发动机涡轮泵气蚀，泵前压力就靠火箭贮箱的剩余气垫膨胀来保证。除了上述特点外，二级飞行的时候，发动机喷射出的高温燃气会在其周围形成羽流，这对如何进行热防护提出了非常苛刻的要求。认识到这些特点后，对于如何进行发动机可靠性设计就会变得更有把握。二级发动机外观如图2-2所示。

图2-2　二级发动机外观图

下面是二级发动机可靠性设计需要重点关注的一些地方：

1) 必须考虑发动机在真空条件下的点火可靠性。这主要与燃烧组织的方式及点火环境有关，一般的发动机设计都是先进行地面可靠性验证，后进行真空环境模拟试验，真空度水平应尽量高。美国雅典娜火箭发动机尽管曾在地面进行了高空模拟试验，但实际飞行时还是出现了故障。究其原因，主要是模拟高度不够，发动机高空点火的可靠性未能得到有效验证。后来进行了发动机的改进设计，问题得以解决。

2) 由于发动机混合比存在一定的散布，两组元推进剂不可能同时消耗完。为进一步提高载荷能力，有些火箭设计了推进剂利用系统。在飞行过程中，通过对贮箱推进剂的实时监测，由控制系统发出指令，发动机调节阀门进行动态调节，保证飞行结束前，两组元推进剂剩余量最小。由此分析得出，作为执行机构的发动机调节阀门及工作电机必须具有很高的可靠性和动态精度。

3) 火箭总体对二级发动机的性能指标要求与一级发动机不同，一般要求混合比偏差小。如何进一步控制发动机的性能散布，除了严格要求发动机生产过程工艺水平稳定、一致性水平高以外，采取何种调节元件就显得尤为重要，其中，汽蚀管方案最为简单。

4) 二级火箭飞行时，发动机工作舱热流密度高达近 $10\ kW/cm^2$，一些重要的管路、接头必须实行辅助的防热设计。

5) 考虑到游动发动机单独工作时，贮箱气垫效应会使泵前推进剂入口压力越来越低，因此发动机涡轮泵必须具备足够的抗气蚀性能。

6) 火箭飞行过程中，各级发动机主要承受两种振动环境。一种是发动机自身工作产生的振动环境，另一种是上面级发动机承受的由基础级发动机诱发的振动环境。第一种振动环境的激励源来自于发动机燃烧和涡轮泵的旋转等，其频率特征以中高频为主。第二种振动环境来自于基础级发动机点火、关机和级间分离产生的瞬态振动环境，火工装置或其他分离装置产生的爆炸冲击环境，纵向耦合

（POGO）效应产生的低频振动环境，以及跨声速段的气动噪声通过
箭体传递的随机振动环境和基础级的发动机振动等，现有型号的飞
行数据表明，基础级的振动向上面级发动机传递时，中高频振动有
较大的衰减，而对中低频往往有较强的放大效应。第一种振动环境
的振动传递特点是由内向外，通过发动机地面试车能够真实地实现
激励和振动传递路线，从而实现对这种振动环境的考核。第二种振动
环境由基础级经过箭体传到上面级发动机上端面，再向发动机其他部
位传递，其激励源的位置是发动机机架上端面，振源和传递规律与第
一种振动环境完全不同，由此导致的发动机各部位的振动放大也不一
样，因此，仅通过地面试车无法对这种振动环境进行有效考核。

　　这两种振动环境均需要进行充分的试验考核，才能保证发动机
在实际飞行过程中的可靠性和安全性。

2.2.3　三级发动机任务剖面分析

　　三级火箭主要用来发射地球同步轨道或者极地轨道卫星，按最
优轨道考虑，以节省能量的方式，三级发动机往往采用二次启动，
长时间滑行，因而发动机工作时间比一、二级发动机要长得多。除
此之外，为了提高入轨精度和载荷能力，对发动机推力偏差和混合
比偏差的要求更严。这些反映在三级发动机可靠性设计上，往往呈
现如下一些特点：

　　1）无论是氢氧发动机还是常温推进剂发动机，由于一次工作结
束会造成热返侵，涡轮泵及推力室残余推进剂会受高温影响汽化，
所以，在发动机关机后必须立即进行吹除，以排除残余的推进剂。
再次启动前，为了保证发动机可靠启动，有必要进行排放预冷，其
目的是进一步冷却发动机泵组件，防止发生气蚀。

　　2）与常规发动机不同的是，火箭发动机使用低温液氢、液氧推
进剂时，组合件的冷试数据不能真实反映在液氢、液氧状态下的性
能，调整计算的性能参数与实际发动机工作参数存在较大的偏差。
因此，发动机交付前，要进行 1～2 次地面性能校准试车，通过试车

调整必要的节流元件参数，提供真实、准确的性能参数为火箭总体所利用。对于常温发动机，则采用批次抽检和统计分析的办法，来控制发动机性能可靠性水平的散布。

3）氢氧发动机通过电磁阀用氦气控制各被控阀的开启和关闭，完成吹除、预冷、启动、混合比调节、关机等动作，对于低温发动机长时间滑行，一些低温管路阀门可能存在被冻住而不能可靠地打开的风险，这就要求在进行阀门可靠性设计时尽量选择合理的工作间歇以及对材料进行预先低温处理，防止低温形变。

4）要重点考虑发动机真空条件下的点火可靠性。真空工作环境和低温推进剂都使发动机点火更加困难。为此，在研制阶段，低温上面级发动机要进行地面点火可靠性验证和高空环境模拟点火试验，真空度要模拟飞行高度的水平。

三子级发动机外观如图 2-3 所示。下面重点介绍长时间滑行对低温推进剂发动机再次启动的可靠性保证需求分析。

图 2-3　三子级主发动机外观图

　　三级发动机根据总体要求采用两次工作模式，在第一次工作和二次工作之间，设置无动力长时间滑行段。在发动机二次启动前，需要对发动机主、副液路系统进行排放预冷，在预冷过程中，随着推进剂的进入和温度的降低，泵壳及管路内的推进剂从主要为气相变为气液两相，最终变为完全为液相。预冷程序要确保在发动机启动前，主、副低温流路冷透，使得低温推进剂不会因为与发动机泵、管路等结构组件换热而产生气液夹杂现象，确保完全为液相。

　　滑行段预冷程序的设置是保证三级发动机二次启动前充分预冷的关键。三级发动机现有的滑行时间不超过 660 s，其滑行段的预冷程序经过了 40 多枚火箭飞行考核验证。执行探月工程任务时，任务剖面发生了重大变化，对火箭提出了多窗口发射的需求，对发动机而言，要求滑行时间更长，从过去的 600 s 变为 1 500 s，同时发动机的内外环境也都有所改变。需要调整排放预冷时间以满足泵壳温度约束要求，因此必须对程序进行相应调整，并对调整后的真空滑行程序进行试验验证。程序调整的原则是尽量保持原有程序的结构，同时滑行段推进剂和阀门动作用氦气的消耗量不能过大。

　　在保证二次可靠启动且预冷消耗的推进剂尽可能少的原则下，应：

　　1）尽量将延长的滑行时间安排在非预冷段。

　　2）适当增加小流量预冷、间歇预冷的次数或时间，保证泵壳壁温在非预冷段延长后不至于升至太高。

　　3）重点关注二次启动前的程序预冷时间，确保二次启动前，已进入泵的推进剂为纯液相。

　　应当基于对任务剖面及火箭总体其他的相关约束条件，完成发动机长时间滑行的预冷程序方案及地面模拟热真空环境试验方案设计，开展模拟热真空环境下发动机长时间滑行的预冷试验，通过试验数据的分析，对预冷方案进行优化，并对优化后的最终方案进行考核。

2.2.4　姿轨控发动机任务剖面分析

　　姿轨控发动机与一、二级发动机工作模式有着较大差异。姿轨控发动机一般在一、二级发动机工作结束后才开始工作，它在开始工作之前要承受一、二级发动机工作产生的过载、振动、冲击环境，并在二级工作期间完成系统增压，使轨控、姿控发动机均进入待命状态，后续只需要按照控制指令完成推力控制阀的开启和关闭，即可实现各发动机的推力开启和终止。在二级工作结束后，姿控发动机立刻工作，来修正二级分离对弹体姿态的影响。之后进入中段飞行，此时的姿轨控发动机按照控制指令，提供满足要求的俯仰、偏航和滚转控制力，确保弹头能够按照预定的姿态进行中段飞行，以实现诱饵释放、轨道测星、弹头再入等要求的弹体姿态；同时，根据制导数据由轨控发动机对弹道进行修正，如果有多个弹头，还需按照控制指令完成变轨等动作，以实现对不同目标的精确打击。通过以上工作过程可以看出，姿轨控发动机具有以下特点：

1）姿轨控发动机需由一、二级发动机送入轨道工作，要求质量尽可能轻，以降低对有效载荷的影响；

2）姿轨控发动机在高空工作；

3）姿轨控发动机工作之前，必须经历一、二级发动机工作产生的过载、振动、冲击等力学环境；

4）姿控发动机工作次数多，响应时间快；

5）轨控发动机、姿控发动机均要求有较高的比冲性能，以减轻质量。

典型的姿轨控发动机系统及其布局分别如图 2-4、图 2-5 所示。

结合姿轨控发动机的任务剖面和特点可知，其可靠性设计需注意以下几个方面：

1）结构可靠性是首先要考虑的问题。要使姿轨控发动机在经过严酷的力学环境，甚至热环境后，仍然能够可靠工作，必须在设计上采取防护措施，并经过足够的分析和试验验证。

2）必须考虑发动机在高空条件下的点火可靠性。这主要与燃烧组织的方式及点火环境有关，一般的姿控发动机设计都是先进行地

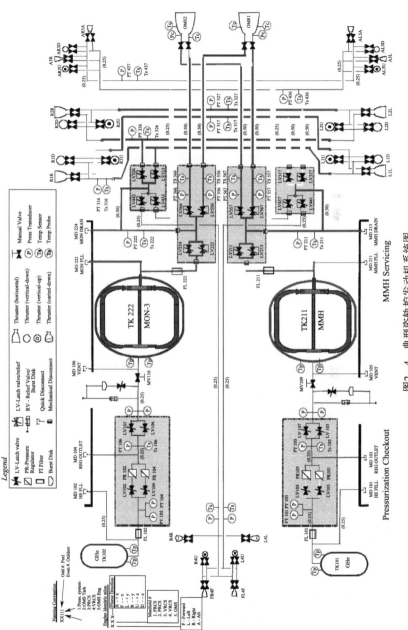

图2－4　典型姿轨控发动机系统图

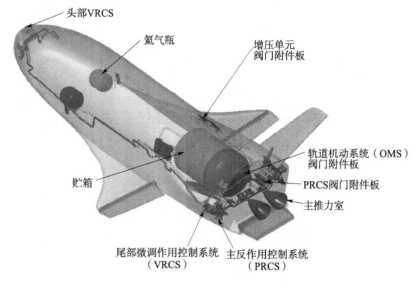

图 2-5　典型姿轨控发动机布局图

面方案验证，后进行高空环境下的可靠性验证试验，真空度水平应尽量覆盖工作高度。

　　3）发动机工作的高空条件、工作次数、工作时间、工作模式等必须经过地面模拟条件下充分的试验验证，并尽可能覆盖所有关键条件。

　　4）当质量大小等技术指标与结构可靠性、安全性等冲突时，必须确保结构可靠性、安全性。

　　5）发动机工作过程中产生的水击、水击对脉冲工作的影响以及脉冲工作频率与供应系统固有频率的耦合等问题，应给予足够重视，避免造成对系统性能的影响。

2.2.5　探月推进系统任务剖面分析

　　深空探测器用发动机的任务剖面（如图 2-6 所示）相对于运载火箭发动机更为复杂，经历的环境更为多样。一方面，探测器要适应运载火箭飞行期间的各种力学环境；另一方面，星箭分离后，发动机在地月转移、近月制动、近月变轨过程中要完成额定工况和低工况时共计长达上千秒的点火工作，并经历空间辐射、冷热环境、自身振动等恶劣环境的考验；在探测器下降着陆末段，还要完成快速、大范围的变推力工作，为探测器选择着陆点并安全着陆提供保障。这对发动机的结构可靠性和环境适应性提出了更高的要求。在结构质量、发动机性能要求极为苛刻的前提下，要做到有针对性地开展可靠性设计，就必须全面掌握发动机任务剖面及其各阶段的工作特点。

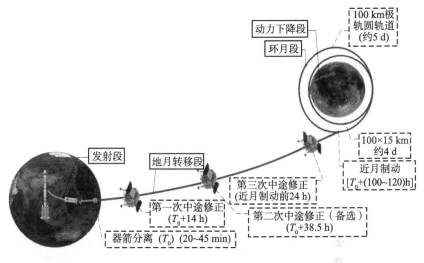

图 2 - 6　探月推进系统任务剖面

1）由于发动机结构质量约束条件苛刻，发动机既要保证高性能要求，又要保证可靠性、安全性要求，这给结构质量设计带来很大的压力。因此，需要进一步优化技术方案，进行组件减重设计，在性能、可靠性要求与结构质量之间寻求最佳平衡。例如，采用变壁厚喷管结构设计，受力、热环境条件最为苛刻的身部、喉部的壁较厚，并逐渐向受力、热环境条件较好的喷口部位减薄。

2）为保护探测器各部件及仪器设备等的正常工作，发动机总体采取增加隔热屏的热防护方案，限制发动机向周围空间散热，相应地影响了发动机的热裕度。因此，必须在提高发动机性能的同时，控制发动机推力室温度，充分兼顾可靠、充裕的冷却，保证发动机长寿命且可靠工作。

3）在整个任务周期内，发动机要面临复杂的力学环境、热环境、空间环境等条件的考验。因此，在发动机研制中，要高度重视发动机的环境适应性，必须充分考虑空间环境条件和着陆探测器的特殊任务需求，优化技术方案，如：在精密配合零组件的材料选择上，要充分考虑不同热膨胀系数的影响，保证其在冷热交变的环境下产品的运动灵活性；对发动机可能的工作环境（如真空点火启动）和热控方案进行充分的验证等。

4）任务要求发动机具备额定推力和连续变推力工作能力，要求发动机比冲性能高、混合比控制精度高（图 2-7 所示为变推力发动机外形图）。因此，需要对发动机系统、组件结构等进一步进行优化，提高发动机各推力工况性能与稳定性，缩短响应时间，满足发动机变工况快速响应要求。此外，无论是推力突升还是突降，均不同于常规的发动机工作过程，推力变化对发动机工作可靠性的影响需要通过大量的试验验证。

5）此外，还要针对空间辐射、电磁兼容性等环境开展抗辐照、电磁兼容性、元器件降额设计及验证。

图 2-7　变推力发动机外形图

2.3　环境适应性分析

液体火箭发动机工作环境十分复杂和严酷，既有自身产生的振动载荷，也有工作时高温燃气引起的热载荷。火箭飞行过程中，各级发动机主要承受两种振动环境；一种是发动机自身工作产生的振动环境，激励源来自于发动机燃烧和涡轮泵的旋转等，其频率特征以中高频为主。另一种振动环境是上面级发动机承受的由基础级发动机诱发的振动环境，还包括来自于基础级发动机点火、关机和级间分离产生的瞬态振动环境，火工装置或其他分离装置产生的爆炸冲击环境，纵向耦合效应产生的低频振动环境，以及跨声速段的气动噪声通过箭体传递的随机振动环境和基础级的发动机振动等。可以说，力、热环境对发动机工作可靠性的影响至关重要，发动机的设计、使用、维护必须考虑环境适应性问题。

美国 2000 年正式颁布的 MIL-STD-810F《环境工程考虑和实验室试验》中，将环境适应性定义为：装备、分系统或部件在预期环境中实现其全部预定功能的能力。我国 2001 年版 GJB 4239《装备环境工程通用要求》将环境适应性定义为：装备（产品）在其寿命期预计可能遇到的各种环境的作用下能实现其所有预定功能和性能和（或）不被破坏的能力。由此，装备环境适应性分析的目的简单地说就是评价装备在各种环境作用下是否能实现其预定功能和性能，以及是否受到了破坏。

液体火箭发动机可能遇到的各种环境，包括产品交付后储存、运输、测试、发射、在轨工作等各阶段全部工作剖面的力、热、电磁、辐照等环境。对于储存、运输、测试等地面环节，在发动机设计阶段就要充分考虑，对环境敏感产品可以提出对环境保障的反要求。真正对发动机可靠性造成致命影响的还是工作环境的适应性，主要是自身的包括力、热、振动等环境，还有火箭总体的诸如过载、气动加热、羽流等外部环境。在飞行试验前，要重点关注发动机环境条件和试验还未能覆盖飞行动态环境的项目，以及环境条件恶化对发动机系统、部组件带来显著影响的项目。

　　工程实践表明，力、热环境对发动机可靠性影响最大，振动、热载荷可以导致发动机结构破坏、推进剂或高温燃气泄漏，过高的温度效应还有可能使一些材料发生氢脆、镉脆现象，最终导致灾难性故障发生。表 2 - 1 给出了几次地面试车和飞行试验中发生的典型的由于发动机环境适应性问题导致的故障。

表 2 - 1　热试车和飞行试验中由于环境适应性问题导致的发动机故障

发射或试车时间	异常现象	故障定位	故障机理
2007 年 4 月	试车燃气发生器泄漏故障	副系统燃料路发生泄漏	发动机振动加速度偏高，高的机械振动响应形成的动应力与较高的焊接残余应力叠加作用导致弯管疲劳破坏
2009 年 8 月	二级主机参数下跳	燃料主汽蚀管入口与燃料主导管连接处泄漏燃料	主机高温羽流范围内和大拧紧力矩使二级主机防火罩螺栓出现锌、镉脆断，包覆材料被吹走，导致燃料主汽蚀管与燃料主导管连接法兰暴露在游机高温羽流中，受影响最大的外侧部分螺栓发生拉伸变形或镉脆断，使法兰密封面张开，密封胶圈在内压作用下从螺栓失效部位挤出，燃料泄漏
2011 年 4 月	二级主机泵漏管异常抖动	由泵漏管下端卡箍紧固件断裂或螺母松脱造成	游机燃气羽流高温环境使泵漏管卡箍上的自锁螺母材料强度降低，塑性增加，可能导致自锁螺母的锁紧力降低，螺母松出，在长时间真空高温振动环境下，螺母松脱
2011 年 7 月	二级主机参数下跳故障	副系统燃料路发生泄漏	燃气发生器燃料入口管部位焊缝由于结构特点导致操作困难，无法对焊缝内部质量进行 X 光检查。在火箭飞行工作过程中各种综合应力作用下出现裂纹，副系统燃料泄出，随着工作时间延长，裂纹逐渐扩展，泄漏量也随之增大，发动机工况不断下降，造成二级主机部分参数持续下降至主机工作结束
2011 年 11 月	火箭调姿定向发动机参数异常	推进剂泄漏	热环境引起推力装置结构温度升高，加大了单推-3 推进剂在推力室集液腔发生快速热分解的概率，分解产生的高压造成电磁阀法兰变形，推力装置连接处密封失效，推进剂从电磁阀与推力室对接面泄漏，导致推力装置无推力

2.3.1　环境适应性分析策划

开展环境适应性分析工作必须做好提前策划，特别应注意做好以下几个方面的工作。

（1）环境条件分析

航天产品的环境条件包括其整个寿命周期——运输、储存、发射、飞行所经历的各种自然及诱发环境条件。例如：运载火箭姿控发动机主要的环境条件是运输时的振动冲击，总装厂房和发射阵地的温度、湿度，飞行时的振动冲击、热环境等，其中对发动机作用和影响最大的环境应力是飞行时一、二级发动机引起的振动，二级发动机、游机工作时的热辐射及燃气羽流带来的热量。某型姿控发动机最初是为特定任务设计的，后来直接用于其他型号任务，而且由于运载器每次发射任务不同，其经历的环境，特别是飞行环境条件有很大的差别。对热环境和力学环境适应性进行分析发现，二级游机工作时间比原来任务时间增加了 200 s，导致姿控发动机热环境更加苛刻。由于没有采取更加合理的热防护措施，导致姿控发动机推进剂导管热爆及电压异常故障。

（2）对照时序确认产品状态与薄弱环节

运载器每次的任务不尽相同，卫星对入轨姿态的要求也各不相同，因此总体对姿控发动机工作时序的安排也不同，发动机工作时的状态也不相同。在进行环境适应性分析时必须首先依照本次任务的时序对产品状态进行确认，然后再对照不同时刻确认产品的工作状态及产品所处的环境条件。在此基础上才能分析产品对瞬时环境的适应性。此外，对于产品在试验中发现的环境适应性薄弱环节应重点关注、重点分析。

某姿控发动机故障归零时除了采取加强姿控发动机热防护与提高电缆耐热性能的措施之外，还将姿控发动机增压时间提前并增加预喷次数，有效地降低了导管中推进剂的温度，控制了推进剂在导管中热爆的风险。但是对于姿控发动机暴露出的推进剂在热环境下快速分解引起管路失效的薄弱环节认识不够深入和彻底，也未开展进一步的研究工作。归零试验已经表明，推进剂填充到高温密闭容腔时有快速分解导致压力急剧升高，从而引起爆炸的危险，当时只对导管采取了防热降温措施，而忽略了同样存在高温密闭容腔的推力室集液腔。由于对此处的薄弱环节未进行分析，也没有采取改进措施，导致后来任务中发生推力室集液腔处推进剂发生快速分解，阀门法兰变形，推进剂泄漏的故障。

（3）试验策划

对姿控发动机来说，并非所有环境条件通过分析的方法就能作出其是否适应的结论，还需要进行试验验证与评价。因此在确定了发动机的环境条件及其工作状态之后，就需要确定哪些条件是通过分析就能得出结论的，哪些是必须进行试验验证的。

环境适应性试验验证关键在于模拟产品真实状态和实际的环境条件，尽可能减小试验与真实状态的差异。某型姿控发动机安装在二级发动机机架上，分布尺寸较大，研制初期并不具备整机进行振动试验的条件，而是采取了组件按照总体振动条件进行试验考核、整机搭载二级发动机试车进行振动环境考核的方案，并且经过分析只选用部分组件进行试验即可满足环境适应性验证的要求。这种方法在后续研制型号上也多有采用，并被证明是行之有效的。

2.3.2　环境适应性分析方法

液体火箭发动机具有全箭最恶劣的工作环境，而力热综合环境对发动机工作性能和工作可靠性的威胁尤其突出。在发动机的工作环境下，由于结构的响应水平超过限制阈值而引发的结构破坏或功能失效事件屡见不鲜，尤其是对于已经定型的发动机或发动机的某些结构所处的工作环境使其本身产生的响应具有危险性的现实情况下，根据结构响应行为和获得的结构薄弱环节，如何采取有效的控制措施抑制危险状况的出现成为液体火箭发动机研究人员需要解决的环境适应性关键问题之一。在发动机的工作环境下，结构的工作寿命是发动机环境适应能力的重要体现，预知发动机结构的工作寿命对于判断发动机在其服役的全寿命周期内的性能稳定性和结构可靠性具有重大意义。因此，为了在结构设计阶段预估结构件的疲劳寿命，需要根据不同结构的响应特点建立与其本身特性相适应的损伤演化规律来描述结构件的疲劳破坏过程。此外，如何对考虑了结构动态响应控制和疲劳寿命设计的结构进行可靠性判断则需要对液体火箭发动机进行进一步研究，进而实现在预设环境载荷下对发动机结构力学与环境适应性进行合理、准确的评估。

在发动机专业领域，环境适应性问题的基础研究包括：发动机复杂系统动力学建模与模型修正，力学载荷在组合结构中的传递机理，多源载荷作用下的振动疲劳寿命评估，力热环境的耦合机理等。本章主要从工程分析角度论述如何开展分析。

（1）直接分析法

直接分析法根据环境适应性基础数据评价产品的环境适应性，对于评价借用件的环境适应性十分有用。发动机绝大部分组件、部件在型号研制时均经历了大量的地面和飞行试验环境的考核，积累了大量的环境适应性数据。当利用这些型谱化组件产品设计新发动机时，重点要考虑新发动机在新的任务中所面临的力、热等环境适应性的问题。

这里需要指出，直接分析法使用了"极值"理论，即产品如果能适应恶劣的环境条件，则必定能够适应相对温和的环境条件；在相同的环境条件下，产品能使用的时间，则必定满足此使用时间以内的使用时限要求。

（2）相似产品法

相似产品法是指对于那些继承性较强的型号，其新设计的产品在结构、材料等方面继承了老型号的成熟技术，有的直接使用了老型号中的一些零部件，从而能够从相似的角度对新产品的环境适应性作出适当的分析。

某型号管路系统、电缆、安装支架等部组件为新设计产品，但也充分继承了已定型型号的成熟技术，如导管的材料、安全系数、密封结构、拧紧程度、悬臂长度，电缆的材料、元器件，支板的材料等均与定型型号相同，薄弱环节与失效模式基本相似，因此可以采用相似产品法进行环境适应性分析。通过对定型型号相似管路、电缆等组件环境试验数据进行比对分析，本型号所设计的管路、电缆对自然环境和力学环境条件可以适应，但对热环境条件则没有相应的试验数据支撑。同时对于本型号气瓶、高压气管路、电爆阀等组件，由于其与先前型号的结构、工作原理均类似，根据先前型号的使用经验，这些组件在工作时温度会有大幅的降低，因此可以分析得出这些组件对本型号的热环境是适应的。这些分析工作均是在设计初期完成的，后续的地面试验和飞行试验表明，上述分析结果是可信。相似产品法的缺点是无法给出量化结论，用在方案阶段简单易行，但不能满足研制阶段精细化设计的要求。

（3）仿真分析法

随着计算机技术的飞速发展，计算机仿真技术作为一种最经济的手段在产品研发中已得到广泛应用，该技术以环境试验信息数据库为基础，通过建立系统模型，并进行虚拟试验，以达到进行实际产品对环境应力动态响应分析的目的，具有安全、经济、可控、无破坏性、可重复性好等显著优点。仿真技术在环境工程及环境适应性分析中的应用，特别是新技术和新手段的发展，极大地增强了人们对环境和环境适应性研究的深度和广度。

2.3.3　需要重点关注的方面

（1）注意环境条件的剪裁

一般地，火箭总体会给出对应任务剖面内对发动机整机的环境条件，但作为发动机研制单位来说，还必须将这些条件分解落实到具体的接口部位、部组件单元上，对有些环境条件还必须进行换算与转换，进行适当的剪裁。为了保证一定的可靠性工作裕度，研制时必须进行更为苛刻的环境条件考核。对于地面不能完全模拟的环境条件，还需要进行类似型号的比较以及仿真验证。需要剪裁的环境条件主要包括：力学环境、运输条件、噪声条件、过载条件、低气压条件、湿热条件、滴雨或淋雨条件等。

（2）对环境条件的认识与环境适应性设计要协同一致

新型号的研制，其环境条件不可能一开始就完全准确，必然是一个随着地面试验及飞行试验的开展，认识不断深化和不断完善的过程。发动机的环境适应性设计工作必须与时俱进，持续改进。姿控发动机总体最初提出的力学环境和热环境就是参考其他型号给出的预估条件，比如热环境，总体认为姿控发动机所处位置受到二级主机和游机热燃气回流的影响，给定其温度不超过 90 ℃。姿控发动机在设计时考虑到二级发动机、游机、排气管及燃气辐射的影响，按姿控发动机不超过 200 ℃，采取了防热包覆，因条件限制并未进行热环境试验考核。××-2E 遥一飞行试验发生了姿控发动机电爆管电缆短路导致电爆管未起爆、姿控发动机未工作的故障，分析其原因认为是环境条件造成的。由于当时限于进度要求，无法进行深入分析，所以采取了综合治理的措施，增加了冗余设计，加强了防热包覆。后续随着飞行试验数据的积累，总体对环境条件进行了多次修订，姿控发动机也在故障归零过程中补充进行了一些试验，采取了改进措施，环境适应性得到了提高。

（3）环境适应性分析与试验验证相结合

环境适应性分析与环境试验两者相辅相成，需结合进行。对于姿控发动机而言，在实验室进行试验的状态很难完全模拟飞行时的真实状态，目前还不具备在实验室进行振动、热环境试验时发动机点火工作的能力，也不具备发动机试车时加载振动、热等环境条件的能力。而另一方面，单纯的分析工作由于无法准确量化环境边界条件或采用了简化的方法、模型，其结果的精确度和可信度还有待提高。因此，目前发动机环境适应性设计还要有赖于分析与试验相结合来完成。

2.4　小结

不同的任务剖面对发动机的功能与性能要求不同，任务可靠性指标要求也不尽相同。要实现发动机的固有可靠性满足任务能力，必须识别任务明确或者隐含的技术与可靠性要求。将可靠性技术与液体发动机设计技术充分融合，贯彻于整个研制过程，是发动机可靠性设计的本质特征。任务剖面对发动机的要求归纳起来有以下几点。

1）性能与功能的可靠性要求；

2）诱导环境（振动、热、真空等）下，发动机可靠工作的要求；

3）与总体相关的接口界面、控制等方面的要求；

4）非工作状态的其他可靠性要求。

辨识任务剖面的分析方法可以大致归纳为如下几个方面。

1）飞行时序动作分析；

2）环境适应性分析；

3）基于功能法的失效模式与效应分析；

4）安全性分析；

5）考虑极端情况的鲁棒性设计分析。

然而，任务使命不同、发动机特点不同，则任务剖面关注的侧重点是不一样的，必须具体问题具体分析。

参 考 文 献

[1]   GJB 4239－2001   装备环境工程通用要求 ［S］，2001.

[2]   胥泽奇，张世艳，宣卫芳．装备环境适应性评价 ［J］．装备环境工程，2012，9 (1)：54－59.

[3]   朱宁昌．液体火箭发动机设计 ［M］．北京：宇航出版社，1994.

[4]   谭松林，黄道琼，张继桐，等．液体火箭发动机涡轮泵耦合分析 ［J］．航空动力学报，2003，18 (5)：692－697.

第3章 系统可靠性建模与可靠性分配

3.1 系统可靠性建模

3.1.1 可靠性建模概述

系统是由相互作用、相互依赖的若干单元组合成的具有特定功能的有机整体。这里提到的"系统""单元"是一种相对概念。"系统"包含"单元",其层次高于"单元"。产品可以处于不同层次:零部件、组件、分系统、系统;但可以根据可靠性分析的实际情况,将产品按"系统"或者"单元"对待。

系统的可靠性反映的是系统完成其规定任务的可靠性。建立系统的可靠性模型时,必须明确所分析的任务是什么,对于任务的完成来说,涉及系统的哪些功能,其中哪些功能是必要的,哪些功能是不必要的,影响系统完成全部必要功能的所有软、硬件故障事件都计入故障。

一般地,基本可靠性的任务定义为:系统在运行过程中不产生非计划的维修及保障要求。相应地,任何导致维修及保障需求的非人为事件,都是故障。

系统的各种特性可以采用原理图、功能框图及功能流程图、可靠性框图加以描述。例如,原理图反映了系统及其组成单元之间的物理上的连接与组合关系;功能框图及功能流程图反映了系统及其组成单元之间的功能关系;可靠性框图则描述系统及其组成单元之间的可靠性逻辑关系。

例1:某单组元液体火箭发动机的原理图与可靠性框图分别如图

3-1 和图 3-2 所示。

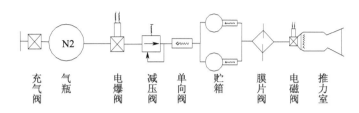

图 3-1　单组元发动机组成原理图

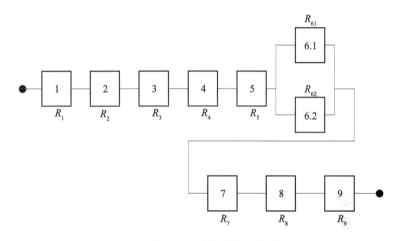

图 3-2　单组元发动机系统可靠性框图

R_1，R_2，R_3，R_4，R_5，R_6，R_7，R_8，R_9 分别代表充气阀、气瓶、电爆阀、
减压阀、单向阀、贮箱、膜片阀、电磁阀、推力室的可靠度

例 2：某非电传爆系统可靠性框图。

考虑一个火箭上起分离作用的非电传爆系统，其功能框图如图 3-3 所示，可靠性框图如图 3-4 所示，图 3-4 直观反映了非电传爆系统各单元自身的可靠性以及单元之间的可靠性关系。非电传爆系统一般为复杂网络系统，包含多个并联和串联环节。

对于终端火工品为固体小火箭类的非电传爆系统，输出接头直接由银管导爆索引爆固体小火箭上的隔板点火器，再由隔板点火器引爆固体小火箭内的点火药盒，点火药盒引燃药柱，从而输出推力。

　　起爆器单元引爆导爆索组件采用冗余设计，引爆传爆单元也采用冗余设计，输出接头同样采用冗余设计，保证引爆终端火工品。整套系统需要所有终端火工品正常工作，且保证固体小火箭能正常工作后，系统才能完成预定功能。

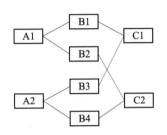

图 3 - 3　非电传爆系统功能框图

A1，A2—起爆器单元；B1，B2，B3，B4—引爆传爆单元；C1，C2—固体小火箭单元

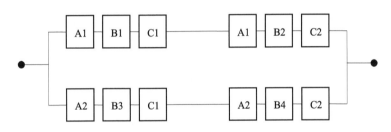

图 3 - 4　非电传爆系统可靠性框图

　　例 3：某氢氧液体火箭发动机的双机可靠性框图如图 3 - 5 所示。

　　该氢氧液体火箭发动机为燃气发生器循环氢氧发动机，由推力室、喷管、单台富氢燃气发生器、双轴并联氢氧涡轮泵、阀门、调控元件、点火启动系统、摇摆机构等构成，发动机为泵前双向摇摆。该发动机将作为某运载火箭的芯级，两台发动机并联使用，地面一次启动。

　　可靠性建模的一般流程如图 3 - 6 所示。

　　根据系统功能和结构特点，有多种可靠性建模方法，如可靠性框图、网络可靠性模型、故障树模型、事件树模型、马尔可夫模型、

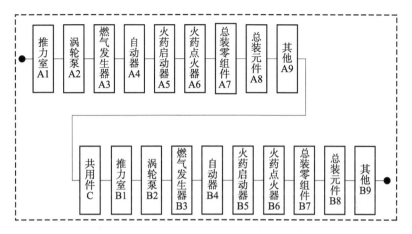

图 3－5　某氢氧液体火箭发动机双机可靠性框图

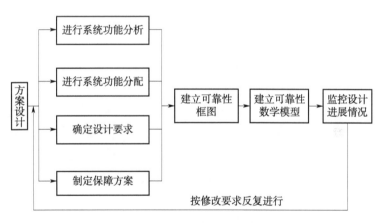

图 3－6　可靠性建模流程图

Petri 网模型、GO 图模型等方法。

　　可靠性框图是为预计或估算产品的可靠性所建立的可靠性方框图和数学模型。可靠性框图由代表产品或功能的方框、逻辑关系和连线、节点组成。节点分为输入节点、输出节点和中间节点。输入节点表示系统功能流程的起点，输出节点表示系统功能的终点。连线可以是有向的，也可以是无向的，它反映了系统功能流程的方向，无向的连线意味着是双向的。方框代表产品的某单元或某功能。

在建立可靠性模型时，还应根据不同建模目的，正确区分不同使用场合、不同寿命剖面、不同任务剖面的可靠性模型。

3.1.2　系统功能分析

3.1.2.1　功能的分解

对系统进行构成、原理、功能、接口等各方面的深入分析称为系统功能分析，它是建立正确的系统任务可靠性模型的前提。

系统往往是多任务与多功能的，一个系统及其功能是由许多分系统及其功能实现的。通过自上而下的功能分解过程，可以得到系统功能的层次结构，功能的层次分解可以细分到能够获得明确技术要求的最低层次（最低分析单元，如部件）为止。

3.1.2.2　功能框图、功能流程图与可靠性框图

在系统功能分解的过程中，对于较低层次功能间的接口与关联关系，可以用功能框图或功能流程图加以描述。

功能框图：在对系统各层次功能进行静态分析的基础上，描述系统的功能和各子功能之间的相互关系，以及系统的数据（信息）流程和系统内部的各接口。

功能流程图：用以表明系统所有功能间的顺序（时序）关系。功能流程图是动态的，描述系统各功能之间的时序相关性，即每一功能（用一个方框表示）都在前一功能发生之后发生。当然，某些功能可能是并行或采用交替的方式执行的。

在描述功能流程图时，需要对系统执行各功能工作的时间进行描述。

可靠性框图：描述产品各单元可靠性与系统可靠性关系的框图。可靠性框图的每一方框的名称应与功能框图中的名称一致。

功能框图和功能流程图的作用是辅助完成可靠性框图，所以必须做好功能框图和功能流程图的分析工作。

功能框图、功能流程图与可靠性框图的详细内容可参考 GJB 813《可靠性模型的建立和可靠性预计》及有关可靠性分析的书籍。

3.1.2.3　故障判据

产品或产品的一部分不能或将不能完成预定功能的事件或状态，称为故障（事件或状态）。对于具体的产品，应结合其功能、性质与使用范畴，给出产品故障的判别标准，即故障判据。故障判据是判断产品是否构成故障的界限值，一般应根据产品的规定性能参数和允许极限来确定，同时要与订购方给定的故障判据相一致。具体产品的故障判据与产品的使用环境、任务要求等密切相关。例如，某台航空发动机的润滑油消耗量偏大，对于短程飞行或中程飞行来说，可能不算故障，但对于远程飞行来说，同样的润滑油消耗率就可能把润滑油耗尽，并因此产生故障。

在液体火箭发动机研制中，积累了大量的与故障作斗争的经验，国外也有很多典型案例值得借鉴。然而，针对具体任务特点如何确定故障判据还是一件很不容易的事情，必须明确如下几点。

1）发动机故障导致任务不能有效完成的危害程度是什么；

2）故障的具体表现形式是什么；

3）故障发生时，引发的关联故障有哪些；

4）故障的特征量及其随时间、空间变化的演变规律是什么；

5）考虑两类风险（使用方、供应方）条件下，特征量的阈值范围如何控制选取；

6）故障模式分析是否穷尽；

7）对于受到经费、时间、模拟条件等限制而无法进行地面试验验证的故障模式，应努力开展故障仿真分析。

下面给出长征火箭二级发动机几种故障模式的仿真结果。

（1）二级发动机启动器电爆管未爆故障

该故障将导致发动机启动缓慢。根据仿真计算结果给出启动曲线如图 3-7 和图 3-8 所示。

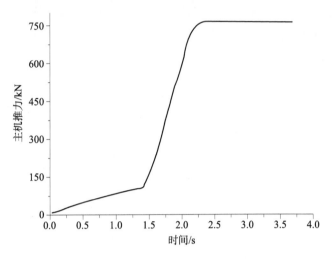

图 3 - 7 主机推力变化曲线

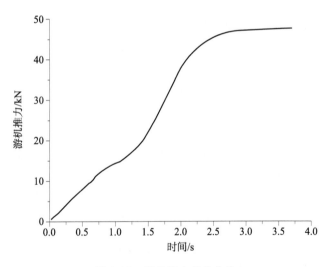

图 3 - 8 游机推力变化曲线

（2）游机启动时充填阀门未打开故障

该故障将导致二级游机启动延迟，启动加速性超差。根据仿真计算结果给出启动曲线如图 3 - 9 所示。

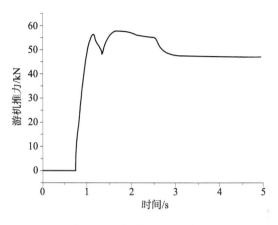

图 3 - 9　游机推力变化曲线

（3）主阀关闭故障

该故障将导致一级、助推或二级主机发动机关机异常，发动机后效冲量增大。对于二级主机，将使某种推进剂大量消耗，游机可能不能完成工作。根据仿真计算结果给出后效推力曲线如图 3 - 10 所示。

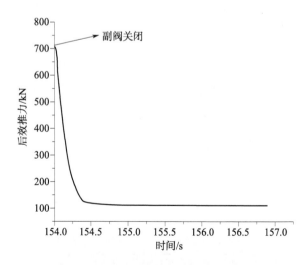

图 3 - 10　二级主机后效推力变化曲线

（4）游机断流阀关闭故障

该故障将导致二级游机关机异常，游机后效推力增大。根据仿真计算结果给出后效推力曲线如图 3 - 11 所示。

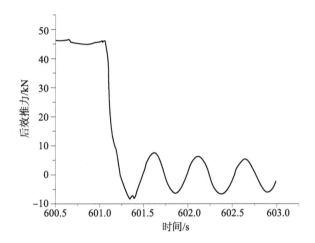

图 3 - 11　游机后效推力变化曲线

3.1.3　典型系统可靠性模型

3.1.3.1　串联模型

系统的所有组成单元中任一单元的故障都会导致整个系统发生故障，这样的系统称为串联系统。串联模型是最常用和最简单的一种可靠性模型。描述串联系统的串联模型如图 3 - 12 所示。

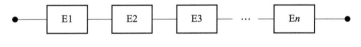

图 3 - 12　串联系统可靠性框图

串联系统可靠性的数学模型

$$R_{\mathrm{S}} = \prod_{i=1}^{n} R_i$$

式中　R_{S}——系统可靠度；

　　R_i ——单元 Ei（$i=1$，2，…，n）的可靠度；

　　n ——组成系统的单元数。

　　串联系统的可靠度是各单元可靠度的乘积，单元越多，系统可靠度越小。

3.1.3.2　并联模型

　　组成系统的所有单元都发生故障时，系统才发生故障，这样的系统称为并联系统。并联模型也是常用的可靠性模型，可用于描述有储备的系统。并联系统的可靠性框图如图 3-13 所示。

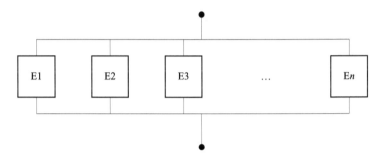

图 3-13　并联系统可靠性框图

　　并联系统可靠性的数学模型

$$R_S = 1 - \prod_{i=1}^{n}(1 - R_i)$$

式中　R_S——系统可靠度；

　　　R_i——单元 Ei（$i=1$，2，…，n）的可靠度。

　　从并联系统可靠性的数学模型中可以看出，并联的单元越多，系统可靠度越高。在工程实践中，提高可靠性要和所花费的代价、可实现性进行权衡。

3.1.3.3　k/n（G）模型

　　$k/n(G)$ 表决系统由 n 个相同单元及一个表决器组成。当表决器正常，且正常的单元数不小于 k（$1 \leqslant k \leqslant n$）时，系统就不会故障，这样的系统称为 $k/n(G)$ 表决系统，它是一种工作储备模型。$k/n(G)$

表决系统的可靠性模型如图 3-14 所示。

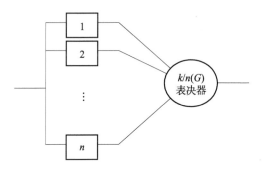

图 3-14　$k/n(G)$ 表决系统可靠性框图

$k/n(G)$ 表决系统的数学模型

$$R_S = R_m \sum_{i=k}^{n} C_n^i \cdot R^i \cdot (1-R)^{n-i}$$

式中　R_m——表决器的可靠度；

　　　R_S——系统可靠度；

　　　R——系统组成单元的可靠度（各单元相同）。

当表决器可靠度为 1 时，$1/n(G)$ 表决系统的数学模型为

$$R_S = 1 - (1-R)^n$$

故 $1/n(G)$ 表决系统为并联系统。

当表决器可靠度为 1 时，$n/n(G)$ 表决系统的数学模型为

$$R_S = R^n$$

故 $n/n(G)$ 表决系统为串联系统。

3.1.4　复杂系统可靠性模型

除串联系统、并联系统、表决系统外，复杂系统还有冷储备系统、热储备系统、桥式结构系统、网络系统、混联系统等。航天推进系统较多为可靠性串联、并联或表决系统。

在建立复杂系统的可靠性模型时，可采用可靠性框图分析法。建立一般复杂系统可靠性数学模型，可采用的方法有：真值表法，

全概率公式法，最小路集法（或最小割集法）等。

真值表法：n 个单元组成的一般系统，每个单元均具有正常工作、故障两个状态，则系统具有 $2n$ 个状态，这 $2n$ 个状态又可归结为系统工作正常、系统故障两个状态。用布尔代数反映系统和单元的状态，状态取值为 1 代表正常工作，取值为 0 代表故障。将 $2n$ 个状态枚举出来，就形成系统的真值表。因为这 $2n$ 个系统状态是互斥的，将真值表中对应于系统状态取 1 的全部系统状态的概率求和，就得到系统的可靠度。

全概率公式法：设 X 代表系统各单元的可靠性状态 x_i（$x_i = 1$ 代表单元 i 工作正常，$x_i = 0$ 代表单元 i 故障），则布尔型向量 $X = (x_1, x_2, \cdots, x_n)$ 可以反映系统各单元的所有可能的可靠性状态。通常系统的可靠度是所有单元可靠度的一个实函数，则 X 的某个函数可以用来反映系统的可靠性，称为可靠性结构函数，记为 $\phi(X)$。则系统的可靠度为

$$R_S = P[\phi(X) = 1]$$
$$= P[\phi(X) = 1 \mid x_i = 1]P(x_i = 1) +$$
$$P[\phi(X) = 1 \mid x_i = 0]P(x_i = 0)$$

这就是一个全概率计算公式。应用此全概率公式可以把复杂系统逐次化简为典型的串、并联系统的组合，形成一般系统的可靠性数学模型。

最小路集法（或最小割集法）：所谓路集是系统的一些单元的集合，且当这些单元同时工作正常时，系统才工作正常。当某种路集去掉其中的任何一个元素，系统将不能正常工作时，这样的路集称为最小路集。系统的一个最小路集代表系统完成其规定功能、正常工作的一种成功方式或途径。

所谓割集是指一些单元的集合，且当这些单元同时发生故障时，系统才发生故障。当某种割集所含的元素去掉其中的任何一个，就不再成为割集时，这样的割集称为最小割集。系统的一个最小割集代表系统的一种故障模式。

系统进行故障树分析时要寻找系统的全部最小路集（即全部成

功途径）或全部最小割集（即全部故障模式）。

仍采用系统的结构函数表示法。若系统的全部最小路集为：$D_1(\boldsymbol{X})$，$D_2(\boldsymbol{X})$，$\cdots$，$D_N(\boldsymbol{X})$，系统的全部最小割集为：$M_1(\boldsymbol{X})$，$M_2(\boldsymbol{X})$，$\cdots$，$M_K(\boldsymbol{X})$，则系统的可靠性结构函数可表示为

$$\phi(\boldsymbol{X}) = \bigcup_{i=1}^{N} D_i(\boldsymbol{X})$$

$$\phi(\boldsymbol{X}) = \prod_{j=1}^{K} M_j(\boldsymbol{X})$$

通过对系统的可靠性结构函数 $\phi(\boldsymbol{X})$ 取期望，就形成一般系统可靠性数学模型的最小路集法（或最小割集法）建模。

3.1.5　系统可靠性的精细化建模

在系统可靠性建模过程中，为了准确描述系统及其组成单元存在的失效时序及失效演化过程对系统可靠性的影响，需要对系统包含的具有动态、多态和相关特性的部组件和元件，运用动态故障树（DFT）、贝叶斯网络（Bayesian network）、Petri 网及马尔可夫链（Markov chain）等方法建立精确的可靠性模型，并运用解析或者仿真的方法进行求解。

3.1.5.1　系统动态性建模

系统的动态性体现在两个方面。

一是系统任务过程具有的顺序演变动态过程。航天系统任务过程一般表现为时间上顺序发生、过程不重叠的多阶段任务，称为多阶段任务系统（phased mission system，PMS）。对于多阶段任务系统，可靠性建模分析理论方法分为两类。一类是系统失效模式可以用组合模型，特别是故障树表达的静态多阶段任务系统。用一系列统计独立的最小单元代替每个任务阶段中系统的组成单元，解决系统组成单元之间的统计相关性问题。但当多阶段任务系统阶段数增加时，该方法面临最小单元规模巨大的问题。此外，也可采用消除方法（cancellation method），但需要计算最小割集。用阶段代数

（phase algebra）结合消除方法处理相关性问题，但需精确计算不交积之和（sum of disjoint products，SDP），随着阶段数和单元数的增加，不交积的数目将变得异常庞大。基于香农分解定理（Shannon decomposition）的二元决策图法（binary decision diagram，BDD）能够在早期阶段减少系统包含的单元数，因而能够较为有效地计算系统可靠度。另一类是基于状态方法的多阶段任务系统，利用马尔可夫链或 Petri 网进行动态多阶段任务系统的建模分析。基于状态方法能够方便地处理任务阶段的相关性和动态特性，但存在状态爆炸（state explosion）问题。近年来，为了更加精确地描述系统可靠性，对多阶段任务系统的研究逐渐扩展到考虑更多变量、更多类型相关性等领域，包括基于不完全覆盖模型（imperfect coverage model，IPCM）和共因失效（common cause failure，CCF）等方面。

二是系统包含动态逻辑部组件或者元件。若系统包含温贮备或者热贮备单元，则切换开关和工作单元的失效时序不同，将对系统可靠性产生不同的影响。若切换开关失效发生在工作单元失效之后，系统可以通过切换到备份单元继续工作；反之，系统则无法继续正常工作。一般选择动态故障树对包含动态逻辑部组件或元件的系统进行可靠性建模。

3.1.5.2　系统多态性和相关性建模

系统组成单元之中，某些单元的状态并非简单的工作和故障两种，还可能在工作和故障之间存在多种性能下降等降阶状态，因此对其建立可靠性模型时，需要准确表征其多种状态的特征。同时，为了提高系统的可靠性，设计上多采用冗余备份措施，同样的产品结构和工作环境导致某些单元之间存在相关失效，其中最为普遍的是共因失效问题，对其进行可靠性建模时必须考虑相关性问题。对于系统多态性和相关性，可以选择贝叶斯网络进行可靠性建模。贝叶斯网络是对传统静态故障树（SFT）等可靠性建模分析方法的扩展，通过节点状态的设置可以轻松表达多态特征，通过中间节点概率条件表（CPT）的设置可以表达多种复杂相关关系。

3.2　发动机组件可靠性建模

本章的重点虽然是系统可靠性建模，为了对发动机的失效原理有一个更加清晰的了解，在这里不妨再简述一下发动机常用典型组件的可靠性模型，一则便于将来基于故障特征的仿真研究，二则可以通过建模分析确定影响系统可靠性的短板。

3.2.1　推力室、发生器可靠性模型

推力室是将液体推进剂的化学能转化为喷气动能，并产生推力的组件，它由喷注器、燃烧室和喷管等组成。液体推进剂以规定的流量和混合比通过喷注器喷入燃烧室，经过蒸发、雾化、混合和燃烧等过程生成高温高压燃烧产物，然后在喷管内膨胀加速，形成超声速气流从喷管排出而产生推力。此外，当使用非自燃推进剂时，在推力室头部还设有点火装置，用于在发动机启动时点燃推进剂。

发生器作为向发动机涡轮泵提供高温高压驱动能源的装置，其工作原理与推力室有类似的地方。

推力室、发生器可靠性模型一般采用寿命型威布尔分布可靠性模型。在对它们的各故障模式的可靠性定量分析的基础上，可采用系统可靠性模型。

这两种组件的主要失效模式表现为一种寿命型故障，主要有推力室、发生器烧蚀，因而常用威布尔分布来描述。在任务剖面内，以长程稳态为主要工作模式时，取其连续工作时间为可靠性特征量；以多次脉冲为主要工作模式时，取其工作次数为可靠性特征量。

威布尔分布密度函数为

$$f(t) = \frac{m}{\eta} \cdot \left(\frac{t}{\eta}\right)^{m-1} \cdot \exp\left[-\left(\frac{t}{\eta}\right)^{m}\right]$$

式中　m——形状参数；

　　　η——尺度参数，又称特征寿命。

在进行可靠性验证时，可靠性特征量可以表示为

$$N_R = N_0 \left[\frac{\ln(1-\gamma)}{n \ln R(N_0)} \right]^{1/m}$$

式中 N_R—— 试验时间或工作次数；

N_0—— 额定工作时间或额定工作次数；

γ—— 置信度；

n—— 试验台数；

$R(N_0)$—— 满足额定工作时间或额定工作次数的可靠度；

m—— 形状参数。

3.2.2 涡轮泵可靠性模型

涡轮泵是泵压式液体火箭发动机中的核心组件，在发动机工作过程中涡轮泵组件要适应热—冷—热的环境变化，经受高温、高压、高转速的恶劣工况考验，其结构可靠性直接影响发动机系统的可靠性。

涡轮泵是涡轮和推进剂泵的组合装置，包括轴承、密封件和齿轮等。氧化剂泵和燃料泵由涡轮驱动（涡轮与泵同轴），或通过齿轮传动。

涡轮泵可靠性模型一般也采用寿命型威布尔分布可靠性模型。在对它的各故障模式的可靠性定量分析的基础上，可采用系统可靠性模型。

涡轮泵的故障模式主要表现为结构磨损、密封失效、泵性能参数异常等。因此将涡轮泵的可靠性特征量确定为可靠工作时间，它是一个寿命型参数，其可靠性分布规律符合威布尔分布

$$\sum_{x=0}^{F} \binom{n}{x} \left[R_L (N_0)^{(\frac{N}{N_0})^m} \right]^{n-x} \left[1 - R_L (N_0)^{(\frac{N}{N_0})^m} \right]^x = 1 - \gamma$$

式中 F——失效次数；

n——投试产品数；

N_0——任务次数（或任务时间 t_0）；

N——定次截尾试验截尾次数（或定时截尾试验截尾时间 t）；

m——形状参数；

γ——置信水平。

当 $F=0$ 时，威布尔型可简化为

$$R_{\mathrm{L}}(\gamma) = \left[(1-\gamma)^{\frac{1}{n}}\right]^{\left(\frac{N_0}{N}\right)^m}$$

上述公式用于涡轮泵的可靠性验证。

3.2.3 阀门可靠性模型

在推进剂和气体的输送管路中装配的各种阀门，按预定程序开启或关闭，实施对发动机的启动、变推力和关机等工作过程的程序控制。发动机的工作参数（如推力、流量和混合比等）是通过阀门、推力调节器、混合比调节器、节流圈和汽蚀管进行调节的。

阀门为成败型产品，其故障主要表现为开启、关闭失灵，卡滞，常用二项分布来描述：设可靠度为 R，n 个产品试验出现失败的次数为 ξ，ξ 服从二项分布，即

$$P(\xi = r) = \binom{n}{x} \cdot R^{n-r} \cdot (1-R)^r$$

另外，阀门的可靠动作是实现阀门控制功能的关键，因此将阀门的可靠性特征量确定为可靠工作次数，这是一个寿命型参数，其可靠性分布规律符合威布尔分布，其分布函数具体见 3.2.2 节。

3.2.4 贮箱与气瓶可靠性模型

对于挤压式姿轨控发动机来说，往往自带推进剂贮箱和高压气瓶。在发动机工作前的准备阶段，高压气通过电爆阀、减压阀后，给贮箱增压，推进剂被输送到推力室电磁阀门入口，做好工作前的准备工作。挤压式姿轨控发动机有稳态工作和脉冲工作两种方式，贮箱随发动机工作时间的延长，推进剂减少，压力降低。常见的贮箱和气瓶失效模式表现为疲劳破坏和结构失稳。

贮箱和气瓶在装配前均经过液压强度、气密性等检查，并在同批中抽取产品进行疲劳、爆破等一系列试验，以保证产品质量，且在装配前后均经过高压气密性试验检查，泄漏的可能性极小。考虑到贮箱和气瓶如果爆破将对整个系统产生严重危害，因此以爆破压力作为可靠性特征量。爆破压力的可靠性分布符合正态分布规律。

贮箱与气瓶的可靠性模型一般采用正态型强度-载荷模型

$$\hat{R} = \Phi(\frac{\overline{X} - \overline{Y}}{\sqrt{S_x^2 + S_y^2}})$$

$$D = \phi^2\left(\frac{\overline{X} - \overline{Y}}{\sqrt{S_x^2 + S_y^2}}\right)\left[\frac{1}{S_x^2 + S_y^2}\left(\frac{S_x^2}{n_x} + \frac{S_y^2}{n_y}\right) + \frac{(\overline{X} - \overline{Y})^2}{2(S_x^2 + S_y^2)^3}\left(\frac{S_x^4}{n_x - 1} + \frac{S_y^4}{n_y - 1}\right)\right]$$

式中　$\hat{R}$——单元可靠性评估值；

　　　D——$\hat{R}$ 的方差的估计值；

　　　$\overline{X}$——强度试验值均值；

　　　$\overline{Y}$——所受载荷测量均值；

　　　S_x——强度试验值标准差；

　　　S_y——所受载荷测量标准差；

　　　n_x——强度 x 的样本量；

　　　n_y——载荷 y 的样本量；

　　　$\Phi(\ )$——标准正态分布函数；

　　　$\phi(\ )$——标准正态分布密度函数。

3.2.5　总装元件可靠性模型

总装元件是将发动机各主要组件组装成发动机所需的各种部件的总称，例如导管、支架、常平座、摇摆软管、机架等。导管用来输送流体和连接组件，包括推进剂导管、液压和气体管路、驱动涡轮的高压燃气导管、涡轮排气管，以及相应的导管连接件和密封件等。涡轮泵支架将涡轮泵固定在推力室或机架上，有些控制元件和高压容器也用托架固定。常平座是使发动机能围绕其转轴摆动的承力机构，通过发动机的单向或双向摇摆，进行推力矢量控制，为飞行器提供进行俯仰、偏航和滚转运动的控制力矩。摇摆软管是一种柔性补偿导管组件，使发动机能实现摇摆并同时保证推进剂的正常输送。机架用于安装发动机和传递推力。

导管的失效主要表现为接头部分泄漏，关键部位在高压气路。

高压气路均采用插入式密封，装配后的管路系统还要经过气密性检查试验和压力检查，因此管路系统的可靠性可近似看为 1。

组合推力支座、机架等结构的强度余量较大，其气密性随导管一起进行检查，泄漏的可能性极小，其可靠性也可近似看为 1。

3.3　系统可靠性分配

3.3.1　可靠性分配概述

系统可靠性分配就是将使用方提出的，在装备设计任务书或合同中规定的可靠性指标，自上而下逐步分解，分配到各系统、分系统及组件、部件。也就是确定上一级产品对其下一级产品的可靠性定量要求，并将其写入相应的设计任务书或合同中。

可靠性分配的目的就是使各级设计人员明确其可靠性设计要求指标，为各层次产品的可靠性设计及元器件、原材料的选择提供依据。根据可靠性设计要求指标估计所需的人力、时间和资源，并研究实现这个要求的可能性和方法。可靠性设计指标与性能设计指标类似，是设计人员在可靠性方面的一个设计目标。

可靠性分配主要在方案论证阶段及初步设计阶段进行，它是一个反复迭代的过程，应尽可能早地实施，并将分配结果与经验数据及可靠性预计结果相比较，来确定分配的合理性。

如果分配给某一层次产品的可靠性指标在现有技术水平下无法达到或代价太高，则应重新进行分配。

分配时应适当留有余量，以便在产品增加新的组件或进行局部改进设计时，不必重新进行分配。

可靠性分配根据约束条件的不同，可以分为有约束条件的分配和无约束条件的分配两类。

所谓有约束条件的可靠性分配是指除了满足规定的可靠性指标外，还有费用、质量、体积、功耗等限制条件（约束条件）。在约束条件下分配可靠性指标的必要条件是用一些数据或公式可以将约束变量与可靠性指标联系起来，即对于具有不同可靠性要求的系统，其费用、质量等因素必须是可以计算的。有约束条件的可靠性分配实质上是求多元函数自变量有附加条件的极值问题，其方法包括：花费最小的分配方法和拉格朗日乘数法等。

无约束条件的可靠性分配方法即常规意义上的可靠性分配，一般包括等分配法、比例分配法、AGREE 分配法以及按复杂性分配等方法。

3.3.2 可靠性分配的原理和准则

（1）可靠性分配原理

可靠性分配就是求解下面的不等式

$$R_S(R_1, R_2, \cdots, R_n) \geqslant R_S^*$$

$$\boldsymbol{g}(R_1, R_2, \cdots, R_n) \leqslant \boldsymbol{g}_S^*$$

式中　R_S^* ——系统的可靠性指标；

$\boldsymbol{g}_S^*$ ——对系统设计的综合约束条件，是对系统在费用、质量、功耗等方面的限制值，为向量形式；

R_i ——系统第 i 个单元的可靠性指标；

$R_S(R_1, R_2, \cdots, R_n)$ ——通过系统可靠性模型给出的系统可靠度函数；

$\boldsymbol{g}(R_1, R_2, \cdots, R_n)$ ——通过各单元可靠度反映的系统的费用、质量、功耗等的量值，为向量值多元函数。

如果对分配没有任何约束条件，则可靠性分配基本不等式可能有无数组解。有约束条件时，也可能有多组解。根据产品具体情况，可以选择故障率或可靠度等参数进行分配。在进行可靠性分配时需要遵循可靠性分配准则。

（2）可靠性分配准则

1）重要度高或危害度高，应分配较高可靠性指标。

2）复杂度高的分系统、设备等，应分配较低的可靠性指标。

3）对于技术上不成熟或技术难度大的产品，应分配较低的可靠性指标。

4）在恶劣环境条件下工作的产品，应分配较低的可靠性指标。

5）工作时间长的产品，应分配较低的可靠性指标。

6）对于已有确切可靠性指标的产品或使用成熟的系统/产品，不对其进行可靠性分配，即将这些产品的可靠性作为已知值，从总指标中扣除这些单元的可靠度。

影响复杂产品系统的因素是多方面的，在应用上述准则时，应进行综合权衡。

3.3.3　结构可靠性指标分配方法

发动机的结构可靠性分配方法有：等分分配法、比例分配法、考虑多种可靠性因素的评分分配法、具有约束条件的优化分配法等。

（1）等分分配法

设系统由 n 个单元串联组成，令所有单元具有相同的可靠度，即

$$R_1 = R_2 = \cdots = R_n$$

则各单元失效率满足

$$\lambda_1 = \lambda_2 = \cdots = \lambda_n$$

由 $R_1 \cdot R_2 \cdot \cdots \cdot R_n = R_S$ ，可得

$$R_i = R_S^{\frac{1}{n}}$$

由 $\lambda_1 + \lambda_2 + \cdots + \lambda_n = \lambda_S$ ，可得

$$\lambda_i = \lambda_S / n$$

这一方法虽然简单，但很不合理。事实上，有些发动机单元（组件）比较容易达到高的可靠度，而另一些单元（组件）不易达到高的可靠度。把它们的可靠度都取成一样，没有体现各单元现有可靠度水平、重要性及工艺水平等方面的差异。实际工作中很少采用这种方法。

（2）比例分配法

若新设计的产品（系统）和某一现有产品相似，但要求新设计

的产品的可靠度 R'_{S} 比现有产品的可靠度 R_{S} 高，即 $R'_{\mathrm{S}}/R_{\mathrm{S}} = K > 1$。令新设计的产品组件（单元）的可靠度 R'_i 与现有相似组件的可靠度 R_i 之比为 $k = R'_i/R_i$ ，则对串联系统有

$$K = \frac{R'_{\mathrm{S}}}{R_{\mathrm{S}}} = \frac{\prod\limits_{i=1}^{n} R'_i}{\prod\limits_{i=1}^{n} R_i} = \frac{k^n \prod\limits_{i=1}^{n} R_i}{\prod\limits_{i=1}^{n} R_i} = k^n$$

故有

$$k = K^{\frac{1}{n}}$$

由此可得新设计的产品各组件的可靠度为

$$R'_i = kR_i, \ i = 1, 2, \cdots, n$$

若令新设计产品组件的失效率 λ'_i 与现有相似组件的失效率 λ_i 之比为 $k_1 = \lambda'_i/\lambda_i$ ，则对串联系统，由 $\lambda_1 + \lambda_2 + \cdots + \lambda_n = \lambda_{\mathrm{S}}$ ，可得

$$\frac{\lambda'_{\mathrm{S}}}{\lambda_{\mathrm{S}}} = \frac{\sum\limits_{i=1}^{n} \lambda'_i}{\sum\limits_{i=1}^{n} \lambda_i} = \frac{k_1 \sum\limits_{i=1}^{n} \lambda_i}{\sum\limits_{i=1}^{n} \lambda_i} = k_1$$

故有

$$\lambda'_i = k_1 \lambda_i = \frac{\lambda'_{\mathrm{S}}}{\lambda_{\mathrm{S}}} \lambda_i, \ i = 1, 2, \cdots, n$$

由此可得新设计的产品各组件的可靠度为

$$R'_i = \exp\left(-\lambda'_i t_i\right) = \exp[-(\lambda'_{\mathrm{S}}/\lambda_{\mathrm{S}}) \lambda_i t_i], i = 1, 2, \cdots, n$$

（3）评分分配法

评分分配法是在可靠性数据非常缺乏的情况下，通过有经验的设计人员或专家对影响可靠性的几种因素进行评分，并对评分值进行综合分析以获得各单元产品之间的可靠度相对比值，再根据这些比值，给每个单元分配可靠性指标。该方法可以用于分配串联系统的可靠性。一般假设产品工作寿命服从指数分布。对于非指数分布，产品故障率 $\lambda(t)$ 不为常数，这时可将其近似看做任务期间具有平均故障率的指数分布。

①评分因素

评分法通常考虑的因素有：复杂度、技术水平、工作时间和环境条件等，并可以根据产品系统的特点增加或减少评分因素。

②评分原则

下面以产品故障率为分配参数来说明评分原则（以故障率作为分配参数时，可以与可靠度互相转化）。

各种因素评分值范围为 1～10，分值越高可靠性指标要求越低。

1）复杂度——根据组成单元的原部件数量以及它们组装的难易程度来评定的，最复杂的为 10 分，最简单的为 1 分。

2）技术水平——根据单元目前的技术水平和成熟程度来评定，水平最低的为 10 分，水平最高的为 1 分。

3）工作时间——根据单元工作时间来评定，单元工作时间最长的为 10 分，最短的为 1 分。

4）环境条件——根据单元所处的环境来评定，单元工作过程中将接受最为恶劣和严酷环境条件的为 10 分，接受环境条件最好的为 1 分。

③分配

设 r_{ij} 为系统的第 i 个单元的第 j 个因素的评分值，$j=1$ 代表复杂度因素，$j=2$ 代表技术水平因素，$j=3$ 代表工作时间因素，$j=4$ 代表环境条件因素。$i=1,2,\cdots,n$。

令

$$\omega_i = \prod_{j=1}^{4} r_{ij}$$

$$\omega = \sum_{i=1}^{n} \omega_i$$

$$C_i = \omega_i / \omega$$

设系统的故障率指标为 λ_S，则分配给每个单元的故障率 λ_i 为

$$\lambda_i = C_i \lambda_S$$

由故障率和可靠度函数的关系可以把系统的可靠度指标转化为

系统的故障率指标，对系统的故障率指标采用评分法进行分配，可以得到各单元的故障率指标，再由故障率和可靠度函数的关系可以把对单元分配的故障率指标转化为单元的可靠度指标。

　　下面以某发动机增压系统可靠性分配为例对评分法进行具体介绍。

　　设某发动机增压系统可靠度 $R_s = 0.999$，该系统可靠性模型是表 3-1 中各组合件的串联模型（此处略去数学模型）。有经验的设计人员和专家对影响系统的可靠性因素进行分析并评分，如表 3-1 所示，通过可靠性分配计算，可得各单个组合件的可靠度分配结果。

表 3-1　某发动机增压系统可靠性指标分配表

序号	组合件名称	组合件个数	结构复杂度	技术水平	工作时间	环境条件	评分（单个组合件）	给单个组合件分配的可靠度
1	大过氧化氢贮箱	1	10	10	10	10	10 000	0.999 898 1
2	大过氧化氢贮囊	1	10	10	10	10	10 000	0.999 898 1
3	小过氧化氢贮箱	1	10	10	10	10	10 000	0.999 898 1
4	小过氧化氢贮囊	1	10	10	10	10	10 000	0.999 898 1
5	煤油贮箱	1	10	10	10	10	10 000	0.999 898 1
6	煤油贮囊	1	10	10	10	10	10 000	0.999 898 1
7	高压气瓶（单个）	11	5	5	10	8	2 000	0.999 979 7
8	减压器	1	10	8	10	3	2 400	0.999 975 6
9	压调器	1	10	8	10	3	2 400	0.999 975 6
10	加温器	1	3	2	10	4	240	0.999 997 6
11	加泄活门（单个）	3	4	2	5	3	120	0.999 998 8
12	控制电磁阀（单个）	4	4	2	10	3	240	0.999 997 6
13	单向阀（单个）	3	4	2	10	3	240	0.999 997 6
14	手动阀门（单个）	4	3	2	3	2	36	0.999 999 7
15	气体管路（单个）	15	3	2	10	6	360	0.999 996 4
16	液体管路（单个）	6	3	2	10	7	420	0.999 995 8
17	其他	1					1 000	0.999 989 9

　　注：增压系统评分 = Σ（组件个数×单个组件评分）= 98 144。

分配结果验证：

按分配给各组合件的可靠度，计算出该发动机增压系统可靠度为 0.999 003 7，不小于目标值 0.999，并有一定的余量，占总余量的 3.7‰，这个分配满足要求。

3.3.4　性能可靠性指标分配方法

性能可靠性预估就是将发动机的性能可靠性分配给各零、组件的有关参数。通常，性能可靠性分配可转化为参数标准差的分配，其目的就是给定零、组件的参数标准差，明确对各零、组件的设计要求。

大量试验统计表明，液体火箭发动机性能参数（推力、比冲、流量、混合比等）一般均服从正态分布，即 $y \sim N(\mu, \sigma^2)$，其概率密度函数为

$$f(y) = \frac{1}{\sqrt{2\pi}\sigma} e^{-\frac{(y-\mu)^2}{2\sigma^2}}$$

为了保证发动机的使用要求，必须对性能参数的变化范围加以限制，使发动机在规定条件下和规定时间内，性能参数保持在允许的偏差之内。令 y_0 表示性能额定值，Δy 表示最大允许偏差，则性能参数的允许上、下限为

$$y_U = y_0 + \Delta y$$
$$y_L = y_0 - \Delta y$$

通常可根据产品的具体功能及使用条件，对发动机性能参数的上限或下限，或者同时对上、下限提出要求，并分别表示为

$$y \leqslant y_U, \quad y \geqslant y_L, \quad y_L \leqslant y \leqslant y_U$$

所谓性能可靠性就是发动机在规定条件下和规定时间内，性能参数满足规定允许限要求的概率，其计算公式视不同情况分别如下。

1）单侧下限性能可靠性

$$R = P(y \geqslant y_L) = 1 - \Phi\left(\frac{y_L - \mu}{\sigma}\right)$$

2) 单侧上限性能可靠性

$$R = P(y \leqslant y_U) = \Phi\left(\frac{y_U - \mu}{\sigma}\right)$$

3) 双侧限性能可靠性

$$R = P(y_L \leqslant y \leqslant y_U) = \Phi\left(\frac{y_U - \mu}{\sigma}\right) - \Phi\left(\frac{y_L - \mu}{\sigma}\right)$$

发动机性能偏差计算：所谓发动机性能偏差计算是指根据发动机系统性能参数与零、组件的有关参数之间的函数关系，用解析的方法或计算机仿真法确定 μ 和 σ^2。

通常，发动机性能参数都是用某种非线性方程或非线性方程组表示的随机函数，设发动机性能参数和零、组件参数之间的非线性函数关系为

$$y = g(x_1, x_2, \cdots, x_n)$$

由于各个参数的偏差均远小于其额定值，故可用泰勒展开法作线性化处理，得

$$\bar{y} = g(\bar{x}_1, \bar{x}_2, \cdots, \bar{x}_n)$$

$$\delta_y = y - \bar{y} = \sum_{i=1}^{n} a_i \delta_{x_i}$$

$$a_i = \left(\frac{\partial g}{\partial x_i}\right)_{x_i = \bar{x}}, i = 1, 2, \cdots, n$$

若各个零、组件参数 x_i 的偏差 δ_{x_i} 之间相互独立，则性能参数偏差 δ_y 的均值和方差分别为

$$\mu_{\delta_y} = \sum_{i=1}^{n} a_i \mu_{\delta_{x_i}}$$

$$\sigma_y^2 = \sum_{i=1}^{n} a_i^2 \sigma_{x_i}^2$$

这是发动机性能可靠性预估和分配的基本方程。

在开展发动机性能可靠性分配之前还需要对性能可靠性进行一个初步的预估，根据零、组件有关参数的随机偏差来推测发动机的性能可靠性。预估步骤如下：

第一步：根据现有同类零、组件的参数标准差预估新设计零、组件的参数标准差，或者用理论分析的方法预估新设计零、组件的参数标准差。

第二步：初步算出发动机的小偏差方程。

第三步：求发动机性能参数的标准差。由于各零、组件参数的标准差不是精确值，同时还由于存在考虑不到的因素，因而取一安全系数，根据经验可取

$$\delta'_y = 1.3\delta_y$$

第四步：根据给定的性能参数允许限查标准正态分布函数表，计算性能可靠度。

性能可靠性分配的步骤如下：

第一步：根据给定的性能可靠性 R 和性能偏差 Δy，确定性能偏差的标准差 δ_y。

第二步：将性能可靠性预估中得出的 δ'_y 与 δ_y 进行比较，有两种可能：

1）若 $\delta'_y \leqslant \delta_y$，则可将预估中得出的零、组件参数标准差预估值作为零、组件参数标准差的设计值；

2）若 $\delta'_y > \delta_y$，则必须将零、组件参数标准差的预估值适当缩小，并使 $\delta'_y = \delta_y$。

第三步：将 $a_i\sigma_{x_i}$ 按由大到小次序重新排列，即

$$a_{(1)}\sigma_{x_{(1)}} \geqslant a_{(2)}\sigma_{x_{(2)}} \geqslant \cdots \geqslant a_{(n)}\sigma_{x_{(n)}}$$

则缩小前面几项的参数标准差比缩小后面几项的参数标准差的效果好。最后，将缩小了的且使 $\delta'_y = \delta_y$ 的零、组件参数标准差作为设计值。

3.3.5　可靠性分配注意事项

1）可靠性分配应在研制阶段早期开始进行，这样可以：

a）使设计人员尽早明确其设计要求，研究实现这个要求的可能性及设计措施；

b）为确定外购件及外协件可靠性指标提供依据；

c）根据所分配的可靠性要求估算所需人力和资源等管理信息。

2）可靠性分配应反复多次进行。在方案论证和初步设计工作中，分配是较粗略的，经粗略分配后，应与经验数据进行比较、权衡；也可与不依赖于最初分配的可靠性预计结果进行比较，来确定分配的合理性，并根据需要重新进行分配。

3）在规定的可靠性指标基础上，应考虑留出一定的余量。这种做法为在设计过程中增加新的功能单元留下余地，因而可以减少为适应附加的设计而必须进行的反复分配时的困难。

4）必须按规定的目标值进行分配。

5）必须为未尽事宜保留有其他项的可靠性分配值。

参 考 文 献

[1]　梅启智，廖炯生，孙惠中 . 系统可靠性工程基础［M］. 北京：科学出版社，1992.

[2]　金碧辉 . 系统可靠性工程［M］. 北京：国防工业出版社，2004.

[3]　胡昌寿 . 可靠性工程——设计、试验、分析、管理［M］. 北京：宇航出版社，1988.

[4]　E·B·伏尔科夫，P·C·苏达科夫，T·A·舍里津 . 火箭发动机可靠性理论基础［M］. 华棣，顾明初，译 . 北京：国防工业出版社，1977.

[5]　刘国球 . 液体火箭发动机原理［M］. 北京：宇航出版社，1993.

第4章　可靠性预计

4.1　可靠性预计概述

可靠性预计是在设计阶段对系统可靠性进行点估计，是根据产品的历史可靠性数据、产品系统的构成及结构特点、产品系统的工作环境等因素来估计组成产品系统的部、组件及系统可靠性。可靠性预计是自下而上、从小到大、从局部到整体的金字塔式的可靠性综合过程。

可靠性预计是为了估计产品在给定工作条件下的可靠性而进行的工作，它运用以往的工程经验、故障数据、当前的技术水平，尤其是以元器件、零部件的失效率作为依据，预报产品实际可能达到的可靠度。

做好可靠性预计工作，应把握好以下工作重点与注意事项：

1）发动机可靠性预计建立在部组件可靠性预计的基础上，必要时可以延伸到零件；

2）用于可靠性预计的各种数据必须客观真实；

3）对于不同任务剖面、不同设计状态，发动机所处的工作环境（外部环境和诱导环境）不一样，必须考虑严酷环境对可靠性的影响，必要时可以引入严酷度因子；

4）对于多次工作的阀门，考虑到频繁打开、关闭导致的工作可靠性降低，可以引入开关因子；

5）只有在发动机所有部组件的可靠性预计完成的基础上，依据可靠性建模，才能进行整机的可靠性预计；

6）可靠性预计工作不是一劳永逸的，当产品设计状态更改后，必须重新进行可靠性预计；

7) 对于有些发动机部组件和管路不进行可靠性预计或者认为可靠性就是"1"的情况，必须给出充分的理由，并在可靠性预计报告里给出详细说明；

8) 对可靠性预计比较低的组件在后续研制工作中又不打算进行可靠性改进的，应在可靠性预计报告中予以说明，并考虑是否将其作为关键项目进行控制。

4.2　可靠性预计的目的和用途及分类

可靠性预计的目的和用途如下：

1) 评价是否能够达到要求的可靠性指标；

2) 在方案论证阶段，通过可靠性预计，比较不同方案的可靠性水平，为最优方案的选择、方案优化提供依据；

3) 在设计中，通过可靠性预计，发现影响系统可靠性的主要因素，找出薄弱环节，采取设计改进措施，提高系统可靠性；

4) 为可靠性增长试验、验证及费用核算等提供依据；

5) 为可靠性分配与调整提供依据。

可靠性预计的重要性在于，它可以作为设计手段，为设计决策提供依据。因此，要求预计工作具有及时性，即在决策点之前作出预计，以提供有用的信息。为了达到预计的及时性，在设计的不同阶段及系统的不同层次上可采用不同的预计方法，由粗到细，随着研制工作的深入而不断细化。

可靠性预计可以按照设计阶段和预计方法进行分类。

1) 按设计阶段可以分为：

a) 实现可能性的预测（构思阶段）；

b) 设计可靠性预计（设计阶段）。

2) 按预计方法可以分为：

a) 预测偶然失效的失效率；

　b) 预测耗损失效；

　c) 预测维修性；

　d) 分析失效模式的效应；

　e) 其他：模拟法，失效的树状因果分析法。

4.3　可靠性预计方法

表 4 - 1 列举了常用的可靠性预计方法及其研究阶段和适用范围。

表 4 - 1　可靠性预计方法适应的研制阶段及适用范围

预计方法	方案阶段	初步设计阶段	详细设计阶段	基本可靠性预计	任务可靠性预计	适用产品
相似产品法	√	√	√	√	√	所有产品
评分预计法	√	√	√	√		所有产品
元器件计数法		√		√		电子产品
应力分析法		√	√	√		电子产品
可靠性框图法	√	√	√	√	√	所有产品

4.3.1　相似产品法

相似产品法利用与新产品（待预计可靠性的产品）相似的成熟产品的可靠性信息，来估计新产品的可靠性。成熟产品的可靠性信息主要来源于现场统计、实验室的试验结果以及工程分析经验等。应用相似产品法时，新产品与成熟产品的任务剖面相近似。

相似产品法简单、易操作，适用于系统研制的各个阶段，可应用于各类产品的可靠性预计。相似产品法预计的准确性取决于产品之间的相似性。成熟产品的详细故障记录越全面、数据越丰富，预计越准确。

（1）相似产品法用于单元可靠性预计

当新产品可靠性按照单元可靠性对待时，则要进行单元可靠性预计：按照需要考虑的相似因素，得到新产品对于成熟产品可靠性

（或故障率）的修正系数，修正新产品可靠性（或故障率），最终得到新产品可靠性的预计值。相似产品法考虑的相似因素举例如下：

1）产品结构及性能的相似性；

2）设计的相似性；

3）材料和制造工艺的相似性；

4）任务剖面（保障、使用和环境条件）；

5）其他因素等。

（2）相似产品法用于系统可靠性预计

当新产品可靠性按照系统可靠性对待时，则要进行系统可靠性预计。选择与新产品各单元相似的成熟产品，分析比较新产品各单元与成熟产品在有关相似因素方面的差异及这些差异对可靠性（或故障率）的影响程度，采用统计计算、专家评分、定量化工程分析计算等手段，进行定量比较，求得各单元的故障率（或可靠性）相似比，按照系统可靠性结构，预计新产品可靠性。

相似产品法可靠性预计举例：考虑某型号液体火箭发动机推力室的可靠性预计，与该型号发动机相比较的是某成熟型号发动机。设成熟型号发动机推力室可靠性估计值已知，为 $R_S^{(0)} = 0.998\,9$，其额定工作时间为 $500\,s$，则故障率为

$$\lambda_S^{(0)} = \ln(0.998\,9)/(-500) = 2.201\,2 \times 10^{-6}(s^{-1})$$

新发动机推力室的全部故障模式如下。

1）故障模式 a：推进剂的流路被堵塞；

2）故障模式 b：推进剂的流路在非正常出入口的部位发生泄漏；

3）故障模式 c：推进剂流路的压降超过系统调整所允许的上限值；

4）故障模式 d：任何足以改变燃气燃烧特性和流动特性的内壁变形、粗糙度增加、型面不对称等；

5）故障模式 e：任何足以导致结构被破坏的壁厚减薄、塑性变形、断裂、裂纹、烧蚀等；

6）故障模式 f：不能与合格的外系统正确对接。

下面计算各故障模式的故障率相似比（或修正系数）。

1）故障模式 a：该型发动机推力室流路的防堵塞措施与成熟产品相当，经过相关分析计算，故障率相似比 $C_1 = 1$；

2）故障模式 b：新产品检漏措施与成熟产品一致，经过相关分析计算，故障率相似比 $C_2 = 1$；

3）故障模式 c：新产品采用了更有效的平衡计算方法，增强了流路压力稳定性，但新产品流量更大，是成熟产品的 4 倍，经过相关分析计算，故障率相似比 $C_3 = 2$；

4）故障模式 d：新产品结构尺寸与成熟产品基本相似，但新产品尺寸更大，并采用了更深入而有效的传热与流场计算方法，改善了内壁变形、粗糙度增加、型面不对称等情况，经过相关分析计算，故障率相似比 $C_4 = 1/3$；

5）故障模式 e：新产品在结构方面采用更有效的高强度、耐高温材料，加工工艺有新的改进，但新产品结构尺寸更大，经过相关分析计算，故障率相似比 $C_5 = 1/3$；

6）故障模式 f：新产品采用了更有效的二维、三维计算机辅助设计，产品的对外接口得到了更好的保证，经过相关分析计算，故障率相似比 $C_6 = 1/3$。

可以认为推力室可靠性是上述六个方面的可靠性的串联，即这六个故障模式相互独立。列出相似比系数，如表 4-2 所示。

表 4-2　推力室故障率预计相似比系数表

故障模式	推进剂的流路被堵塞	推进剂的流路在非正常出入口的部位发生泄漏	推进剂流路的压降超过系统调整所允许的上限值	任何足以改变燃气燃烧特性和流动特性的内壁变形、粗糙度增加、型面不对称	任何足以导致结构破坏的壁厚减薄、塑性变形、断裂、裂纹、烧蚀	不能与合格的外系统正确对接
故障率/成熟型号故障率	1	1	2	1/3	1/3	1/3

推力室故障率预计

$$\lambda_S = \lambda_1 + \lambda_2 + \lambda_3 + \lambda_4 + \lambda_5 + \lambda_6$$

$$= \frac{\lambda_1 + \lambda_2 + \lambda_3 + \lambda_4 + \lambda_5 + \lambda_6}{\lambda_1^{(0)} + \lambda_2^{(0)} + \lambda_3^{(0)} + \lambda_4^{(0)} + \lambda_5^{(0)} + \lambda_6^{(0)}} \cdot \lambda_S^{(0)}$$

$$= \frac{C_1\lambda_1^{(0)} + C_2\lambda_2^{(0)} + C_3\lambda_3^{(0)} + C_4\lambda_4^{(0)} + C_5\lambda_5^{(0)} + C_6\lambda_6^{(0)}}{\lambda_1^{(0)} + \lambda_2^{(0)} + \lambda_3^{(0)} + \lambda_4^{(0)} + \lambda_5^{(0)} + \lambda_6^{(0)}} \cdot \lambda_S^{(0)}$$

$$\approx \frac{C_1 + C_2 + C_3 + C_4 + C_5 + C_6}{6} \cdot \lambda_S^{(0)}$$

$$= 0.833\ 3 \times 2.201\ 2 \times 10^{-6}$$

$$= 1.834\ 3 \times 10^{-6} (\text{s}^{-1})$$

推力室任务时间 550 s 的可靠性预计

$$R_S = \exp(-\lambda_S \cdot 550) = 0.999\ 0$$

在用相似法进行产品可靠性预计时，对新产品与相似成熟产品的可靠度（或故障率）比值进行估计很重要，这时就要考虑新产品与相似成熟产品在材料、结构、设计、制造工艺等方面的差异所导致的可靠性变化，也要考虑新产品与成熟产品是否处于同样的使用环境。若成熟产品的可靠性数据来自不同的使用、试验环境，则要设法估计该成熟产品的可靠性环境因子，通过环境因子，将成熟产品的可靠度（或故障率）化为与新产品相同的环境条件下的可靠度（或故障率），在相同的当前使用环境（新产品的使用环境）下，计算该产品的可靠度（或故障率）与成熟产品可靠度（或故障率）的比值，来估计新产品的可靠性。有关可靠性环境因子的内容可查阅相关专门的文献。

4.3.2　应力分析法

应力分析法用于详细设计阶段的电子元器件故障率预计。这种方法基于概率统计，电子元器件在实验室的标准应力与环境条件下，通过大量试验，对试验结果进行统计而得出该种元器件的故障率，称为基本故障率。在预计电子元器件工作故障率时，根据元器件的质量等级、应力水平、环境条件等因素对基本故障率进行修正。电子元器件的应力分析法已有成熟的预计标准和手册。对于国产电子元器件，可采用国家军用标准 GJB/Z 299B—98《电子设备可靠性预计手册》进行预计；而对于进口电子元器件则可采用美国军用标准 MIL - HDBK - 217F 进行预计。不同类别的元器件有不同的工作故障率计算模型，如晶体管和二极管的故障率计算模型为

$$\lambda_p = \lambda_b(\pi_E \cdot \pi_Q \cdot \pi_R \cdot \pi_A \cdot \pi_{S_2} \cdot \pi_C)$$

式中　λ_p ——元器件工作故障率（h^{-1}）；

　　　λ_b ——元器件基本故障率；

　　　π_E ——环境系数；

　　　π_Q ——质量系数；

　　　π_R ——电流额定值系数；

　　　π_A ——应用系数；

　　　π_{S_2} ——电压应力系数；

　　　π_C ——配置系数。

系数 π 按照影响元器件可靠性的应用环境类别及其参数对基本故障率的影响进行修正。这些系数均可查阅 GJB/Z 299B（国内元器件）或 MIL - HDBK - 217F（国外元器件）。

一般电子产品、元器件的可靠性 R 由其故障率 λ 和工作时间 t 确定。在得到单元的工作故障率预计后，系统的可靠度为

$$R_S = \exp(-\lambda_s t_0) \tag{4-1}$$

当一个系统的可靠性模型为串联模型时，系统的故障率为

$$\lambda_S = \sum_{i=1}^{N} \lambda_i \tag{4-2}$$

当一个系统可靠性模型为并联模型时，系统的故障率 λ_S 与各单元的故障率 λ_i 及系统工作时间 t_0 的关系如下

$$\lambda_S = \frac{\ln\{1 - \prod_{i=1}^{N}[1 - \exp(-\lambda_i t_0)]\}}{(-t_0)} \tag{4-3}$$

式中　R_S ——系统的可靠度；

　　　λ_S ——系统的故障率（h^{-1}）；

λ_i——第 i 种单元的故障率（h^{-1}）；

N——系统中单元的个数。

4.3.3 机械产品可靠性预计方法

4.3.3.1 机械产品可靠性预计方法

机械类产品（对液体火箭发动机而言，主要指机械硬件）具有一些不同于电子类产品的特点：

1）许多机械产品是为特定用途单独设计的，通用性不强，标准化程度不高；

2）机械产品的故障率通常不是常值，其设备的故障往往是由于损耗、疲劳和其他与应力有关的故障机理造成的；

3）与电子产品的可靠性相比，机械产品的可靠性对载荷、使用方式和利用率更加敏感。

基于机械产品的上述特点，对于看起来很相似的机械部件，其故障率区别很大，因此，用数据库中已有的统计数据进行预计，无法保证精度。目前机械产品的可靠性预计尚没有像电子产品可靠性预计那样通用、可接受的方法。近年来，美国、英国、加拿大、澳大利亚等国家积极地开展此项工作，并取得了一定的成果，出版了一些相关手册和数据集。例如《机械设备可靠性预计程序手册》（草案）、NPRD-3《非电子零部件可靠性数据》等，这些资料对现阶段机械产品可靠性预计工作有很大的参考价值。

机械产品可靠性预计可采用的方法有：修正系数法、相似产品类比论证法、应力强度干涉模型等。现介绍前两种方法，后一种方法在4.3.3.2节作介绍。

（1）修正系数法

修正系数法预计的基本思路：虽然机械产品的"个性"较强，难以建立产品级的可靠性预计模型，但若将它们分解到零件级，则有许多基础零件是通用的。例如，密封件既可用于阀门，也可用于作动器或气缸等。通常将机械零件分成密封件、弹簧、电磁铁、阀门、轴承、齿轮和花键、作动器、泵、过滤器、制动器和离合器等十类。这样，对这些零件进行故障模式及影响分析，找出其主要故障模式及影响这些模式的主要设计、使用参数，再通过数据收集、处理及回归分析，就可以建立零件故障率与上述参数的数学函数关系，形成故障率模型或可靠性预计模型。实践表明，具有损耗特征的机械产品，在其损耗期到来之前的一定使用期限内，其寿命近似服从指数分布。例如，《机械设备可靠性预计程序手册》中介绍的齿轮故障率模型表达式为

$$\lambda_{GE} = \lambda_{GE \cdot B} \times C_{GS} \times C_{GP} \times C_{GA} \times C_{GL} \times C_{GN} \times C_{GT} \times C_{GV}$$

式中　λ_{GE}——在特定使用情况下齿轮故障率（故障数/10^6 r）；

　　　　$\lambda_{GE \cdot B}$——制造商确定的基本故障率（故障数/10^6 r）；

　　　　C_{GS}——考虑速度偏差（相对于设计）的修正系数；

　　　　C_{GP}——考虑扭矩偏差（相对于设计）的修正系数；

　　　　C_{GA}——考虑不同轴性的修正系数；

　　　　C_{GL}——考虑润滑偏差（相对于设计）的修正系数；

　　　　C_{GN}——考虑污染环境的修正系数；

　　　　C_{GT}——考虑温度的修正系数；

　　　　C_{GV}——考虑振动和冲击的修正系数。

（2）相似产品类比论证法

相似产品类比论证法的基本思想是根据仿制或改型的类似国内外产品已知的故障率，分析新产品与原产品在组成结构、使用环境、原材料、元器件水平、制造工艺水平等方面的差异，通过专家评分给出各修正系数，综合权衡后得出一个故障率综合修正因子 D，然后根据此因子再确定预计可靠性，即

$$D = K_1 \times K_2 \times K_3 \times K_4 \times K_5$$

式中　K_1——修正系数，表示所选原材料之间的差距；

　　　　K_2——修正系数，表示我国基础工业（包括热处理、表面处理、铸造质量控制等方面）与产品进口国家的差距；

　　　　K_3——修正系数，表示生产厂现有工艺水平与原产品工艺水平的差距；

K_4——修正系数，表示生产厂在产品设计、生产等方面的经验与原产品的差距；

K_5——修正系数，表示新产品与原产品在其他方面的差距。

上述故障率综合修正因子 D 的计算式，在应用中可根据实际情况，对其进行增补或删减。这里的相似产品类比论证法适合于单元可靠性预计，若要进行系统可靠性预计，需要将各单元可靠性预计值按照系统可靠性结构进行综合，可参考4.3.1节。

下面给出一个采用相似产品类比论证法进行可靠性预计的例子。

某卫星用国产姿控发动机，是参照国外某公司的产品研制的，已知国外该型发动机的平均故障间隔时间（MTBF）＝45 000 h，试对比分析该国产姿控发动机的 MTBF。

现采用相似产品类比论证法进行可靠性预计，即国外原型机的故障率为基本故障率，在此基础上进行修正，综合的修正因子设为 D，该因子应综合原材料、基础工业、工艺水平、产品结构（产品相似性）、使用环境等因素。通过专家评分得到：原材料修正因子 $K_1 = 1.3$，基础工业修正因子 $K_2 = 1.3$，工艺水平修正因子 $K_3 = 1.3$，产品结构修正因子 $K_4 = 1.2$。在使用环境方面，经分析认为该型卫星绕地周期是影响该型姿控发动机可靠性的主要因素，该国产发动机应用的卫星为中低轨道环绕地球卫星，每 18 h 绕地球一周，国外同型发动机应用的卫星为低轨道环绕地球卫星，每 13 h 绕地球一周，则使用环境修正因子 $K_5 = 18/13 = 1.385$。

因此，综合修正因子 D 为

$$D = 1.3 \times 1.3 \times 1.3 \times 1.2 \times 1.385 = 3.65$$

所以，故障率 λ_1 为

$$\lambda_1 = D \times \lambda_0 = 3.65 \times 1/45\ 000 = 8.11 \times 10^{-5} (h^{-1})$$

该姿控发动机的 MTBF 为

$$MTBF_1 = 1/\lambda_1 = 14\ 469\ h$$

4.3.3.2　应力强度干涉模型

（1）应力强度干涉模型基本概念

在机械产品中，广义的应力（stress）是指能引起零部件（或系

统）故障的因素，广义的强度（strength）则是指阻止产品故障的因素。产品正常还是故障取决于其强度及其应力的关系。当强度大于应力时，产品能够正常工作；当强度小于应力时，则发生故障。

设机械产品的强度为 S；应力为 L。图 4-1 中，左侧曲线表示了应力 L 的概率分布密度函数 $f(L)$，右侧曲线表示了强度 S 的概率分布密度函数 $f(S)$。

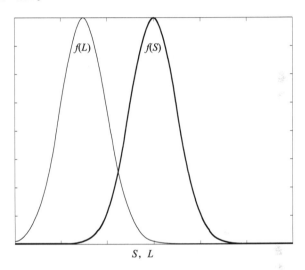

图 4-1　应力强度干涉模型

该产品的可靠度可表示为

$$R = P(S > L)$$

式中，R 即为强度大于应力的概率。称 $Z = S - L$ 为该产品的安全余量，Z 越大，产品越不易故障。

当已知强度和应力的概率密度函数 f_S、f_L 时，可靠度 R 由下式求得

$$R = P(S > L) = \int_{-\infty}^{+\infty} \left[f_L(L) \cdot \int_{L}^{+\infty} f_S(S) \mathrm{d}S \right] \mathrm{d}L \qquad (4-4)$$

当强度或应力为显式时，可采用数值积分法计算 R。

（2）强度和应力均值、标准差易求的简单情况下的可靠度计算

机械产品的强度和应力是可度量的连续变量时，可用某些分布来表示其随机特性，通常用到的是正态分布。此时，根据正态分布的和（差）仍然为正态分布这个性质，可知安全余量也服从正态分布，这时计算机械产品的可靠度就是求（正态分布）安全余量大于 0 的概率，这种情况下计算起来很方便。

安全余量（也称设计余量）Z 的均值和标准差设为：μ_Z，σ_Z；

强度 S 的均值和标准差设为：μ_S，σ_S；

应力 L 的均值和标准差设为：μ_L，σ_L。

由于 $Z=S-L$，根据正态分布的性质可以得到

$$\mu_Z = \mu_S - \mu_L$$

$$\sigma_Z = \sqrt{\sigma_S^2 + \sigma_L^2}$$

则可靠度 R 为

$$R = P(Z > 0) = \int_0^{+\infty} \frac{1}{\sqrt{2\pi}\sigma_Z} e^{-\frac{1}{2} \cdot \left(\frac{Z-\mu_Z}{\sigma_Z}\right)^2} \mathrm{d}Z \qquad (4-5)$$

设标准正态分布的概率分布函数为 $\Phi（Z）$，则机械产品可靠度 R 可表示为

$$R = \int_0^{+\infty} \frac{1}{\sqrt{2\pi}\sigma_Z} e^{-\frac{1}{2} \cdot \left(\frac{Z-\mu_Z}{\sigma_Z}\right)^2} \mathrm{d}z = \int_{-\frac{\mu_Z}{\sigma_Z}}^{+\infty} \frac{1}{\sqrt{2\pi}} e^{-\frac{1}{2} \cdot x^2} \mathrm{d}x$$

$$= \int_{-\infty}^{\frac{\mu_Z}{\sigma_Z}} \frac{1}{\sqrt{2\pi}} e^{-\frac{1}{2} \cdot x^2} \mathrm{d}x = \Phi\left(\frac{\mu_Z}{\sigma_Z}\right) \qquad (4-6)$$

定义：$\beta = \dfrac{\mu_Z}{\sigma_Z}$，称 β 为可靠性系数，则

$$R = \Phi(\beta)$$

强度和应力是一些正态分布随机变量的线性组合时，计算很方便，计算结果是精确的。

（3）安全系数、强度和应力变差系数已知时的可靠度计算

设强度 S 的均值和标准差分别为 μ_S，σ_S，应力 L 的均值和标准差分别为 μ_L，σ_L。根据安全系数定义 $f = \dfrac{\mu_S}{\mu_L}$，由变异系数定义 $V_s =$

$\dfrac{\sigma_S}{\mu_S}$，$V_L = \dfrac{\sigma_L}{\mu_L}$，则

$$\beta = \frac{\mu_Z}{\sigma_Z} = \frac{\mu_S - \mu_L}{\sqrt{\sigma_S^2 + \sigma_L^2}} = \frac{f-1}{\sqrt{V_S^2 f^2 + V_L^2}}$$

$$R = \Phi(\beta) = \Phi\left(\frac{f-1}{\sqrt{V_S^2 f^2 + V_L^2}}\right)$$

也存在下述关系

$$f = \frac{1 + \Phi^{-1}(R)\sqrt{V_S^2 + V_L^2 - [\Phi^{-1}(R) \cdot V_S \cdot V_L]^2}}{1 - [\Phi^{-1}(R) \cdot V_S]^2} \qquad (4-7)$$

通常所说的安全系数 $f > 1$ 并不表示在任何情况下都是可靠的，它与应力和强度的标准差及可靠度要求值有关。

下面以应力强度干涉模型可靠性预计在液氧煤油发动机总装导管可靠性分析中的应用为例进行说明。

在进行高压补燃液氧煤油发动机总装导管设计时，根据工作介质的性质、工作温度、工作压力、工艺性和技术经济性几个方面来选择合适的材料，材料的物理化学性能和机械性能要适应导管的工作条件。具体要考虑如下几个方面：

1）与工作介质的相容性；

2）材料的耐温性；

3）在一定工作压力下材料的强度承受能力；

4）导管内径的大小。

对于泵入口管路，特别要注意管径的大小直接影响动态流阻，从而影响发动机的启动和关机。导管内径一般由下式确定

$$d = \sqrt{\frac{4q_m}{\pi p \upsilon}}$$

导管壁厚根据下列原则确定

$$\delta = \frac{pd}{2[\sigma]}$$

式中，材料的许用应力 $[\sigma]_t = \min\{\sigma_b/n_b, \sigma_s/n_s\}$，$[\sigma]_t$ 取两种许用应力中的较小值，对于奥氏体不锈钢一般为 σ_s/n_s，对于高强钢为 σ_b/n_b。

对于允许塑性变形的导管，$[\sigma]$用抗拉应力$[\sigma]_b$表示

$$[\sigma]_b = \frac{\sigma_b}{n_b}$$

对于高屈服强度比（$\sigma_s/\sigma_b > 1/2$）材料，安全系数$n_b = 2.5 \sim 3$。

对于不允许塑性变形的导管，$[\sigma]$用抗拉应力$[\sigma]_s$表示

$$[\sigma]_s = \frac{\sigma_s}{n_s}$$

对于低屈服强度比（$\sigma_s/\sigma_b \leqslant 1/2$）材料，安全系数$n_s = 1.5$。

由于对作用在管路上的载荷大小估计不一定十分准确，管路走向和承受载荷复杂，加上管路材质本身不均匀，因而安全系数的选取具有很大的经验性。随着材料机械性能稳定性、设计水平和工艺水平的不断提高，n_b值也可以取为2.5。对于奥氏体不锈钢，当永久变形不会影响使用时，n_s值也可以降低，但许用应力不高于$0.9\sigma_s$。

总之，n_b和n_s一般根据工程经验选取，主要考虑5个方面的影响因素：

1）材料性能的稳定性；

2）导管承载方式和承载状态的稳定性；

3）计算方法的准确性；

4）制造偏差；

5）未被认识的因素。

另外，在按强度公式计算确定管路壁厚之后还应考虑导管在制造时的弯曲减薄量，其值一般为壁厚的20%。

计算确定导管的内径和壁厚后，需要进行导管的验证试验，内容主要包括气密性试验、液压试验、爆破试验及振动试验等。气密性试验主要是检查焊接质量，对于导管的微观缺陷，特别是贯穿性的夹杂物缺陷也是一种有效的检查手段，其试验压力一般取1~1.05倍工作压力。液压试验考验导管的整体强度及制造质量，试验压力一般取1.5倍的工作压力，对于有温度影响的管路，其液压试验压力还应考虑温度对材料机械性能的影响。爆破试验用于检验产品的安全裕量。振动试验是在模拟导管工作环境条件下产生的机械振动，

用于确定导管的振型，从而可以对导管在发动机上的适应性和可靠性作出评估，为导管的走向改进及管路的支撑提供设计依据。

高压补燃液氧煤油发动机总装管路一般在振动、冲击和高压环境下工作，所承受的外部载荷用 L 表示，管路本身具备的承受能力用 S 表示。当作用在管路上的载荷 L（应力）大于管路所能承受的能力 S（强度）时，管路工作可靠性不满足要求。保证管路可靠工作的条件可以表述为：$S>L$，将 $Z=S-L$ 记为管路剩余强度，则可靠工作必须满足条件 $Z>0$。

高压补燃液氧煤油发动机燃料阀推进剂排放管路采用高强度钢材料，管路设计时安全系数取 2.5，而在某次试车中，燃料吹除管路从燃料阀入口连接处断裂，发生漏火现象，实施紧急关机后，进行外观检查，其他系统结构良好。初步分析认为：导致管路断裂的原因是发动机强烈振动引起的外加载荷和介质压力脉动共同作用的结果。下面应用应力-强度模型对发动机动态安全系数进行评估。

已知条件：高强度钢材料，静强度设计时管路安全系数取 2.5，管路 $\Phi15 \text{ mm} \times 2.5 \text{ mm}$，屈服强度均值 $\mu_S = 1\,180 \text{ MPa}$，其机械性能的标准差估计值为 $\sigma_S = 100 \text{ MPa}$，外部载荷均值 $\mu_L = 472 \text{ MPa}$，标准差估计值 $\sigma_L = 100 \text{ MPa}$，管路可靠性指标要求 $R = 0.99$。

可计算得到：强度变差系数 $V_S = \dfrac{\sigma_S}{\mu_S} = 0.084\,7$，应力变差系数 $V_L = \dfrac{\sigma_L}{\mu_L} = 0.211$，安全系数为

$$f = \frac{1 + 2.326\,348 \times \sqrt{0.084\,7^2 + 0.211^2 - (2.326\,348 \times 0.084\,7 \times 0.211)^2}}{1 - (2.326\,348 \times 0.084\,7)^2}$$

$$= 1.717\,8 < 2.5$$

动态安全系数小于静态设计下的安全系数选取值，发动机工作时既要承受振动引起的外加载荷，又要承受流体的脉动再加上装配时的装配应力，则很有可能发生断裂危险。问题发生后，通过改变走向和增加管路支撑达到降低外部载荷强度和提高抗冲击振动能力的目的，后续试车再未发生类似问题。

（4）强度或应力是一些随机变量的复杂组合或隐函数

当强度或应力是一些随机变量的复杂组合或隐函数形式时，可采用一次二阶矩法、蒙特卡罗随机模拟等方法进行计算。

4.3.3.3　采用应力强度干涉模型对系统进行可靠性预计的步骤

机械产品（系统）需要按系统对待时，其可靠性预计可根据产品（系统）的可靠性结构以及各单元（或各故障模式）的可靠性预计，综合后求得产品（系统）可靠度。

机械产品（系统）可靠性预计步骤如下。

（1）确定机械产品（系统）故障模式的判据

机械产品（系统）可能出现的故障模式有断裂、疲劳损坏、过度变形、磨损、振幅过大等。这些故障对应的常用判据有最大正应力、最大剪应力、最大应变、最大变形、疲劳下的最大应力、最大允许腐蚀量、最大允许磨损量、最大许用振幅等。针对机械产品（系统）具体承受的外载及工作状况或实际故障情况来确定故障模式及判据。

（2）确定机械产品（系统）每种故障模式下的应力分布

对于每种故障模式，确定载荷、尺寸、材料物理特性、工作环境、时间等设计变量及参数之间的函数关系，给出应力计算公式，最终得到应力分布。

（3）确定机械产品（系统）每种故障模式下的强度分布

机械产品（系统）的强度与设计中选用的材料、加工方式、热处理工艺等直接相关，每种故障模式下产品（系统）的强度分布，可由修正系数对试样的强度分布加以修正得到。

（4）根据应力强度干涉模型计算每种故障模式下的可靠度

当机械产品（系统）只有一种故障模式或一种主要故障模式时，则仅需按这一种故障模式的判据，依照应力强度干涉模型计算可靠度。如果还有其他主要故障模式，则应计算所有主要故障模式下相应的可靠度，再做系统可靠性综合。

（5）预计机械产品（系统）可靠度

如果机械产品（系统）具有 n 种故障模式，R_i 是第 i 种故障模式下的可靠度，且每种故障模式之间是相互独立的，则机械产品（系统）的可靠度是这 n 个故障模式下的可靠度的乘积。若 n 个故障模式完全相关，则产品（系统）的可靠度是这 n 个故障模式下的可靠度的最小者。如果这些故障模式既不完全独立，也不完全相关，则产品（系统）的可靠度将介于 n 个可靠度的乘积和 n 个故障模式下可靠度的最小者之间。

4.3.4　一次二阶矩方法

对发动机产品，当其可靠性影响因素较多时，适合将机械零件或结构产品的强度和载荷效应作为随机变量（或随机过程），求得设计余量的概率分布，采用均值和标准差两个统计参数，来估算失效概率或可靠性指标，这是强度应力可靠性计算。将设计余量按其所含的随机变元在某点展开成泰勒级数，略去二次以上的项，求得近似的可靠性系数和可靠度，这种方法称为一次二阶矩法。

一次二阶矩法可以分为两种情况：

1）采用泰勒级数将设计余量在均值点（即中心点）处展开，进行可靠性计算，故称为中心点法；

2）将设计余量在最可能故障的点（或称危险点、设计验算点）处展开，进行可靠性迭代计算，称为验算点法；经过研究发现，这种方法的可靠性计算结果更精确，能够满足工程应用的需要。

4.3.4.1　中心点法

设某产品的设计余量 Z（也称为状态函数）为一组相互独立的随机变量 X_i（$i=1$，2，$\cdots$，n）的函数，即 $Z=g(X_1, X_2, \cdots, X_n)$ 为已知函数。将 Z 在均值点（μ_1，μ_2，$\cdots$，μ_n）处展开，取一阶近似，可得设计余量的均值和标准差如下

$$\mu_Z \approx g(\mu_1, \mu_2, \cdots, \mu_n)$$

$$\sigma_Z^2 \approx \sum_{i=1}^{n} \left(\frac{\partial g}{\partial X_i} \right)^2 \bigg|_{\mu_i} \sigma_i^2$$

式中　μ_i, σ_i——X_i 的均值和标准差；

$\left(\dfrac{\partial g}{\partial X_i} \right)^2 \bigg|_{\mu_i}$——$\left(\dfrac{\partial g}{\partial X_i} \right)^2$ 在均值点 $(\mu_1, \mu_2, \cdots, \mu_n)$ 处的取值。

定义可靠性系数

$$\beta = \frac{\mu_Z}{\sigma_Z}$$

则产品的可靠性指标 $R = \Phi(\beta) = \Phi\left(\dfrac{\mu_Z}{\sigma_Z} \right)$，这就是中心点法。当 X_1，$X_2, \cdots, X_n$ 服从正态分布，$g(X_1, X_2, \cdots, X_n)$ 是线性函数时，中心点法的可靠性指标计算结果是准确的。

例：某火箭发动机零部件的设计余量 $Z = X_1 - X_2 - X_3$，$X_i(i = 1, 2, 3)$ 服从正态分布，$\mu_{X_1} = 300, \mu_{X_2} = 150, \mu_{X_3} = 90$，变异系数 $V_{X_1} = 0.08, V_{X_2} = 0.09, V_{X_3} = 0.10$。求该元件的可靠性系数 β 及可靠性预计值 R 。

解：

$$\mu_Z = 300 - 150 - 90 = 60$$

$$\sigma_Z = \sqrt{1^2 \times (0.08 \times 300)^2 + 1^2 \times (0.09 \times 150)^2 + 1^2 \times (0.10 \times 90)^2}$$
$$= 28.9698$$

则 $\beta = \mu_Z / \sigma_Z = 60/28.9698 = 2.0711$，从而 $R = \Phi\left(\dfrac{\mu_Z}{\sigma_Z} \right) = \Phi(2.0711) = 0.9808$。

4.3.4.2　验算点法

（1）随机变元为独立正态分布时的验算点法

中心点法存在的缺点：一是不能考虑随机变元的实际分布；二是对非线性状态函数，在均值点展开，只取线性项，计算误差大，当选择等效的不同状态函数时，会给出不同的可靠性系数 β。采用验算点法可有效地弥补这种缺点。

一般极限状态方程 $Z = 0$ 由相互独立的多个随机变元的函数组

成，即

$$Z = g(X_1, X_2, \cdots, X_n) = 0 \qquad (4-8)$$

引入标准化变换

$$Y_i = \frac{X_i - \mu_i}{\sigma_i}, i = 1, 2, \cdots, n$$

从而 Y_i 的均值为 0，标准差为 1。则极限状态方程可改写为

$$Z = g(Y_1\sigma_1 + \mu_1, Y_2\sigma_2 + \mu_2, \cdots, Y_n\sigma_n + \mu_n) = 0 \qquad (4-9)$$

设 Y 代表坐标点 $(Y_1, Y_2, \cdots, Y_n)$，则极限状态方程表述为

$$\begin{aligned} \hat{g}(Y) &= \hat{g}(Y_1, Y_2, \cdots, Y_n) \\ &= g(Y_1\sigma_1 + \mu_1, Y_2\sigma_2 + \mu_2, \cdots, Y_n\sigma_n + \mu_n) = 0 \end{aligned} \qquad (4-10)$$

这代表 n 维欧氏空间坐标系 $O\_Y_1Y_2\cdots Y_n$ 中的一个超平面，原点为 $O = (0_1, 0_2, \cdots, 0_n)$。

过超平面 $Z=0$ 上的点 $\hat{Y}= (\hat{Y}_1, \hat{Y}_2, \cdots, \hat{Y}_n)$ 的单位法向量 $\boldsymbol{N}$ 为

$$\boldsymbol{N} = \frac{\left(\dfrac{\partial \hat{g}}{\partial Y_1}, \dfrac{\partial \hat{g}}{\partial Y_2}, \cdots, \dfrac{\partial \hat{g}}{\partial Y_n} \right)}{\sqrt{\displaystyle\sum_{i=1}^{n} \left(\dfrac{\partial \hat{g}}{\partial Y_i} \right)^2}} \Bigg|_{Y=\hat{Y}}$$

由于向量 $(0_1 - \hat{Y}_1, 0_2 - \hat{Y}_2, \cdots, 0_n - \hat{Y}_n)$ 与点 $(0_1, 0_2, \cdots, 0_n)$ 到点 $(\hat{Y}_1, \hat{Y}_2, \cdots, \hat{Y}_n)$ 之间的连线平行，过点 $(\hat{Y}_1, \hat{Y}_2, \cdots, \hat{Y}_n)$ 的超平面 $Z = \hat{g}(Y_1, Y_2, \cdots, Y_n) = 0$ 的单位法向量为 $\boldsymbol{N}$，则向量 $(0_1 - \hat{Y}_1, 0_2 - \hat{Y}_2, \cdots, 0_n - \hat{Y}_n)$ 与 $\boldsymbol{N}$ 的内积为

$$D = \frac{\displaystyle\sum_{i=1}^{n} \dfrac{\partial \hat{g}}{\partial Y_i}(0_i - Y_i)}{\sqrt{\displaystyle\sum_{i=1}^{n} \left(\dfrac{\partial \hat{g}}{\partial Y_i} \right)^2}} \Bigg|_{Y=\hat{Y}} = \frac{-\displaystyle\sum_{i=1}^{n} \dfrac{\partial \hat{g}}{\partial Y_i} Y_i}{\sqrt{\displaystyle\sum_{i=1}^{n} \left(\dfrac{\partial \hat{g}}{\partial Y_i} \right)^2}} \Bigg|_{Y=\hat{Y}}$$

式中，D 就是向量 $(0_1 - \hat{Y}_1, 0_2 - \hat{Y}_2, \cdots, 0_2 - \hat{Y}_2)$ 在单位法向量 $\boldsymbol{N}$ 上的投影，此时 $Z=0$ 上的垂足点为 $\hat{Y} = (\hat{Y}_1, \hat{Y}_2, \cdots, \hat{Y}_n)$，$\hat{Y}$ 称为设计验算点，它是坐标变换后的设计验算点，对应于原坐标系下的设计验算点 $\hat{X} = (\hat{Y}_1\sigma_1 + \mu_1, \hat{Y}_2\sigma_2 + \mu_2, \cdots, \hat{Y}_n\sigma_n + \mu_n)$。则原点 $(0_1, 0_2, \cdots,$

0_n）到点 $\hat{Y}$ 的距离就是原点到超平面 $Z=0$ 的最短距离 D。

在设计验算点 $\hat{Y}$ 处将设计余量 $\hat{g}(Y)$ 展开成一阶泰勒级数

$$\hat{g}(Y) = \hat{g}(\hat{Y}) + \sum_{i=1}^{n} \frac{\partial \hat{g}}{\partial Y_i}(Y_i - \hat{Y}_i) \qquad (4-11)$$

可求出

$$\mu_Z \approx - \sum_{i=1}^{n} \frac{\partial \hat{g}}{\partial Y_i} Y_i \bigg|_{Y=\hat{Y}}$$

$$\sigma_Z \approx \sqrt{\sum_{i=1}^{n} \left(\frac{\partial \hat{g}}{\partial Y_i}\right)^2 \cdot \sigma_{Y_i}^2} \bigg|_{Y=\hat{Y}} = \sqrt{\sum_{i=1}^{n} \left(\frac{\partial \hat{g}}{\partial Y_i}\right)^2} \bigg|_{Y=\hat{Y}}$$

$$= \sqrt{\sum_{i=1}^{n} \left[\frac{\partial g(Y_1\sigma_1 + \mu_1, Y_2\sigma_2 + \mu_2, \cdots, Y_n\sigma_n + \mu_n)}{\partial Y_i}\right]^2} \bigg|_{Y=\hat{Y}}$$

由可靠性系数的定义可知

$$\beta = \frac{\mu_Z}{\sigma_Z} = \frac{-\sum_{i=1}^{n} \dfrac{\partial \hat{g}}{\partial Y_i} Y_i \bigg|_{Y=\hat{Y}}}{\sqrt{\sum_{i=1}^{n} \left(\dfrac{\partial \hat{g}}{\partial Y_i}\right)^2} \bigg|_{Y=\hat{Y}}} = \frac{-\sum_{i=1}^{n} \dfrac{\partial \hat{g}}{\partial Y_i} Y_i \bigg|_{Y=\hat{Y}}}{\sqrt{\sum_{i=1}^{n} \left(\dfrac{\partial \hat{g}}{\partial Y_i}\right)^2} \bigg|_{Y=\hat{Y}}} = D$$

验算点法计算可靠性系数 β，由下述最小值问题求解，设极值点为 $Y = \hat{Y}$

$$\hat{g}(Y) = \hat{g}(Y_1, Y_2, \cdots, Y_n)$$

$$= g(Y_1\sigma_1 + \mu_1, Y_2\sigma_2 + \mu_2, \cdots, Y_n\sigma_n + \mu_n) = 0 \qquad (4-12)$$

$$\beta = \min_{Y \text{在超平面} g(Y)=0 \text{上}} \sqrt{\sum_{i=1}^{n} (0_i - Y_i)^2}$$

采用拉格朗日法求解设计验算点 $Y = \hat{Y}$ 的方程如下

$$\begin{cases} \hat{g}(\hat{Y}_1, \hat{Y}_2, \cdots, \hat{Y}_n) = g(\hat{Y}_1\sigma_1 + \mu_1, \hat{Y}_2\sigma_2 + \mu_2, \cdots, \hat{Y}_n\sigma_n + \mu_n) = 0 \\ \dfrac{\hat{Y}_i}{\sqrt{\sum_{i=1}^{n} \hat{Y}_i^2}} - \lambda \dfrac{\partial \hat{g}(Y)}{\partial Y_i} \bigg|_{Y=\hat{Y}} = 0, \ i = 1, 2, \cdots, n \end{cases}$$

$$(4-13)$$

其中

$$\frac{\partial \hat{g}(Y)}{\partial Y_i} \bigg|_{Y=\hat{Y}} = \frac{\partial g(Y_1\sigma_1 + \mu_1, Y_2\sigma_2 + \mu_2, \cdots, Y_n\sigma_n + \mu_n)}{\partial Y_i} \bigg|_{Y=\hat{Y}}$$

$$i = 1, 2, \cdots, n$$

λ 为拉格朗日乘子。上述 $n+1$ 个方程组成的方程组，有 $n+1$ 个未知数，一般情况下解是存在唯一的。

上述最小值问题可求得可靠性系数 β 为

$$\beta = \sqrt{\sum_{i=1}^{n} \hat{Y}_i^2} \qquad (4-14)$$

（2）随机变元为独立非正态分布时的验算点法

拉克维茨-菲斯莱法（R－F 法）是国际结构安全度联合委员会（JCSS）推荐采用的方法，也称 JC 法。此法将非正态随机变元"当量正态化"，简述如下。

1）进行变量代换

$$Y_i = \frac{X'_i - \mu'_i}{\sigma'_i}, i = 1, 2, \cdots, n \qquad (4-15)$$

设坐标变换后的设计验算点

$$Y^* = (Y_1^*, Y_2^*, \cdots, Y_n^*)$$

原变量设计验算点

$$X_i^* = \sigma'_i Y_i^* + \mu'_i$$

则

$$X^* = (X_1^*, X_2^*, \cdots, X_n^*)$$
$$= (\sigma'_1 Y_1^* + \mu'_1, \sigma'_2 Y_2^* + \mu'_2, \cdots, \sigma'_n Y_n^* + \mu'_n)$$

令当量正态变量 X'_i（均值 μ'_i，标准差 σ'_i）的分布函数值与原变量 X_i（均值 μ_i，标准差 σ_i）的分布函数值相等。

2）在设计验算点处，令当量正态变量概率密度函数值与原变量概率密度函数值相等，这样就得出如下当量正态变量方法（即 JC 法）的限制条件。

在验算点处分布函数相等，有

$$F_{X'_i}(X_i^*) = F_{X_i}(X_i^*)$$
$$\Phi(Y_i^*) = F_{X'_i}(X_i^*) = F_{X_i}(X_i^*)$$
$$= F_{X_i}(\sigma'_i Y_i^* + \mu'_i), i = 1, 2, \cdots, n \qquad (4-16)$$

即　　　　　　$\Phi(Y_i^*) = F_{X_i}(\sigma'_i Y_i^* + \mu'_i),\ i = 1, 2, \cdots, n$

在验算点处密度函数相等，有

$$f_{X'_i}(X_i^*) = f_{X_i}(X_i^*),\ i = 1, 2, \cdots, n$$

则　　　　$\phi(Y_i^*) = \sigma'_i f_{X'_i}(\sigma'_i Y_i^* + \mu'_i) = \sigma'_i f_{X_i}(\sigma'_i Y_i^* + \mu'_i)$

$$= \sigma'_i f_{X_i}(X_i^*),\ i = 1, 2, \cdots, n$$

故　　　$\mu'_i = X_i^* - \Phi^{-1}[F_{X_i}(X_i^*)] \cdot \sigma'_i,\ i = 1, 2, \cdots, n$

$$\sigma'_i = \frac{\phi\{\Phi^{-1}[F_{X_i}(X_i^*)]\}}{f_{X_i}(X_i^*)},\ i = 1, 2, \cdots, n$$

式中　　Φ, ϕ——标准正态分布函数和密度函数。

此时可用 JC 法求解设计验算点，从而求可靠性系数 β 的问题表述如下。

极限状态状态方程

$$Z = \hat{g}(Y_1^*, Y_2^*, \cdots, Y_n^*)$$
$$= g(\sigma'_1 Y_1^* + \mu'_1, \sigma'_2 Y_2^* + \mu'_2, \cdots, \sigma'_n Y_n^* + \mu'_n) = 0$$

$$(4-17)$$

最短距离方程

$$\beta = \min_{Y^* \text{ 在超平面} \hat{g}(Y^*) = 0 \text{上}} \sqrt{\sum_{i=1}^{n} (Y_i^*)^2} \qquad (4-18)$$

下面建立拉格朗日乘子法的方程组，求解设计验算点和可靠性指标。将问题转化为求 X^* 的方程组

$$
\begin{cases}
\mu'_i = X_i^* - \Phi^{-1}[F_{X_i}(X_i^*)] \cdot \sigma'_i,\ i = 1, 2, \cdots, n \\[2mm]
\sigma'_i = \dfrac{\phi\{\Phi^{-1}[F_{X_i}(X_i^*)]\}}{f_{X_i}(X_i^*)},\ i = 1, 2, \cdots, n \\[2mm]
g(X_1^*, X_2^*, \cdots, X_n^*) = 0 \\[2mm]
\dfrac{\dfrac{(X_i^* - \mu'_i)}{\sigma'_i}}{\sqrt{\displaystyle\sum_{i=1}^{n} \dfrac{(X_i^* - \mu'_i)^2}{(\sigma'_i)^2}}} - \lambda \dfrac{\partial g(X)}{\partial X_i}\bigg|_{X = X_i^*} \cdot \sigma'_i = 0,\ i = 1, 2, \cdots, n
\end{cases}
$$

$$(4-19)$$

求解出 X^*, μ'_i, σ'_i 之后可得到可靠性系数

$$\beta = \sqrt{\sum_{i=1}^{n} (Y_i^*)^2} = \sqrt{\sum_{i=1}^{n} \frac{(X_i^* - \mu'_i)^2}{(\sigma'_i)^2}} \qquad (4-20)$$

例 1：某火箭发动机阀门的弹簧组件极限状态方程为 $Z = X_1 X_2 - X_3^2 = (\sigma_{X_1} Y_1 + \mu_{X_1}) \times (\sigma_{X_2} Y_2 + \mu_{X_2}) - (\sigma_{X_3} Y_3 + \mu_{X_3})^2$，$X_i (i = 1, 2, 3)$ 均服从正态分布。其中 $\mu_{X_1} = 10, \mu_{X_2} = 7, \mu_{X_3} = 6, \sigma_{X_1} = 0.8$，$\sigma_{X_2} = 0.6, \sigma_{X_3} = 0.5$。求可靠性系数 β 及可靠性预计值 R。

解：按照验算点法编程求解式（4-19）构成的方程组。最后求得验算点 $Y_1^* = -1.5921$，$Y_2^* = -1.7515$，$Y_3^* = 2.4103$，即：$X_1^* = 8.7263$，$X_2^* = 5.9491$，$X_3^* = 7.2051$，则可靠性系数 $\beta = \sqrt{\sum_{i=1}^{n} (Y_i^*)^2} = 3.3781$，可靠性预计值 $R = 0.9996$。

作为比较，给出按照中心点法计算的 β

$$\beta = \frac{\mu_Z}{\sigma_Z} = 34/10.1666 = 3.3443$$

这说明此时中心点法有一定的误差。

例 2：某液体火箭发动机推力室壁面极限状态方程为 $Z = X_1 - X_2 - X_3$。其中，X_1 服从对数正态分布，$\mu_{X_1} = 320, \sigma_{X_1} = 54.4$；$X_2$ 服从正态分布，$\mu_{X_2} = 53, \sigma_{X_2} = 3.71$；$X_3$ 服从极值 I 型分布，$\mu_{X_3} = 70$，$\sigma_{X_3} = 20.3$。采用 JC 法，求可靠性系数 β 及可靠性预计值 R。

解：按照 JC 法编程，求解式（4-19）。最后求得验算点 $X_1^* = 219.7803$，$X_2^* = 53.7945$，$X_3^* = 165.9858$，$\mu'_1 = 299.22$，$\sigma'_1 = 37.097$，$\mu'_2 = 53, \sigma'_2 = 3.71, \mu'_3 = 8.98, \sigma'_3 = 52.15$，按式（4-20）可靠性系数 $\beta = 3.7$，可靠性预计值 $R = 0.999892$。

作为比较，如果将 X_1, X_2, X_3 都按服从正态分布对待，按照中心点法计算的 β 为

$$\beta = \frac{\mu_Z}{\sigma_Z} = 197/58.1826 = 3.3859$$

这说明此时中心点法有不小的误差。

参 考 文 献

［1］ GJB/Z 299B—98 电子设备可靠性预计手册 ［S］.

［2］ MIL‐HDBK‐217F 电子设备可靠性预计 ［S］.

［3］ RADC‐85 非电产品可靠性手册 ［S］.

［4］ NPRD‐91 Nonelectronic parts reliability data ［S］.

［5］ 谭松林.考虑应力-强度干涉的发动机管路设计方法 ［J］.航天制造技术，2006（01）.

［6］ 李宝盛.验算点法可靠性计算的极小值问题表示和求解 ［C］//2012 年航天可靠性学术交流会，2012.

［7］ 刘文珽.结构可靠性设计手册 ［M］.北京：国防工业出版社，2008.

［8］ 张俊华.结构强度可靠性设计指南 ［M］.北京：宇航出版社，1994.

第 5 章 可靠性工程设计的一般方法

5.1 概述

液体火箭发动机是运载火箭、导弹、卫星和其他航天器的动力推进系统，其系统复杂、工作环境严酷、成本高昂，一旦发生故障，就可能导致灾难性后果。因此，液体火箭发动机的可靠性要求极高，在研制之初就必须切实地开展可靠性设计工作，以保证产品可靠性满足要求。

系统可靠性设计是决定系统可靠性的关键和提高产品可靠性的根本途径。统计表明，系统出现的故障中，设计故障占有很大比例（如表 5-1 所示）。所以人们常说："可靠性是设计出来的，是制造出来的，是管理出来的，试验只能通过测试出的故障来评价可靠性。"据不完全统计，从寿命周期费用的角度出发，在方案设计评审、初步设计评审和详细设计评审结束时，将分别决定产品寿命周期费用的 70%，85% 和 95%。产品设计将决定产品的固有可靠性以及提升可靠性的潜力。因此，要想使产品具有高的可靠性，产品设计师、可靠性工程师应共同努力把可靠性设计到产品中去，并且必须从产品的早期方案论证阶段就十分注重可靠性设计工作。

表 5-1 设备不可靠原因比例

美国海军电子实验室统计		贝尔电话实验室统计		某军用设备	
设备不可靠原因	比例/%	设备不可靠原因	比例/%	不可靠原因	比例/%
设计	40	设计	43	设计	25.9
元器件质量	30	生产制造	20	元器件	34.5
制造	10	使用条件	30	生产测试	24.2
操作和维护	20	其他	7	使用维护	13.7
				自然衰老	1.7

可靠性设计就是系统考虑产品可靠性要求的工程设计，是在分析产品结构特点（是电子产品，还是机械产品等）和该产品在使用中所受各种应力的基础上，研究采用具体的设计方法和技术措施，将可靠性设计到产品中去，以保证产品具有较高可靠性。可靠性设计是与工程设计紧密联系的，不存在独立于工程设计之外的可靠性设计。具体来说，就是对产品性能、可靠性、维修性、费用、研制周期等各方面因素综合权衡，从而实现产品的最优设计。

可靠性设计是在可靠性分析的基础上，制定可靠性设计准则，并依据设计准则，选用更可靠的零部件（或元器件）；采用可靠性工程设计方法，如冗余设计、容错设计、降额设计、裕度设计、环境适应性设计等；采用合理的设计布局，以消除产品的薄弱环节，保证产品可靠性重要项目和整个产品具有所要求的可靠性水平，实现产品的性能、可靠性、维修性、保障性和费用等参数的最佳配合。

本章根据国内外开展可靠性设计工作的经验，结合液体火箭发动机实际情况，梳理了液体火箭发动机可靠性工程设计的一般方法，作为产品可靠性设计的参考。

5.2　可靠性设计准则的制定与贯彻

谈到可靠性工程设计，首先应该制定型号可靠性设计准则。在可靠性工程设计当中，制定并贯彻型号可靠性设计准则是设计人员开展型号可靠性设计的重要途径，普遍适用于型号中电子、机电、机械等各类产品和装备、分系统、设备等各产品层次。

作为机械类产品的液体火箭发动机，其可靠性设计准则在方案阶段就应着手制定，并在初步设计和详细设计阶段加以认真贯彻实施。可靠性设计准则制定与贯彻的依据是 GJB 450A — 2004《装备可靠性工作通用要求》。通过制定并贯彻型号可靠性设计准则，把有助于保证、提高液体火箭发动机可靠性的一系列设计要求贯彻到产品设计中去。

5.2.1　可靠性设计准则的基本内容与特点

5.2.1.1　可靠性设计准则的基本内容

产品可靠性设计准则是在产品设计中能够直接贯彻实施的可靠性设计要求细则与保证措施，可靠性设计准则文件的基本内容包括：概述、目的、适用范围、依据、可靠性设计准则等。

1）概述：说明产品名称、型号、功能和配套关系；产品任务书或合同规定的可靠性定性要求等。

2）目的：说明编制可靠性设计准则的目的。

3）适用范围：说明可靠性设计准则适用的产品范围。

4）依据：说明编制可靠性设计准则的主要依据。依据一般包括：总体任务书或合同规定的可靠性定性要求；任务书或合同规定引用的有关规范、标准、手册等提出的与可靠性设计相关的内容；同类型产品的可靠性设计经验以及可供参考的通用可靠性设计准则。

5）可靠性设计准则：将产品的可靠性设计准则以"××产品可靠性设计准则"条款形式输出。这些条款从诸如继承性设计、简化设计、冗余设计、裕度设计、耐环境设计等多个方面对可靠性设计提出具体要求。可靠性设计准则可根据需要分为通用部分和专用部分。

5.2.1.2　可靠性设计准则的作用与特点

1）可靠性设计准则是进行可靠性定性设计的重要依据。为了满足规定的可靠性设计要求，必须采取一系列的可靠性设计技术，制定和贯彻可靠性设计准则是其中一项重要内容。可靠性设计准则作为液体火箭发动机研制规范，在设计中必须逐条予以实施。

2）贯彻可靠性设计准则可以提高产品的固有可靠性。产品的固有可靠性是设计和制造所赋予产品的内在可靠性，是产品的固有属性。设计人员在设计中遵循可靠性设计准则，可避免一些不该发生的故障，从而提高产品的固有可靠性。

3）贯彻可靠性设计准则是实现可靠性设计与产品性能设计同步

的有效方法。设计人员只要在设计中严格贯彻可靠性设计准则就可以把可靠性设计到产品中去，使产品的性能设计和可靠性设计相互有机地结合。

4）可靠性设计准则是研制经验的总结与升华。可靠性设计准则是以往型号研制经验的结晶，是一项宝贵的技术财富。可靠性设计准则用于指导设计人员进行可靠性设计，保证实现总体任务书或合同规定的产品可靠性要求。制定并实施可靠性设计准则不仅有益于企业对经验和知识的传承，还能为年轻设计人员的成长提供帮助。

5）可靠性设计准则对型号的适用性和针对性强。通用标准、手册提供的可靠性设计准则往往不能直接用于型号，因此需要根据型号的具体要求和特征，一方面要尽量吸取通用标准和手册中可靠性设计准则的精华，另一方面也要进行合理的裁减，去掉该型号不适用的内容。此外，还要充分运用研制单位的工程设计经验，将可靠性设计准则中的条款予以细化，提高准则的适用性和可操作性。

5.2.2　可靠性设计准则的制定

5.2.2.1　制定可靠性设计准则的依据

制定可靠性设计准则的依据及参考资料有：

1）型号《立项论证报告》《研制任务书》及研制合同（包括工作说明）中规定的可靠性设计要求；

2）国内外有关规范、标准和手册中提出的可靠性设计准则；

3）相似型号中制定的可靠性设计准则；

4）以往型号研制所积累的可靠性设计经验和教训。

5.2.2.2　型号可靠性设计准则的制定程序

型号可靠性设计准则的制定程序如图 5-1 所示，具体过程如下。

（1）明确型号可靠性设计准则的适用范围

明确型号可靠性设计准则贯彻实施的对象产品类型（电子、机械、机电等，或者各种组合），以及产品层次范围（装备、系统、分系统、设备、元器件等），据此可以确定出型号可靠性设计准则的适用条款以及裁减原则。

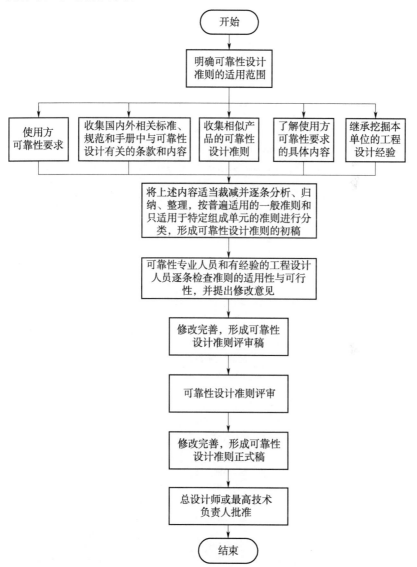

图 5-1　可靠性设计准则制定程序

（2）制定型号可靠性设计准则初稿

通过对总体提出的型号可靠性设计要求、相似产品的可靠性设计准则、研制单位的可靠性设计经验等进行分析，对收集到的备用准则条款进行归纳整理，编写型号可靠性设计准则初稿。

（3）形成型号可靠性设计准则评审稿

由可靠性专业人员和有经验的工程设计人员对型号可靠性设计准则初稿进行逐条审查，评审其适用性与可行性。根据提出的修改意见完成型号可靠性设计准则评审稿。

（4）形成可靠性设计准则正式稿

邀请专家对型号可靠性设计准则评审稿进行评审。根据评审意见进行修改完善，形成型号可靠性设计准则正式稿，最终获得总设计师或研制单位最高技术负责人批准。

型号可靠性设计准则的制定是一个不断积累、总结和补充完善的过程。对研制与使用过程中出现的故障要认真分析其原因，采取相应措施，并将获得的经验与教训加以提炼，充实到型号可靠性设计准则中，从而构成制定—实施—补充修改—再实施的良性循环，如图 5-2 所示。

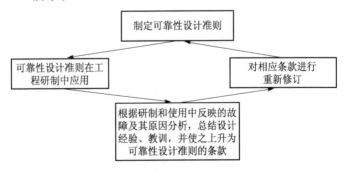

图 5-2　型号可靠性设计准则的修订

5.2.3　型号可靠性设计准则的贯彻

型号可靠性设计准则是型号技术规范的重要组成部分，必须予以认真贯彻。

5.2.3.1 型号可靠性设计准则的贯彻程序

型号可靠性设计准则的贯彻实施流程如图 5 - 3 所示，具体过程如下。

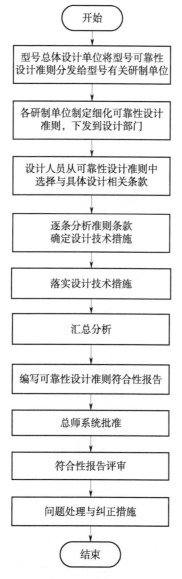

图 5 - 3 可靠性设计准则的贯彻实施流程

1）型号可靠性设计准则颁布实施。型号总体设计单位以型号技术规范的形式，将型号可靠性设计准则分发给型号有关研制单位，各研制单位在认真贯彻执行型号可靠性设计准则的同时，针对所承担研制产品的特点，制定该产品的可靠性设计准则，同样作为型号技术规范下发到设计部门，确保设计人员可以随时查阅可靠性设计准则的详细内容。

2）根据型号可靠性设计准则进行设计。设计人员根据从事的技术专业特点，从可靠性设计准则中选择与具体设计相关的准则条款，确定相应的设计技术措施，逐条予以落实，保证型号可靠性设计准则落实在设计中。

3）编写可靠性设计准则的符合性报告。在完成初步设计和详细设计之后，设计人员应分阶段将贯彻可靠性设计准则各项技术措施汇总，编写型号可靠性设计准则的符合性报告，并获得总师系统的批准。如果对型号可靠性设计准则中的个别条款没有采取技术措施，应充分说明理由，并得到总设计师或最高技术负责人的认可。

4）评审。由专家对型号可靠性设计准则的符合性报告进行评审。评审工作可以结合型号研制转阶段评审进行。对评审中发现的问题，设计人员应采取必要的措施予以纠正和处理。

5.2.3.2 型号可靠性设计准则符合性检查报告

产品设计中应按可靠性设计准则要求进行可靠性设计，并在设计评审前提交相应的符合性报告。符合性报告的内容一般包括：产品功能、组成描述、符合性说明及结论等，具体格式要求可以参考GJB/Z 23《可靠性和维修性工程报告编写一般要求》。其中，符合性说明采用表格形式，如表5-2所示。对于每一条设计准则，如果在设计中采用，则在"符合"栏打"√"，并在"采取的设计措施"栏填写具体的设计措施；如果未被采用，则在"不符合"栏打"√"，并在"原因、意见"栏填写准则条款未被采用的原因，以及准则条款调整的建议等，在"影响"栏填写不符合该条准则造成的影响，以判断是否要进行设计更改。

表 5 - 2　符合性说明表

准则条款内容	符合	采取的设计措施	不符合	原因、意见	影响	备注

5.2.4　常用的可靠性设计准则

液体火箭发动机大部分零部组件为机械产品，这里列出常用的可靠性设计准则，作为产品可靠性设计的参考。

1）产品结构不应当采用验证证明属危险的或不可靠的设计，每个可疑的设计细节必须通过试验或评审确定。

2）在设计中必须考虑提高结构的抗疲劳能力，并应当注意：

a）合理选择材料；

b）减少应力集中；

c）控制尺寸公差，以避免公差的积累导致横截面的尺寸太小，单位面积载荷过大；

d）局部关键尺寸可采用喷丸强化；

e）在有声疲劳部位（如发动机附近）应降低工作应力，或者采用蜂窝夹层结构；

f）关键部位的关键件，应进行可靠性设计。

3）对于那些一旦损坏就可能对安全性和任务可靠性有不利影响的零部件，对其所用材料的适用性和耐久性要做到以下几点：

a）建立在经验或试验的基础上；

b）考虑环境条件的影响，如温度、湿度、振动、冲击等；

c）考虑进行可靠性设计。

4）为了防止某个零件或部件故障引起连锁故障，设计时应采用：

a）止裂措施；

b）多路传力设计。

5）相邻结构若有较大温差，设计时必须注意因热变形引起应力而发生故障的可能性。

6）产品的活动部分设计应具有保护装置，以排除由于工具、紧固件松脱等造成活动部件卡滞。

7）对于螺母和螺钉应采取防止松动和脱落的措施。

8）对具有方向性的部件应考虑安装的防错设计。

9）导管的长度设计必须考虑产品结构变形、热胀冷缩的必需补偿。

10）易燃液体的管路走向严禁（或限制）通过载人区。

11）应采用联锁装置或限制器等保护设备，以防止超过结构的限制载荷。

12）与固定物体接触的活动部分，应考虑安装外套、防磨套或保护装置。

13）机械和电气部件之间应留有足够的使用间隙，防止机械卡滞、擦伤、电气短路或其他故障。

14）安装在减振器上的设备，与固定的（或与其他活动的）零部件、结构等之间，要留有足够的间隙。两个被减振的设备之间也要有足够间隙。

15）管路及其接头的构造和安装，应具备抗振动影响的功能。

16）在导气总管路中应当配备压力调节装置，以避免导气压力波动，改善使用环境。

17）机械产品也应当进行降额设计，降额的方法有：

a）提高平均强度；

b）降低平均应力；

c）减小应力变化；

d）减小强度变化。

18）对于要求耐磨损的零部件，应采用抗磨损的特殊工艺。

19）冷却产品内部零部件的空气应经过滤，以免污物积存在敏感的线路上，造成功能下降或被腐蚀，或者阻碍空气流通、绝热。

20）当需要把相互不允许接触的金属材料装配在一起时，应当在这两种金属之间涂保护层或置绝缘衬垫；在材料上镀上允许接触的金属层；尽可能扩大阳性金属的表面积，缩小阴性金属的表面积。

21) 为了防止盐雾对设备的危害，应规范电镀工艺，保证镀层厚度，选择合适电镀材料等。

22) 为了提高抗振动、抗冲击的性能，应尽可能使设备小型化，这样做的优点是使设备具有比较坚固的结构、高的固有频率，以及小的惯性力。

23) 适当选择或设计减振器，使设备实际承受的过载低于允许的极限值。在选择或设计减振器时，缓冲和减振常常是矛盾的，要注意对二者进行权衡。

5.3　冗余设计与容错设计

5.3.1　冗余与容错的概念

提高产品可靠性的措施大致可以分为两类：第一类措施是尽可能避免和减少产品故障发生的"避错"技术；第二类措施是当"避错"难以完全奏效时，通过增加适当的设计余量和替换工作方式等来消除产品故障的影响，使产品在其组成部分发生有限的故障时，仍然能够正常工作的"容错"技术，而冗余是实现产品容错能力的一种重要手段。

根据国内外相关标准，容错被定义为：系统或程序在出现特定的故障情况下，能继续正确运行的能力；冗余是指：用多于一种途径来完成一个规定功能。可见，容错反映了产品或系统在发生故障情况下的工作能力，而冗余是指产品通过多种途径完成规定功能的方法和手段。容错强调了技术实施的最终效果，而冗余强调完成规定功能所采用的不同方式和途径。严格地说，冗余属于容错设计范畴。

从原理上讲，冗余作为容错设计的重要手段，其实施流程和原则也同样适用于其他容错设计活动。

5.3.2　冗余设计

冗余设计主要是通过在产品中针对规定任务增加更多的功能通道，以保证在有限数量的通道出现故障的情况下，产品仍然能够完成规定任务。

冗余设计作为提高产品任务可靠性的设计措施之一，应根据产品任务可靠性要求，在研制初期与其他设计工作同步开展。

在实施冗余设计过程中，需要掌握设计对象的可靠性要求以及当前设计达到的可靠性水平。因此，冗余设计应与可靠性建模、分配、预计等可靠性分析工作相结合，并反复迭代，以确保最终的产品设计满足预期要求。

5.3.2.1　应用对象

通过冗余设计可以在一定程度上消除产品内部故障造成的后果，从而提高产品的任务可靠性，其前提是必须在设计中投入超过常规设计所需的外加资源。因此，在采用冗余设计提高产品任务可靠性的同时，往往伴随着增加产品复杂性、能源、体积、质量和成本等方面的代价，且不可避免地降低了产品的基本可靠性。所以，并非产品的所有组成单元和功能都需要采用冗余设计。通常，冗余设计应用的对象包括：

1) 对于通过提高质量和基本可靠性的办法（如简化设计、降额设计及选用高可靠性的零部件、元器件、软件纠错等），仍不能满足任务可靠性要求的功能通道或产品组成单元，应采取冗余设计；

2) 由于采用新材料、新工艺或用于未知环境条件下，其任务可靠性难以准确估计、验证的功能通道或产品组成单元，应采取冗余设计；

3) 对于影响任务成败的可靠性关键项目和薄弱环节，或其故障可能造成人员伤亡、财产损失、设施毁坏和环境破坏等严重后果的安全性关键项目，应考虑采用冗余设计技术；

4) 在质量、体积、成本允许的条件下，选用冗余设计比其他可靠性设计方法更能满足可靠性要求或提高可靠性水平的情况；

5）其他需要采用冗余设计的功能通道或产品组成单元（例如产品改进设计较采用冗余单元成本更高）。

5.3.2.2 冗余设计方法

（1）冗余设计的类型

冗余设计的形式是多种多样的，从不同角度可以划分为不同的类别。

1）按照冗余使用的资源划分：

a）硬件冗余：通过使用外加元器件、电路、备份部件等实现的冗余。

b）数据/信息冗余：通过诸如检错及自动纠错的检校码、奇偶位等方式实现的冗余。

c）指令/执行冗余：通过诸如重复发送、执行某些指令或程序段实现的冗余。

d）软件冗余：通过诸如增加备用程序段、并列采用不同方式开发的程序等实现的冗余。

对于液体火箭发动机，主要采用硬件冗余方法。当然，随着总体任务书或合同要求功能的多样化，液体火箭发动机常包含一些电子产品或控制测量模块，这时就需考虑其他几项冗余设计方法。

2）按照实施冗余的产品级别划分：部件冗余、局部功能冗余、系统冗余等。

对于长期在轨航天器用液体火箭发动机，常采用系统冗余或局部功能冗余；对于运载火箭和导弹武器系统用液体火箭发动机，单点项目较多，不可能实现系统冗余，所以常采用局部功能冗余和部件冗余。

3）按照冗余方法划分：

a）静态冗余：只利用冗余的资源把故障后果屏蔽掉，而不对原来的系统结构进行重新改变。此方法多用于电路或部件。

b）动态冗余：在发现故障后，对有故障的部件或分系统进行切换或对系统进行重构或恢复。此方法多用于系统。

　　c）混合冗余：上述两种冗余方法的组合。

　　液体火箭发动机根据使用目标的用途的不同，上述三种冗余方法都可能会用到。

　　4）按照冗余系统的工作方式和各个单元的工作状态划分：

　　a）工作冗余：冗余系统中各个单元同时工作，以保证在有限个单元故障时，该冗余系统仍然能够完成预定任务，且不需要其他装置完成故障检测和通道转换。

　　b）备用冗余：冗余系统中冗余单元不工作，处于储备或等待状态，只有当工作单元发生故障时，通过转换装置切换至冗余单元接替工作，直至所有冗余单元都发生故障，该冗余系统才失效。

　　液体火箭发动机根据使用目标的用途的不同，工作冗余和备用冗余都可能会用到。

　　上述冗余方式分类举例如图 5 - 4 所示。

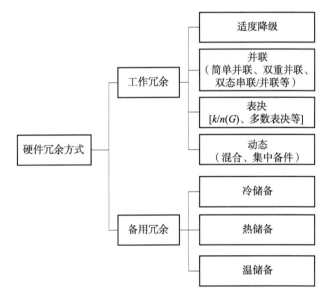

图 5 - 4 硬件冗余方式

（2）常用冗余方式

①简单并联

简单并联系统中所有冗余单元均同时工作，并提供相同的输出，仅当所有冗余单元均发生故障时，该冗余系统才失效。在保证系统正常运行的前提下，允许故障的单元个数称为该冗余单元的冗余度。图 5 - 5 给出了一个二度冗余系统的可靠性框图。

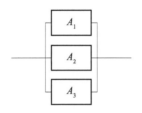

图 5 - 5　二度冗余并联系统的可靠性框图

简单并联系统的可靠性数学模型为

$$R_S = 1 - \prod_{i=1}^{n}(1 - R_i) \tag{5-1}$$

式中　n——系统中的单元数；

　　　R_S——系统的任务可靠度；

　　　R_i——第 i 个单元的任务可靠度。

②k/n（G）系统

k/n（G）系统由 n 个单元组成，只要系统中有 k 个或 k 个以上单元正常工作即可保证该冗余系统工作正常。图 5 - 6 给出了 k/n（G）系统的可靠性框图，其对应的可靠性数学模型为

$$R_S(t) = R_m \sum_{i=k}^{n} C_n^i R(t)^i \left[1 - R(t)\right]^{n-i} \tag{5-2}$$

式中　$R_S(t)$——系统的可靠度；

　　　$R(t)$——系统组成单元（各单元相同）的可靠度；

　　　R_m——表决器的可靠度。

当 k 取 1 时，$1/n$（G）系统即等效为 n 个单元简单并联。

当采用相同冗余单元组成表决冗余系统时，假设表决器完全可

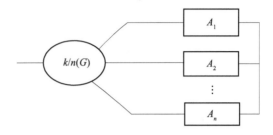

图 5-6　$k/n(G)$ 系统可靠性框图

靠，则其可靠性数学模型为

$$R_S = \sum_{i=k}^{n} C_n^i R^i (1-R)^{n-i} \qquad (5-3)$$

式中　n——系统中的单元数；

　　　R_S——系统的任务可靠度；

　　　R——单元的任务可靠度。

　　从其原理可以看出，在使用相同资源的条件下，并联冗余比表决冗余提供更多的冗余度；但对于某些具有准确度、精度等要求的功能而言，表决冗余能够通过比较、判断，筛选掉异常或错误的输出，因而更能满足功能要求。在工作冗余中，并联冗余通常用于保证一个功能通道的工作可靠性，而表决冗余通常用于保证多个功能通道的工作可靠性。

　　③备用冗余

　　与工作冗余相比，备用冗余由于其备份的冗余单元在正常情况下处于不工作状态，降低了其应力水平，因此可改善备份单元的可靠性，并为整个冗余系统提供寿命贮备。但由于备用冗余通常需要配置启动或切换环节，增加了系统的复杂性，而且这些环节的故障往往成为该冗余系统的单点故障，因此对其可靠性要求很高，否则备用冗余的优势将大大受到限制。

　　带切换的备用冗余系统可靠性框图如图 5-7 所示。

　　在备用冗余系统中，根据备份冗余单元的工作情况，又可分为冷储备、热储备和温储备。

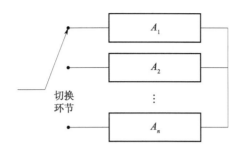

图 5-7　带切换的备用冗余系统可靠性框图

正常工作时，冗余系统的储备单元如果处于关闭状态（不加电状态），则称该冗余系统为冷储备（无载储备）；如果处于工作状态（储备单元在储备期间失效率与工作时失效率一样），但不接入系统中，则称该冗余系统为热储备（满载储备）系统；如果处于待机预热状态（储备单元在储备期间失效率大于零而小于工作时的失效率），则称该冗余系统为温储备（轻载储备）系统。相对而言，热储备或温储备具有较快捷的启动或切换过程，切换过程对冗余系统工作的影响较小；冷储备中储备单元的工作应力更低，因此其不工作状态下的可靠性较高。

由于各冗余单元工作状态的随机性（取决于工作单元的故障时间），备用冗余系统的可靠性问题较为复杂，很难用公式明确表述。目前，工程中通常假设各冗余单元寿命均服从指数分布，其可靠性计算如下。

1）假设 n 个单元组成的冷储备系统切换装置完全可靠，对于各冗余单元相同（寿命均服从失效率为 λ 的指数分布）的情况，系统可靠度 $R_S(t)$ 可表示为

$$R_S(t) = e^{-\lambda t} \sum_{i=0}^{n-1} \frac{(\lambda t)^i}{i!} \qquad (5-4)$$

在同样的假设前提下，对于各个单元失效率不相同的情况，系统可靠度 $R_S(t)$ 可表示为

$$R_S(t) = \sum_{i=1}^{n} \left(\prod_{n} \frac{\lambda_j}{\lambda_j - \lambda_i} \right) e^{-\lambda_i t} \tag{5-5}$$

2）假设 n 个单元组成的冷储备系统切换装置可靠性为常数 R_k 时，对于各个冗余单元相同（寿命均服从失效率为 λ 的指数分布）的情况，则系统可靠度 $R_S(t)$ 可表示为

$$R_S(t) = R_k \sum_{i=0}^{n-1} e^{-\lambda t} \frac{(\lambda t)^i}{i!} \tag{5-6}$$

在同样的假设前提下，对于各个冗余单元失效率不相同且 $n=2$ 的情况，系统可靠度 $R_S(t)$ 可表示为

$$R_S(t) = e^{-\lambda t} + R_k \frac{\lambda_1}{\lambda_1 - \lambda_2} (e^{-\lambda_2 t} - e^{-\lambda_1 t}) \tag{5-7}$$

假设两个单元组成的冷储备系统切换装置服从失效率为 λ_k 的指数分布，系统可靠度 $R_S(t)$ 可表示为

$$R_S(t) = e^{-\lambda_1 t} + \frac{\lambda_1}{\lambda_1 + \lambda_k - \lambda_2} \left[e^{-\lambda_2 t} - e^{-(\lambda_1 + \lambda_k)t} \right] \tag{5-8}$$

3）对于热储备和温储备系统，计算其可靠性时还需引入储备单元的储备期间失效率，使得计算更为复杂。下面仅就两单元（工作、储备和储备转入工作后，单元寿命均服从指数分布）温储备情况进行讨论。

假设工作单元的失效率为 λ_1，储备单元储备期间失效率为 λ_B，由储备转入工作后的失效率为 $\lambda_2, 0 < \lambda_B < \lambda_2$。

假设切换装置完全可靠，则系统可靠度 $R_S(t)$ 可表示为

$$R_S(t) = e^{-\lambda_1 t} + \frac{\lambda_1}{\lambda_1 + \lambda_B - \lambda_2} \left[e^{-\lambda_2 t} - e^{-(\lambda_1 + \lambda_B)t} \right] \tag{5-9}$$

当 $\lambda_B = 0$ 时，即为冷储备系统；当 $\lambda_B = \lambda_2$ 时，即为热储备系统。

假设冗余切换装置的可靠性为常数 R_k，则系统可靠度 $R_S(t)$ 可表示为

$$R_S(t) = e^{-\lambda_1 t} + R_k \frac{\lambda_1}{\lambda_1 + \lambda_B - \lambda_2} \left[e^{-\lambda_2 t} - e^{-(\lambda_1 + \lambda_B)t} \right] \tag{5-10}$$

假设冗余切换装置也服从失效率为 λ_k 的指数分布，则系统可靠度 $R_S(t)$ 可表示为

$$R_S(t) = e^{-\lambda_1 t} + R_k \frac{\lambda_1}{\lambda_1 + \lambda_B + \lambda_k - \lambda_2} \left[e^{-\lambda_2 t} - e^{-(\lambda_1 + \lambda_B + \lambda_k) t} \right] \quad (5-11)$$

（3）不同冗余类型的特点

各种冗余形式具有不同的特点。在液体火箭发动机工程应用中，应根据产品特点和可靠性要求，并在成本、质量、体积和资源消耗等方面进行权衡，最终确定应采用的冗余方式。

一些常用冗余方式的特点及适用性如表 5-3 所示。

表 5-3　常用冗余方式的特点及适用性

常用冗余类型		单元工作状态	优点	缺点	适用对象
工作冗余	并联	各冗余单元同时工作	无切换过程，对系统工作影响较小。与表决冗余相比，相同资源可以提供更多冗余度	各单元同时工作，冗余单元的寿命有所损失	设计相对简单，适用范围广，适用于提供一个功能通道的产品
	表决	各冗余单元同时工作	无切换过程，可有效提高功能的正确性，减少错误输出	各单元同时工作，冗余单元的寿命有所损失；表决过程可能影响系统工作速度，相同资源提供的冗余度较并联冗余要少	设计相对复杂，有时需要增加比较、判断环节，适用于有准确度、精度要求的功能以及需要提供多个功能通道的产品
备用冗余	冷储备	主份单元工作时，其余各冗余单元不工作且处于关闭状态	可储备冗余单元寿命	有切换过程，需要增加切换环节。切换过程可能对系统工作产生影响，切换环节可能构成薄弱环节	有利于消除间歇故障，适用于允许输出间断或变化较大的功能
	热储备和温储备	主份单元工作时，其余各冗余单元不工作但处于待机状态	切换过程相对冷储备冗余较快捷。温储备亦可储备冗余单元寿命	同样存在切换薄弱环节。相对冷储备，不工作冗余单元的能耗和应力较高	有利于消除间歇故障，适用于允许输出间断或变化较大的功能

5.3.2.3　实施步骤

冗余设计是产品设计过程的一个组成部分，其基本实施流程如图 5-8 所示。

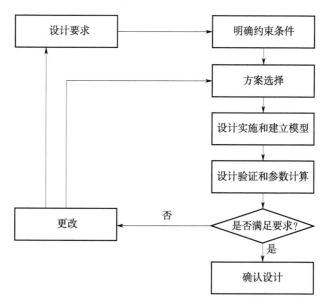

图 5-8　冗余设计实施流程

1）在实施冗余设计时，首先应明确设计任务书要求、可靠性要求和质量、能耗、体积等约束条件。

2）针对设计要求和约束条件，通过权衡，选择冗余方式和设计方案。

3）根据选择的设计方案开展设计，并建立产品可靠性模型。

4）进行设计验证，并计算系统可靠性以及质量、能耗、体积等参数。

5）将设计及计算结果与设计要求进行比较，以判定是否满足要求。

6）根据设计满足要求的情况进行决策，确认或更改设计方案。有些情况下，有可能需要权衡、调整设计要求。

5.3.2.4　实施要点

进行冗余设计时，应注意以下几点。

(1) 可以采用相同单元冗余，也可采用不同单元冗余

例如，用两个螺栓连接一个法兰，如果有一个螺栓故障，法兰连接就不可靠。为了提高连接的可靠性，采用六个螺栓来连接这个法兰，即使有任何四个螺栓故障，这个法兰的连接还是可靠的。这是一个六取二的表决冗余，这里有四个相同的螺栓是冗余单元。

载人运载火箭在起飞至二级主机关机任务时段，具备自动逃逸功能；同时还可以接受地面遥控指令实施逃逸。这是不同功能单元冗余的体现。

(2) 冗余度的选择

冗余度是指容错部件与非容错部件所用硬件数的比值。从理论上说，似乎冗余度越高，则可靠性越高。但应注意的是，冗余度越高，所需要的元件价格费用也会相应增加，因而存在性价比问题。另外还要考虑对检测及切换电路可靠性的影响，冗余度越高，检测及切换电路就越复杂，其可靠度也越低，从而抵消了多重冗余的优越性。

以并联冗余为例，n 个并联部件的总可靠性为 $1-(1-R)^n$，R 为每个部件的可靠性。表 5-4 为不同冗余度时的可靠度 R_n 及可靠性增益 R_n/R_{n-1}。当原有部件的可靠性为 0.7 时，双重冗余可以把可靠度提高 30%；三重冗余时的可靠度比双重冗余只提高了 7%；而当用四重冗余时，仅比三重冗余的可靠度提高 2%。由此可见，在不考虑检测及切换部件的可靠性时，虽然总的可靠性可以随冗余度的增加而提高，但冗余度高时效率并不高。

(3) 冗余虽然能提高任务可靠性，但降低了基本可靠性

冗余虽然能提高任务可靠性，但伴随着产品复杂性、功率、体积、质量和成本等方面付出的代价，不可避免地降低了基本可靠性。例如一个系统由三个相同单元构成可靠性并联系统，设每个单元的可靠度为 $R=0.9$，则并联系统的任务可靠度

$$R_{任务} = 1-(1-0.9)^3 = 0.999$$

表 5 - 4　　不同冗余度时的系统可靠度及可靠性增益

n	系统可靠度及可靠性增益					
	$R=0.6$			$R=0.7$		
	R_n	R_n/R_1	R_n/R_{n-1}	R_n	R_n/R_1	R_n/R_{n-1}
1	0.6	1		0.7	1	
2	0.84	1.4	1.4	0.91	1.3	1.3
3	0.936	1.56	1.114	0.973	1.39	1.07
4	0.974	1.62	1.04	0.992	1.42	1.02

n	系统可靠度及可靠性增益					
	$R=0.8$			$R=0.9$		
	R_n	R_n/R_1	R_n/R_{n-1}	R_n	R_n/R_1	R_n/R_{n-1}
1	0.8	1		0.9	1	
2	0.96	1.2	1.2	0.99	1.1	1.1
3	0.992	1.24	1.03	0.999	1.11	1.009
4	0.998	1.25	1.008	0.999 9	1.111	1.000 9

而该系统基本可靠性按串联模型计算

$$R_{基本} = 0.9^3 = 0.729$$

　　由此可见，任务可靠性从 0.9 提高至 0.999，但基本可靠性从 0.9 降至 0.729。任务可靠性提高了，但单元从一个变为三个，成本、质量、体积和功耗等大大增加了，且基本可靠性降低，意味着维修工作量增大，从而维修费用增加。因此，是否需要采用冗余，采用什么样的冗余，要根据获得的效益与付出的代价相比是否值得来确定。冗余技术是一种优化技术，它的目的是在费用、质量、体积和功耗等因素限制条件下，合理配置冗余单元，使系统可靠性达到最大；或者在一定可靠性指标要求下使消耗的资源最少。

　　（4）冗余必须全面考虑系统多重工作模式需要，适当选择冗余
　　　　级别

　　一个复杂系统可以分为：系统、分系统、部件、模块、电路及元件等不同级别。应该在哪一个级别上进行冗余才能获得较高的可

靠性增益也是值得研究的问题。

　　例如，为防止二极管电路短路，在电路上串联两只二极管，只要有一只不短路，电路就不会短路，即对短路失效而言，两只二极管构成可靠性并联系统，提高了电路不短路的可靠性。可靠性框图如图 5 - 9 所示。

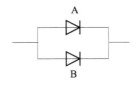

图 5 - 9　二极管电路可靠性框图

　　但是另一方面，该电路还要求不能开路，而上述串联的二极管电路，只要有一只开路就会使该电路开路，即对开路失效而言，两只串联二极管又构成可靠性串联，这样就降低了电路不开路的可靠性。

　　为了解决这个问题，可采用二极管串并联方式，如图 5 - 10 所示。图 5 - 10（a）为二极管串并联电路可靠性框图，图 5 - 10（b）为二极管并串联电路可靠性框图。

（a）二极管串并联电路可靠性框图　　　（b）二极管并串联电路可靠性框图

图 5 - 10　二极管串并联方式

　　图 5 - 10（a）所示的串并联方式，叫做系统冗余。从可靠性框图可得到可靠性方程

$$R_{S_1} = 1 - (1 - R_A R_B)(1 - R_C R_D)$$

式中　R_A, R_B, R_C, R_D ——二极管 A，B，C，D 的可靠度；

　　　　R_{S_1} ——系统的可靠度。

　　当 $R_A = R_B = R_C = R_D = R$ 时，$R_{S_1} = 2R^2 - R^4$。当 $R = 0.9$ 时，

$R_{S_1} = 0.963\ 9$。

图 5 - 10（b）所示的并串联方式，叫做单元冗余。从可靠性框图可得到可靠性方程

$$R_{S_2} = [1 - (1 - R_A)(1 - R_B)][1 - (1 - R_C)(1 - R_D)]$$

当 $R_A = R_B = R_C = R_D = R$ 时，$R_{S_2} = (2R - R^2)^2$。当 $R = 0.9$ 时，$R_{S_2} = 0.98$。

所以 $R_{S_2} > R_{S_1}$，即单元冗余系统可靠性大于系统冗余系统可靠性。也就是说，在系统中较低层次单元采用冗余的效果比层次高的地方好，因此，在工程许可的条件下，单元冗余方式应用较多。而且，硬件的冗余设计一般在较低层次（设备、部件）使用，功能冗余设计一般在较高层次（分系统、系统）进行。

（5）冗余设计应考虑对共模/共因故障的影响

欧洲空间局阿里安-5 火箭首飞爆炸事故，就是由于自动导航系统中用于制导和姿态控制的主、备份计算机发生共因故障所致。为了减少这种影响，可以采用不相同单元实行冗余。

（6）对于表决冗余、储备冗余，表决器、转换器是非冗余的单点环节

冗余设计中应重视表决器、转换器的设计，必须考虑表决系统、切换系统的故障概率对系统的影响，尽量选择高可靠的表决器、转换器。一般要求表决器、转换器的可靠性应高于冗余单元可靠性 1 个量级，否则冗余的优势将受到限制。冗余单元的故障必须在起飞前排除，若带着故障飞行，系统可靠性指标比单系统还低。

5.3.2.5　液体火箭发动机冗余设计示例

（1）系统冗余设计

赫尔墨斯（Hermes）是欧洲载人空天飞机，由德国慕尼黑的 MBB 空间通信和推进系统分部负责研制生产的推进系统已经基本完成。因为赫尔墨斯是载人飞行器，所以其推进系统必须满足失效操作/失效安全的原则。赫尔墨斯推进系统如图 5 - 11 所示，该推进系统成为全系统冗余设计的典型案例。

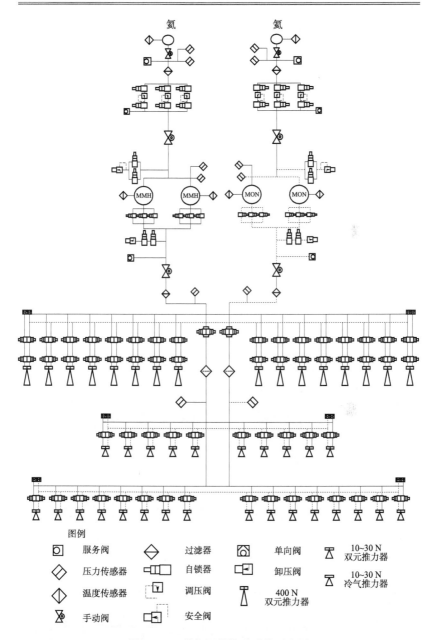

图 5-11 赫尔墨斯推进系统示意图

美国大型、长寿命同步通信卫星 HS702 双组元推进系统的姿控发动机为全功能冗余设计，其推进系统如图 5-12 所示。

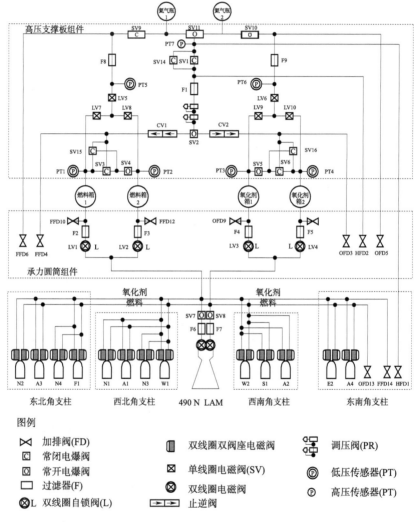

图 5-12　HS702 双组元推进系统示意图

某卫星由于长期在轨，对寿命和可靠性要求很高，其推进分系统采用了很多的冗余设计技术，其中 A，B 两组各 7 台 10 N 姿控发动机采用备用冗余设计技术，由上游 4 个自锁阀进行切换管理控制。

（2）局部功能冗余设计和部件冗余设计

对于某些液体火箭发动机来说，由于其功能、使用目标和费用限制等因素，不可能实现系统冗余设计。在这种情况下，需要综合分析系统主要故障模式或故障易发生模式，重点对局部功能或者火工品、密封结构、控制电路等关键部位进行冗余设计。

1）对于运载火箭发动机，并联发动机常采用储备系统。例如在 8 台单机组成的动力装置中，当其中一台发动机失效时，故障防护系统可发出两个指令：一个是关闭失效的发动机，另一个是关闭与失效发动机对称的另一台发动机，其余 6 台发动机依然能够正常完成任务。

2）对于姿控发动机，也常采用储备系统。例如某型号末修姿控发动机，200 N 和 25 N 姿控发动机互为冗余，25 N 姿控发动机失效时，可以关掉失效的发动机，打开具有冗余功能的 200 N 姿控发动机，依然能够正常完成任务。

3）对于卫星和长期在轨航天器，常采用局部功能冗余设计技术。例如赫尔墨斯载人空天飞机推进系统，除全系统冗余外，增压系统、推力器控制阀以及压力传感器均采用并联冗余设计；美国大型、长寿命同步通信卫星 HS702 双组元推进系统在氦气瓶出口和推进剂贮箱进口等关键部位采用并联备份的常闭电爆阀，减压阀和止回阀分别采用串联冗余设计；有些卫星推进系统采用五组常闭电爆阀隔离两种推进剂和高压气体，为确保工作过程电爆阀可靠打开，每组采用两台常闭电爆阀并联使用，甚至在高压自锁阀旁并联一个常闭电爆阀，避免高压自锁阀打开失效；神舟号飞船推进系统除了采用全系统冗余外，增压系统采用两个电爆阀冗余设计，两路贮箱之间通过下游自锁阀可实现交叉供应或相互隔离，当一路贮箱出现泄漏，可由另一路贮箱保证飞船安全返回。

4）对于运载火箭发动机，常采用两个电爆管并联启动相应组件，比如我国新一代大推力、高可靠、低成本、无污染的长征运载火箭芯级发动机发生器点火器和推力室点火器均采用双电爆管，启动器采用双桥；助推器发动机发生器燃料阀及排放阀的控制气源供应方式采用冗余设计，电机角度限位采用电信号限位与机械限位双重保险冗余设计。

5）对于导弹武器姿控发动机，也常采用两个电爆管引爆电爆阀，或者采用 2 套相互独立的非电传爆系统，电爆阀设计成双隔板起爆器的冗余电爆结构，提高传爆可靠性和电爆阀打开可靠性。

6）电磁阀、电动气阀插座采用双点双线冗余设计，避免因单点失效造成无法正常加电动作。控制电缆采用双点双线冗余设计，避免因单点失效造成无法正常传输控制指令。

7）对于关键密封部位，采用双冗余或三冗余提高产品密封可靠性和使用安全性。例如推力室控制阀主阀芯与推进剂接触的动密封结构均采用双道胶圈冗余设计，提高阀门密封可靠性；充气阀、加注泄出阀一般采用阀芯和堵头双道冗余密封，确保气体或推进剂贮存单元密封可靠性和使用安全性，有些甚至采用焊接技术作为第三道冗余设计；需要推进剂预包装贮存时，推进剂贮存单元加注口和通气口采用垫片和封焊堵帽双道冗余密封，有些甚至采用焊接技术作为第三道冗余设计，完全消除泄漏隐患。

（3）控制模块或测量模块冗余设计

随着总体要求的扩展和液体火箭发动机技术的日益发展，目前很多的控制模块或测量模块（如传感器等）也集成到液体火箭发动机中，这些控制或测量模块都属于电气系统，其可靠性对于保证液体火箭发动机的可靠工作具有相当重要的作用。对于电气系统，元器件是基础，首先必须选择高质量等级的元器件，但是仅靠提高元器件的可靠性实现控制模块和测量模块飞行要求的高可靠、高安全水平，会给元器件制造带来难以克服的困难或需要付出高昂的代价。在一定可靠性水平的元器件基础上，采用冗余技术是提高系统任务可靠性，获得高可靠性系统的有效设计措施。采用冗余设计虽然增加了系统复杂性，但与因故障造成运载火箭、长期在轨航天器和导弹武器飞行失败的损失相比是微不足道的。我国载人航天飞行任务取得圆满成功，进一步证明了火箭飞行控制系统"全冗余"化设计的正确性和有效性。设计师系统总结出飞行控制系统适应运载火箭简单、可靠、响应快和完全自主等特点的冗余设计的 5 个工程要素是：

1）选择合理可行的冗余结构；

2）确定正确有效的判别准则及门限；

3）构建简单可靠的系统重构方法；

4）完善的冗余可检测性设计；

5）全面的无共因故障设计。

所以，在液体火箭发动机控制模块或测量模块设计时，可以充分借鉴以上冗余设计经验，按照 5.3.2.2 节介绍的冗余设计方法，详细考虑并选择冗余方式和设计方案，以期达到提高液体火箭发动机控制可靠性，限于篇幅这里不再赘述。

5.3.3　容错设计

容错设计主要用于运载火箭、导弹武器和航天器控制系统，对于液体火箭发动机，部分系统也集成了相应的控制模块，并与总体一起开展容错设计。长征七号运载火箭所用液氧煤油发动机正在开展相关的故障诊断设计与分析工作，已经在地面试车过程中多次运用。星上推进系统一般都设计两组推力单元及相应的控制阀门，以利于故障状态下实现切换与系统重构，提高工作可靠性和安全性。

5.3.3.1　容错技术的内容

相比冗余设计，容错设计包含的内容更为广泛，它通过在产品设计中增加消除或控制故障（错误）影响的措施，实现提高产品任务可靠性和安全性的目的。容错技术包括的内容如图 5 - 13 所示。

根据故障的不同情况，一个复杂的容错系统从产品出错到恢复，通常需要经过下列几个步骤：

1）故障检测；

2）程序重复执行；

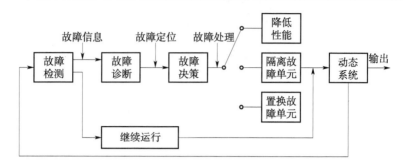

图 5-13　容错技术包含的内容

3）故障定位及诊断；

4）故障屏蔽/隔离，限制故障后果的扩散，以避免影响系统的其他部分；

5）系统重构/备份切换；

6）系统恢复；

7）重启动。

故障的检测与修复可以分成在线（联机）或离线（停机）两种；也可以根据修复后的系统性能有无变化而将容错系统分成性能降级及不降级两种容错系统。

5.3.3.2　容错设计流程

实施容错设计的前提是特定的故障是可识别的。这种识别特定故障的能力，可通过与可靠性分析及试验工作相结合来实现。容错设计也是一个迭代过程，其流程如图 5-14 所示。

5.3.3.3　自动重构容错系统

动态冗余与静态冗余的不同之处在于，动态冗余检出故障后，必须根据故障的情况进行系统重构。最简单的重构就是把失效模块从系统中切除，或是重新接入备用模块。在故障严重的情况下，则把剩下的无故障模块重新组成新的系统。

重构以检出故障为依据，检出故障的方法有多种，有在系统内部进行检测的，也有用特殊装置、软件、检错码等进行检测的。重

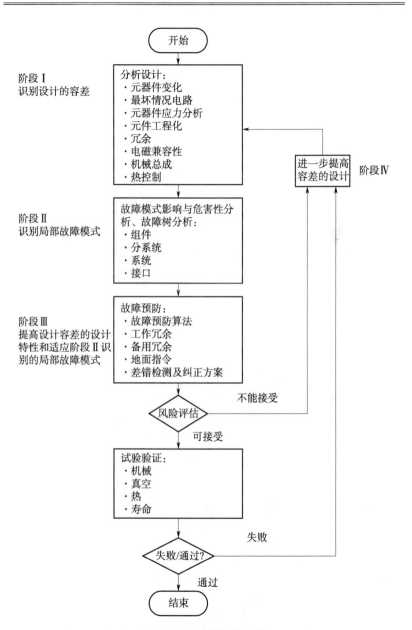

图 5 - 14　容错设计流程

构可以在系统工作过程中自动地进行，称为在线维修；也可以在停机后由维护人员进行，称为离线维修。在容错系统中必须使系统连续、不间歇地工作，因而只能在线检错或在线维修，这才可以提高系统的可靠性及可用性；而离线维修仅能提高系统的可用性。

由于动态系统中经常有一部分不加电工作的备件，因而其可用寿命比静态冗余长得多。如图5-15所示，备份切换冗余系统的可靠性最高，并行冗余系统次之，多数表决系统仅在短期内工作的可靠性比非冗余系统高。但是由于三重模块冗余（TMR）系统能实时快速地检出各种模式的错误，因而在许多实用系统中仍将其作为可重构系统的基础。而在双重结构的重构容错系统（如图5-16所示）中，它仅能利用两个单元的输出进行比较，只能检出不一致性的错误，因而还需要进一步诊断，决定哪一个模块有故障，这就需要附加的硬件或软件，或是增加诊断所需时间，因而其实时性或工作连续性较差。

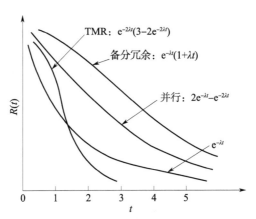

图5-15　冗余系统 $R(t)$ 随时间的变化

三个模块以上的表决方式（NMR）虽然在可靠性基础上比TMR有所提高，但是表决器复杂，且总的可靠性增益并不高，因而多采用以TMR为核心再加上备份，称为混合冗余或可重构的NMR系统。这时，表决器固定是3中取2的。另一种方法是表决器的判

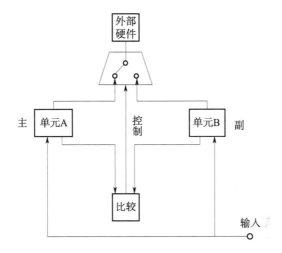

图 5-16　双重结构重构容错系统

决极限能随模块数而自行改变，这称为自适应表决法，TMR/单工及自清除冗余（self-purging redundancy）方式。现分别叙述如下。

（1）NMR 加备份

如果将多重模块冗余作为核心与 S 个备件的冗余系统结合在一起（NMR/S），当 NMR 核心中的一个部件发生故障时，就用其中一个备用件来替换它，使之恢复到正常工作状态。当所有备用部件用完后就成为一个 NMR 系统。这种冗余形式称为混合冗余。它的可靠性方程如下。

在 $N=3$ 时，$R_{\mathrm{TMR/S}} = 1 - (1-R)^{S+2}[1 + S(S+2)R]$。如果只有一个备份，那么 $S=1$，这时 $R_{\mathrm{TMR/1}} = 6R^2 - 8R^3 + 3R^4$。

可见当 $R > 0.17$ 时，$R_{\mathrm{TMR/1}} > R_{\mathrm{TMR}}$，可以证明：在 TMR/2 时，当 $R<0.62$ 时，可靠性比 NMR（$N=6$）时好。

（2）TMR/单工

TMR/单工系统是以 TMR 为基础的表决式系统，当其中一个模块有故障时可以切换到单工工作，这时其可靠性为

$$R_{\mathrm{TMR/单工}} = \frac{3}{2}R(1-R)^2$$

$$R_{TMR/1} - R_{TMR} = \frac{3}{2}R(1-R)^2 > 0$$

故此时 TMR/1 比 TMR 的可靠性好。在要求给定可靠性的情况下，TMR/1 系统工作时间比 TMR 系统延长 40% 以上，再加上另一台切除不工作的模拟件还可以作为单机的备件，因而其工作期限可以更长。

（3）自清除式冗余

自清除式冗余系统的原理如下：整个系统由 N 个模拟件、故障检测器、切换开关及阈值表决器构成；它不分备用和在用模拟，在正常工作时所有模件均参与表决。而当某一模拟件出现故障时，故障模拟件能自动地与阈值表决器断开。表决器是阈值逻辑，其阈值为 M，系统框图如图 5-17 所示。

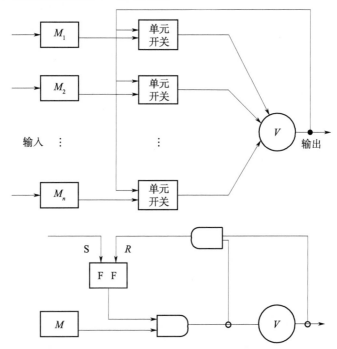

图 5-17　自清除式冗余框图

S—单个模拟件；K—单元开关；R—单个模拟件的可靠度

图 5 - 17 中，单元开关所完成的功能：一是将模件的输出与系统输出进行比较以确定是否出现故障；二是在出现故障时，使故障模件的输出为 0。因而也要求模件不要产生错误为 1 的故障，这里阈值 M 选定为 1。反之，如果经常出现错误为 0 的故障，则 M 可选为 $N-1$。这时单元开关可以很简单地用一个触发器及两个门实现。由于每个模拟件独立使用一个单元开关，它发生故障时就会自动使之与系统断开。

在以上这些系统中，故障检测器、切换开关及表决器的可靠性是很重要的，因而许多设计人员都设法去设计可靠的硬件以达到整机的可靠性。

5.4　降额设计

5.4.1　概述

降额是一种通过将加在元器件（或零部件）上的电气、热和机械应力限制在低于规定的或已证实的能力水平来提高可靠性的常用方法。液体火箭发动机大部分为机械产品，其中也使用了一定数量的电磁阀、电动气阀、自锁阀和电缆。另外，随着总体设计要求的扩展和液体火箭发动机技术的日益发展，很多的控制模块或测量模块（如传感器等）也集成到了液体火箭发动机中，其中也使用了大量的元器件。随着对电子和机电元器件降额需求的认识日益提高，国外许多生产厂家及军方制定了各种降额指南。本节参考国内外有关资料并根据任务关键性建立了液体火箭发动机元器件和机械零部件降额等级和设计应用方法。

5.4.2　降额的一般要求

5.4.2.1　概念介绍

1）降额：元器件以承受低于额定值的应力方式使用。

2）额定值：对于某一具体参数而言，额定值是设计的元器件所能承受的最大值（应力）。额定值通常用来描述那些随着应力增加，故障率也增加的应力，如温度、功率、电压或电流。

3）应力：施加在元器件上并能影响故障率的电气、机械或环境力。

4）应力比：工作应力除以最大额定应力。

5）应用：元器件使用的方法。该方法通常直接影响预计的故障率。应用因子包括元器件工作环境的所有电气、机械及环境特性。关键应用因子是对故障率有严重影响的元器件的一种具体特性。

对许多元器件类型来讲，最低降额点和过降额点之间有一个可接受的降额等级范围。所谓最佳降额点是指应力增加一点就将引起故障率迅速增长的应力点。一般来讲，降额分为下面三个等级。

（1）Ⅰ级降额

Ⅰ级降额用于那些其故障将严重危及人身安全或任务完成，或者不可修复或经济上证明修理是不合算的设备。Ⅰ级降额是最大降额。当低于该降额应力水平时，可靠性随应力减小而提高的幅度很小，并且在该降额应力水平进一步降额时，可能会产生不可接受的设计难度。该级降额可用于最关键的设备。

（2）Ⅱ级降额

Ⅱ级降额用于那些其故障将使任务降级或导致不合理修理费用的设备。Ⅱ级降额被认为仍处于当应力减小时将使可靠性迅速提高的范围之内。然而，由于在该级允许应力降低，使得实现设计比在第Ⅲ级更困难。

（3）Ⅲ级降额

用于比Ⅰ级和Ⅱ级关键性低的设备，即其故障不危及任务的完成或能迅速和低成本修理的设备。Ⅲ级降额中由于应力水平降低所产生的设计困难最小，而可靠性增长率最大。随着接近绝对最大额定值，由于应力的影响迅速增长，可靠性大大提高。

5.4.2.2　降额技术

降额技术的使用可以有效地提高元器件和设备的可靠性，降低其失效率，降额技术之所以有效是因为大部分元器件的失效率随所加应力（在额度范围内）的降低而降低。从图 5-18 可以看出，所施加的温度和应力越高，元器件的失效率也越高。

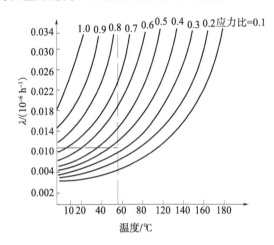

图 5-18　NPN 硅晶体管基本失效率与电应力、温度的关系

应力比＝工作应力/额定压力

实践证明，大部分元器件的失效率模型取决于电应力和温度。因此，降额也主要是控制这两类应力造成的失效。元器件降额方法和降额程度随元器件的种类而异，既要满足设备（系统）的可靠性要求，同时要考虑质量、体积、成本等因素。

在进行降额设计时主要考虑三个问题：一是降额从怎样的温度、电应力值开始；二是降额多少合适；三是降额效果。

（1）降额曲线

一般元器件规范中都附有温度、电应力平面的降额曲线。对于不同类型的元器件，电应力可以是电压、电流或功率等。降额设计技术的第一步是使用降额曲线。图 5-19 是一条典型降额曲线，曲线内的区域为允许工作区。可以看出，曲线本身由两部分组成。与横轴平行的 AB 段表示当工作环境温度低于 T_S 时，器件可满载使用。BC 段表示温度高于 T_S 后需要遵循的降额率。温度达到 T_{max} 后，由于管芯已达最高结温，所以允许负荷的值只能为零。

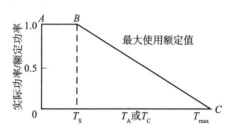

图 5 - 19　半导体器件典型降额曲线 I

T_S—温度降额点（通常为 25 ℃）；T_A—周围温度；T_C—管壳温度；T_{max}—最高结温

曲线 ABC 表示要保证元器件正常工作所允许的最大电应力与环境温度之间的函数关系。要讨论旨在提高设备可靠性的降额，就必须是在曲线 ABC 内的区域，可将曲线 ABC 作为降额开始的基准线。

（2）降额图

一般用降额图来表示元器件可取的降额值范围。图 5 - 20 是一典型的元器件降额图。图中分以下三个区域。

R：禁用区域——在这一区域内，若元器件应力超过其额定值，则不能使用。此处的区域界线就是上面所说的降额曲线。

Q：有问题区域——在这一区域内，元器件在其额定值内工作，但不能获得足够的可靠性值。若在该区域内长期使用，元器件可靠性降低。进行电路设计时，尽量不要选用该区域。实在避不开该区域时，设计者应十分谨慎，应与可靠性或元器件技术人员磋商，并在设计文件中加以说明。

A：合格使用区——可靠性与费用之比为最佳的区域，可提供最佳安全系数。元器件在这一区域内使用，预计不会产生可靠性退化。

应力比 S（或称应力等级，为实际功率和额定功率之比）和温度 T 是利用降额技术进行电子设备可靠性设计时，需要重点考虑的因

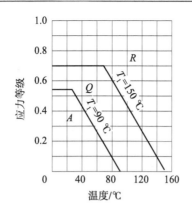

图 5 - 20 半导体器件典型降额曲线 Ⅱ

素，在一定温度下 S 值取大了不合适，但 S 值过低也会产生一些其他问题。对于不同类型的元器件，其降额图不一样，所应选取的 T 和 S 的工作范围也不一样。美国电子设备办公室给出了各种元器件的降额图，可参照《可靠性与维修性工程》一书，并经过分析提出了一定温度下可选用的 S 的最佳工作范围。

（3）降额效果

电子元器件失效，常常是由于元器件表面和内部的物理、化学变化（如氧化、硫化、电解、蒸发、疲劳等）所引起的。这些变化发展到一定的程度就会造成元器件失效。各种应力因子的大小决定着化学反应速率。对失效率影响最大的是温度应力。阿累尼乌斯方程表达了失效与温度的关系。由此方程可得出，在物理化学反应下产品的寿命 t 和温度的关系为

$$\ln t = A + B/T$$

式中　B——正数，对不同元器件是个定值。

由此可以得出，元器件失效时间（寿命）t 的对数与绝对温度 T 的倒数成正比。

设某元器件在基准温度 T_1 下的寿命为 t_1，在温度 T 下的寿命为 t ，则有

$$t/t_1 = \exp\left[B\left(\frac{1}{T} - \frac{1}{T_1}\right)\right]$$

式中，当 $T > T_1$ 时，$t < t_1$，则为加速寿命试验的原理；当 $T < T_1$ 时，$t > t_1$，则为降额使用的原理，使寿命延长。

对于温度以外的其他应力 S，存在"α 次幂法则"，即

$$t/t_1 = (S/S_1)^a$$

设 S_1 为基准应力，相应寿命为 t_1；S 为任意应力，相应寿命为 t，则有

$$t/t_1 = (S/S_1)^a \times \exp\left[B\left(\frac{1}{T} - \frac{1}{T_1}\right)\right]$$

由此即可算出降额效果。对于电子元器件，温度相差 10 ℃，其寿命可相差 1/2～1/1.5 倍。

（4）降额的限度和局限性

元器件的降额使用并不是降额越多越好，因为降额元器件电负荷过多，将会增加设备的体积和质量及成本；同时，并不是任何情况下都能有效，这是因为：

1）当可靠性已达要求时，再用降额来继续提高可靠性就多余了。同一设备中的各种元器件可靠性水平要协调。对其中某些元器件大幅度降额，使其可靠性远高于其他元器件，这种降额是不必要的。

2）单纯用降额来提高可靠性的能力是有限的。从图 5-20 可以看出，无论是温度应力还是电应力，降额到一定程度后，失效率的变化就不明显。这时，即使再大幅度地降额，其失效率也只有微小下降。

3）对于有些元器件来说，过度的降额反而有害。如果大功率晶体管在小电流下工作，将大大降低放大系数且参数稳定性也将下降。对于电解电容和实心电阻，经常让其通过一定的电流要比自然存放或只通过微弱电流好。有的元器件降额容易产生低电平失效。

4）电应力的降额比较容易做到，对温度应力的控制主要靠改进热设计。

5）采用降额技术来提高可靠性，还要讲效益，即降额程度的取值需综合考虑可靠性指标要求及质量、体积、成本的限制。如果单

靠降额来提高可靠性而综合效益不高时，就应采取改进设计、提高元器件强度等手段来提高可靠性。

5.4.2.3 降额等级的选择

5.4.2.1 节所建议的降额等级仅供作为参考，不应作为绝对标准。降额常常表现为体积、质量、费用和故障率之间的一种权衡。降额量增大将增加体积、质量和费用，并且也将增加设计难度。对较关键的应用，采用Ⅰ级降额是必要的，但对不太关键的应用，降额量太大可能是不合算的。另外，如果降额量太大（过降额），还可能导致现有元器件不能执行其功能。

对绝大多数应用来讲，降额等级的选择应以实际情况为基础，并要与有关规定相一致，同时考虑可靠性、系统修理、安全性、体积和质量、寿命周期费用等五方面的因素，通过综合评分来决定最终降额的等级。表 5-5 针对这五个方面，给出了基本分值，对于某一具体应用，将五项得分值相加，分数在 11～15 分的采用Ⅰ级降额，在 7～10 分的采用Ⅱ级降额，低于 6 分的采用Ⅲ级降额。实际使用中，设计人员也可根据具体情况适当地调整。

表 5-5 降额等级评分标准

考虑因素	项 目	分值
可靠性	1) 设计经过证实，且利用标准元器件和（或）电路就可实现	1 分
	2) 可靠性要求较高，且需要特殊的设计技术	2 分
	3) 新设计、新方案	3 分
系统修理	1) 易于接近，且可以快速、低成本地修理	1 分
	2) 维修费用很高，难于接近；要求高技术水平的维修人员；不允许停机时间过长	2 分
	3) 不能接近进行修理，或从经济上修理不合算	3 分
安全性	1) 对常规安全性大纲来讲，没有预期的问题	1 分
	2) 系统或设备损坏费用较高	2 分
	3) 危及人身安全	3 分
体积、质量	1) 无重大的设计限制，符合标准情况	1 分
	2) 需要特殊设计技术，要求难以实现	2 分
	3) 需要新方案，且有严格的设计限制	3 分
寿命周期费用	1) 可低成本地修理，无特殊的元器件费用要求	1 分
	2) 修理费用较高，或备件费用较高	2 分
	3) 可能要求完全更换的系统	3 分

通常，对所列使用环境，应用表 5 - 6 所示的等级划分标准。

表 5 - 6　根据使用环境进行等级划分

环境	地面	飞行	空间	导弹发射
等级	Ⅲ	Ⅱ	Ⅰ	Ⅰ

5.4.2.4　元器件的质量等级

降额不能补偿由于使用质量差（与满足使用可靠性要求所必需的质量相比）的元器件所造成的缺陷。元器件质量水平对预计的故障率有直接影响。因此，在要求高可靠性的情况下，除应用适当的降额等级外，还应使用已全部进行测试和筛选（包括老炼）过的元器件。

5.4.3　降额的具体要求

元器件所选择的降额等级是在对用户所有的大量历史数据进行分析或者工程判断以及充分了解应力和可靠性关系的基础上确定的。通常降额可通过与提高可靠性相一致的设计约束达到。元器件的类型非常多，对于液体火箭发动机，常用的元器件主要是电连接器、导线和电缆，所以本章主要就液体火箭发动机电连接器、导线和电缆的降额以及机械零部件的降额具体要求进行说明，其他需要进行降额设计的元器件可参考 GJB/Z 35 — 93《元器件降额准则》，在此不再赘述。

5.4.3.1　电连接器

对于液体火箭发动机，电连接器是用于传输控制系统指令的电缆的重要部件。影响电连接器故障率的主要因素是接插件材料、触点电流、有源触点数、插拔次数及所处的工作环境。电连接器的额定值取决于接插件材料的温度。该温度是由于工作环境温度和通过触点的电流引起的温升造成的。

（1）降额设计方法

1）当一个连接器中的有效插针数等于或多于 100 时，用 2 个连接器（插针总数与单个连接器相同）将提高连接器的可靠性。

2）使用额定值为 125 ℃ 的接插件与使用额定值为 200 ℃ 的接插件相比，后者将平均降低基本故障率 80%（如图 5 - 21 所示）。

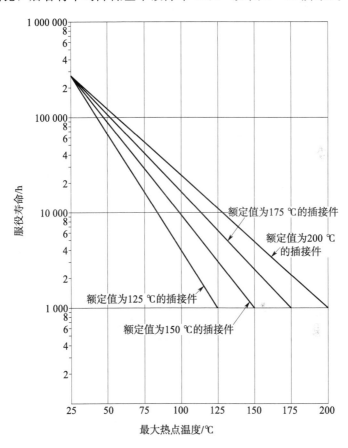

图 5 - 21　使用寿命与热点温度图

3）在对插针变弯曲故障敏感的设计中应考虑使用防弯电连接器。

4）为了提高电流容量而在连接器中采用并联插针时，对于每个针（假设各针电流相等）至少应比为满足 50% 降额所要求的多 25% 的余量。由于接触电阻的变化，试验电流不能平均分配。例如，在

50％降额状态下，将要求 5 个 1 A 的插针来传导 2 A 的电流。

（2）降额原则

电压、电流及温度是电连接器降额设计的应力参数。表 5 - 7 中给出了建议的每一级降额。另外，当在高空应用时（如图 5 - 22 所示），必须对施加电压降额。表 5 - 7 中和图 5 - 22 中的电压不是叠加的，应使用两个电压中的较小者。

表 5 - 7　建议的电连接器降额

参数	Ⅰ级	Ⅱ级	Ⅲ级
最大工作电压（直流或交流）	介质耐压额定值的 50％	介质耐压额定值的 70％	介质耐压额定值的 80％
最大工作电流	额定电流的 50％	额定电流的 70％	额定电流的 85％
最大插接温度（环境温度＋发热因素）[①]	插接件最大额定温度 － 50 ℃	插接件最大额定温度 － 25 ℃	插接件最大额定温度 － 20 ℃

①环境温度指电连接器工作所处的温度，发热因素指由于通过插针输电引起的温升。

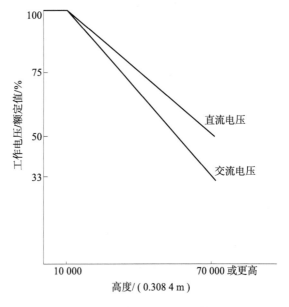

图 5 - 22　高空下的电压降额

5.4.3.2　导线与电缆

导线和电缆一般可分为三种类型：同轴（射频）电缆、多股电缆和电缆与导线的互连。影响导线与电缆可靠性的主要因素是导线间的绝缘和电流所引起的温升。导线与电缆降额的主要参数是应用电压和应用电流。电缆的一般选择原则是有关的军标和经批准的军用规范中规定的型式，当有必要采用非标准电缆时，应根据零件控制大纲的程序向有关部门申请批准。

（1）降额设计方法

①同轴（射频）电缆

在设计中应用同轴电缆时，对于关键的射频电路，除了要考虑驻波比和容量等电特性外，还应考虑环境要求、引线长度和接地等因素。

②多股电缆

1）实心电缆或绞合电缆——只要在具体的导线或电缆规范规定的限制范围内，既可采用实心导线，也可采用绞合导线。不过，航天领域一般都采用绞合导线。

2）尺寸——导线的截面尺寸、韧度和挠性应能提供足够和安全的电流负载能力和强度。一般情况下，不宜选用过细的导线。通常，电线尺寸不应小于 22 号。在不影响性能而且能满足使用要求的条件下，可以采用较细的导线。特别是在导线数量较多并采取了适当防振措施的情况下，可以采用较细的导线。为便于在电线互连时进行焊接，必要时也可以采用尺寸较小的导线。

3）聚氯乙烯绝缘——利用聚氯乙烯绝缘的电缆不得用于机载环境。

③电缆和导线的互连

1）电连接的安排和接线应使引线不端接在插针或其他外露点上，因为这些插针和外露触点也许会偶然发生短路或引起其他接触。

2）携带脉冲或射频信号的所有互连电缆应当采用同轴电缆或波导，并在可能时应按照传输媒介的特性阻抗予以端接，除非这一要求与详细规范要求发生矛盾。

3）所有明线的电力和控制电缆应以特定应用场合实际可行的最低阻抗进行端接。

4）屏蔽电缆的屏蔽应当与至少在电路中的一点上的接地引线连接。

5）为减轻质量，应考虑采用铝制导线和电缆。然而，它们的安装应获得采购机构的批准。

6）装置之间互连用的挠性或半刚性同轴电缆的选择应符合适用的同轴电缆要求。

7）不得将聚氯乙烯绝缘的电缆或导线用于机载环境。

（2）降额原则

导线与电缆的电流降额与其单根导线截面积、绝缘层的额定温度和线缆捆扎导线数有关。导线与电缆电流的降额准则如表 5‐8 所示。

表 5‐8　导线与电缆的电流降额准则

降额参数		降额等级												
		Ⅰ				Ⅱ			Ⅲ					
最大应用电压		最大绝缘电压规定值的 50%												
最大应用电流	美国导线线规（AWG）	30	28	26	24	22	20	18	16	14	12	10	8	6	4
	单根导线电流 I_{sw}/A	1.3	1.8	2.5	3.3	4.5	6.5	9.2	13.0	17.0	23.0	33.0	44.0	60.0	81.0

当导线成束时，每一根导线设计最大电流按式（5‐12）或式（5‐13）降额

$$I_{bw} = I_{sw} \times (29 - N)/28 \quad (1 < N \leqslant 15) \qquad (5\text{-}12)$$

$$I_{bw} = \frac{1}{2} I_{sw} \quad (N > 15) \qquad (5\text{-}13)$$

式中　I_{bw} ——一束导线中每根导线的最大电流（A）；

　　　 I_{sw} ——单独一根导线的最大电流（A）；

　　　 N ——一束导线的导线数。

表 5‐8 所示的降额准则仅适用于绝缘导线的额定温度为 200 ℃ 的情况，对绝缘导线额定温度为 150 ℃，135 ℃，105 ℃的情况，应在表 5‐8 所示降额值的基础上再分别降额 0.8 A，0.7 A，0.5 A。

5.4.3.3　机械零部件

进行机械和结构设计的典型方法是使每一个零件都具有足够的强度，以承受最恶劣的应力。有效的设计方法可以为从可靠性角度评价备选结构创造条件。因为故障并不总是与时间有关，所以需要运用应力和强度相干理论和定量确定设计可靠性的手段，传统上惯用的安全系数和安全余量的方法已不再适用。实际上，机械零部件降额设计就是裕度设计，裕度设计方法将在 5.5 节中予以详细说明，这里仅从降额角度进行简要说明。

（1）降额设计方法

在设计中应力强度的概念为：不能把负载或应力以及承受这些应力的具体产品的强度确定为某个具体值，但可给出数据范围以及每个值在该范围内出现的概率。数值（变量）范围可以用产品的适当的统计分布来描述。在强度或应力设计时应当了解这些分布。在确定了这种强度和应力的分布之后，就可以利用概率统计方法来定量地计算设计可靠性值，其中包括置信限值。

为了阐明与可靠性有关的应力和强度分布概念，假定已对给定的制造件进行了大量的强度试验，并且每次试验都持续到出现故障为止。这样就可确定在某一强度值（或数值范围）时的故障数和此强度值之间的关系（概率分布）。图 5 - 23 所示为用这些结果所绘制的频率分布。假如已确切知道这种关系，就能预测随机提取的样本在某一应力值 S' 时的故障概率。在可能的试验中必定有一部分的强度等于或小于应力 S'。同样，假如做了大量的试验，并且记录了每次试验的应力，那么就能够确定应力的对应频率与该应力之间的关系。这种关系如图 5 - 23 （b）所示。假如已确切知道这种关系，就能预测在任一随机提取的试验中一定超过强度 F' 的概率。在有些试验中必定有一部分应力超过了强度 F'。在这两种分布都是确定的情况下，就可以把不可靠性确定为应力大于强度的概率。只要两种概率分布函数的形式或形状都是已知的，那么就可以通过数值积分或概率统计方法（如蒙特卡罗法），以分析法或图像法来确定不可靠

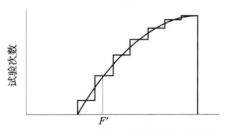

（a）应力-强度分布下试验次数与强度的关系

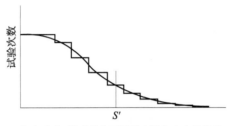

（b）应力-强度分布下试验次数与应力的关系

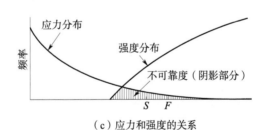

（c）应力和强度的关系

图 5 - 23 应力-强度分布以及设计的不可靠性

性。将图 5 - 23（a）和图 5 - 23（b）结合，以便用阴影区显示不可靠范围，如图 5 - 23（c）所示，在该范围内应力大于强度。

进行应力-强度分析的目的是为了提高设计可靠性。也就是为了找出应力和强度的最佳配合，这种最佳配合会得到可以接受的成功概率，并且在诸如质量、成本和材料可用性等其他约束条件方面也有利于竞争。

（2）降额原则

机械零部件降额设计时可以利用下列四种基本方法来提高机械产品的可靠性：

1）提高平均强度——如果能够接受尺寸和质量的增加或者可得到强度更高的材料，这种方法是相当好的。

2）降低平均应力——有时可以降低加在部件上的平均应力，而对其能力的影响不大。

3）减小应力变化——通常应力的变化是很难控制的。然而，通过对使用条件加以限制，应力分布能够有效地截尾。

4）减小强度变化——降低零件固有强度变化的方法是：改进基本的加工过程，在整个加工过程中进行严格的控制或者通过试验来剔除不太理想的零件。

5.5　裕度设计

5.5.1　概述

可靠性就是产品寿命超过任务时间或强度超过应力的概率，超过程度和概率越大，可靠性就越高。因此，从某种意义上讲，可靠性设计实际上就是设计裕度的度量，如何在质量、体积、费用等约束条件限制下，确定合理的裕度，就是裕度设计的任务。

目前常用的裕度设计思路与方法是传统的安全系数设计法，但从国内外航空航天领域可靠性设计技术发展来看，应力-强度干涉理论正逐渐得到应用和扩展。

5.5.2　安全系数设计

传统的安全系数是人们在对应力和强度两方面未作深入分析的情况下，为了得到可靠的产品而引入的一个设计系数。安全系数不是通过理论分析得到的，而是从长期的工程经验中得来的，是一个经验系数。

具体的安全系数可以有各种不同的定义，如：

1）平均强度/平均应力；

2）最小强度/最大应力。

随着设计要求和失效标准的不同，上述第二种定义还可以有不同的具体形式。如果以材料的塑性或脆性破坏为失效标准，则可表示为设计载荷/使用载荷，或极限载荷/工作载荷，或强度极限/工作应力等。如果以丧失弹性为失效标准，则安全系数的定义为屈服极限/工作应力。在其他情况下，还可以有不同的定义。例如在承受交变应力的情况下，以疲劳为失效判据，可能以相对应于疲劳极限的振幅或振动时间与允许的振幅或振动时间之比为安全系数等。

传统的安全系数设计法强调许用应力大于工作应力，而许用应力一般由材料的屈服极限与许用安全系数的比值决定。许用安全系数根据零件的重要性、材料性能数据的准确性及计算的精确性来选取。许用安全系数的选取一般具有人为因素，选取结果因人而异。传统的安全系数设计法没有考虑零件强度和应力的离散性，把安全系数、强度、应力等参数都简单地视为常量，没有分析参数的随机变化特性，这与客观情况不符。在传统的安全系数设计中，为了追求安全可靠，设法选用优质材料并加大零件截面尺寸，这么做事实上存在一定的盲目性，会造成不必要的浪费。依据传统的安全系数设计法进行设计，最终只能回答该结构具有多大的安全系数，而回答不了该结构具有多大的可靠性。从可靠性的角度看，传统安全系数偏大或偏小的可能性都存在。

表 5-9 中列举了 11 组（应力强度都为正态分布）与不同的均值方差对应的安全系数及可靠性。可见在同样的安全系数下，结构可靠性可能相差很大。例如表中前 8 个例子，安全系数都是 2.5，但可靠性范围却从 0.662 8 一直到 1，第 9 个例子安全系数是 5，可靠性为 0.973 8，第 10 个例子安全系数是 1.25，可靠性却是 0.999 1。

表 5 - 9　安全系数与可靠性

序号	强度均值 μ_S	应力均值 μ_L	强度标准差 σ_S	应力标准差 σ_L	安全系数 μ_S/μ_L	可靠性 R
1	500	200	20	25	2.5	约 1.0
2	500	200	80	30	2.5	0.999 7
3	500	200	100	30	2.5	0.997 9
4	500	200	80	75	2.5	0.996 5
5	500	200	120	60	2.5	0.987
6	250	100	20	25	2.5	0.964
7	250	100	10	15	2.5	0.916 6
8	250	100	250	255	2.5	0.662 8
9	500	100	200	50	5.0	0.973 8
10	500	400	20	25	1.25	0.999 1
11	500	100	50	50	5.0	约 1.0

注：表中安全系数的定义是强度均值与载荷均值之比。

产品设计时，如果仍然沿用传统的安全系数设计方法，可以参照相应的产品设计规范选取合适的安全系数进行设计即可，这里不再赘述。本节重点介绍应力-强度裕度概率设计方法。

5.5.3　应力-强度干涉理论

安全系数设计法的上述缺点可以从应力与强度的概率分布特性进行分析。图 5 - 24 和图 5 - 25 表示两种可能的概率分布情况，图中 L 表示应力，S 表示强度，$f(L)$ 和 $f(S)$ 分别表示应力和强度的概率密度函数。

图 5 - 24 表示载荷与强度的离散度都很小。从图 5 - 24 可以看到，所谓最小强度实际上是一定概率的强度下限值；所谓最大应力则是一定概率的应力上限值。如果概率分布大致如图 5 - 24 所示，那么在此情况下，以最小强度与最大应力之比为定义的安全系数如果偏大，结构就可能过重。

图 5 - 25 表示另外一种情况，即应力与强度的散布度很宽。二

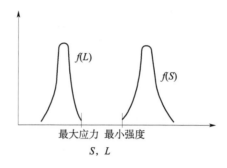

图 5-24　应力与强度分布示意

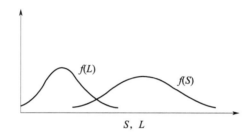

图 5-25　应力与强度分布示意

者的均值虽然相距仍远，实际上应力大于强度的概率已相当大。如仍以某种最小强度与最大应力之比为安全系数，已保证不了安全。这就是说，最小强度和最大应力本身数值的确定存在问题，如果试验数据再多一点就可能发现更小的强度和更大的应力。换一个方法，以平均强度和平均应力之比为安全系数，如果这个安全系数不够大，也保证不了所希望的可靠性。

　　应力与强度两条概率密度曲线相交，表示应力大于强度这个事件出现的概率。图 5-26 中的阴影部分的面积在一定程度上定性地反映了这个概率（不成比例），即结构破坏事件出现的概率。若应力与强度均值不变，但散布减小，则阴影面积减小，即可靠性增加（如图 5-27 所示）。另一方面，如果二者散布度（标准偏差）不变，但均值距离加大，则阴影面积也减小（如图 5-28 所示），可靠性增加。由此可见，可靠性同应力与强度的均值和散布度有关。

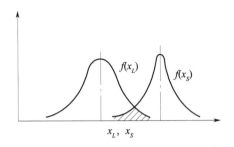

图 5 - 26　应力与强度概率密度曲线分布图Ⅰ

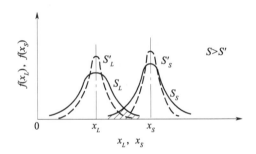

图 5 - 27　应力与强度概率密度曲线分布图Ⅱ

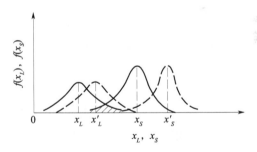

图 5 - 28　应力与强度概率密度曲线分布图Ⅲ

　　应力-强度干涉理论以应力-强度干涉模型为基础，揭示构件因随机因素产生一定故障概率的原因和构件强度裕度概率设计的本质。

　　如前所述，假定构件的应力与强度均服从某已知分布，并假定二者取同一量纲，则它们的概率密度分布函数可以用图 5 - 29 和图 5 - 30 表示。

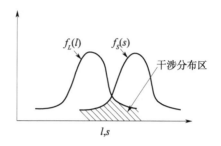

图 5-29　应力-强度干涉模型

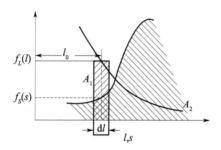

图 5-30　干涉分布区局部放大图

图 5-29 和图 5-30 中，$f_L(l)$ 是作用在构件上的应力分布密度函数，$f_S(s)$ 是构件材料强度的分布密度函数。通常，构件强度高于构件的工作应力（强度 S 的分布曲线位于应力 L 分布曲线的右侧）。但由于强度 S、应力 L 的随机散布，使得二者的分布曲线可能发生相交。这个相交区域如图 5-29 中阴影部分所示，称为干涉区。在此区域内，有可能发生强度 S 小于应力 L 的情况，并由此产生构件功能失效。

利用应力-强度干涉模型，可以求解构件的可靠度（或失效概率）。根据工程知识，只要构件具有的强度 S 大于作用于其上的应力 L，则该构件的工作就是可靠的。因此构件的可靠度 R 可表示为

$$R = P(S > L) = P(S - L > 0) \qquad (5-14)$$

式中　L——具有分布密度 $f_L(l)$ 的构件应力；

　　　S——具有分布密度 $f_S(s)$ 的构件强度。

由图 5 - 30 可见，干涉区域内某一应力 l_0 处于微小区间 $\mathrm{d}l$ 内的概率相当于图 5 - 30 中面积 A_1，即

$$P\left(l_0 - \frac{\mathrm{d}l}{2} \leqslant L \leqslant l_0 + \frac{\mathrm{d}l}{2}\right) = f_L(l)\mathrm{d}l$$

那么强度 S 大于应力 l_0 的概率可表示为

$$P(S > l_0) = \int_l^\infty f_S(s)\mathrm{d}s$$

假定（$S > l_0$）与 $l_0 - \dfrac{\mathrm{d}l}{2} \leqslant L \leqslant l_0 + \dfrac{\mathrm{d}l}{2}$ 为二个相互独立的随机事件，则两者同时发生的概率应为

$$\mathrm{d}R = f_L(l_0)\mathrm{d}l \cdot \int_{l_0}^\infty f_S(s)\mathrm{d}s$$

式中　　l_0——应力区间内的任意值，若考虑整个应力区间内强度大于应力的概率（即可靠性）。

则得

$$R = P(S > L) = \int_{-\infty}^{+\infty} f_L(l)\left[\int_l^\infty f_S(s)\mathrm{d}s\right]\mathrm{d}l \qquad (5 - 15)$$

若将构件可靠性视为应力 L 小于强度 S 的事件概率，参照上述推导过程，则可得可靠性的另一表达式

$$R = P(L < S) = \int_{-\infty}^{+\infty} f_S(s)\left[\int_{-\infty}^s f_L(l)\mathrm{d}l\right]\mathrm{d}s \qquad (5 - 16)$$

式（5 - 15）和式（5 - 16）为计算可靠性的一般表达式，当构件应力 L、强度 S 的分布函数已知后，即可求得可靠性。

5.5.4　概率裕度设计流程

对于典型的应力-强度型产品而言，裕度就是指强度裕度。根据应力-强度干涉理论，可以导出应力与强度的联结方程，由此可以求解产品结构可靠性或进行满足给定可靠性要求条件下的强度裕度设计。为了将这种设计思路与方法推广到其他类产品上去，需要将传统的应力与强度概念加以扩展。传统的应力仅指机械应力，而扩展的应力含义为：凡是引起产品失效的因素都可视为应力，于是应力

就可以是包括温度应力、电应力、密封应力、变形量等各种引起失效的特征量；传统的强度仅指承载能力，而扩展后的强度含义为：凡是阻止产品失效的因素都可视为强度，于是强度就可以是包括耐热强度、耐电强度、密封力、刚度等各种阻止失效的特征量。按照这样的新概念，裕度就不仅是强度裕度，对于机构，可以指动作裕度；对于密封装置，可以指密封裕度；对于防热结构，可以指防热裕度；对于火工装置，可以指装药裕度与传爆间隙裕度等。这样，裕度设计方法可以推广到各类产品的具体结构设计问题上。因此，裕度不仅是强度裕度、寿命裕度，还包括功能裕度、动作裕度、密封裕度、防热裕度等。裕度设计可以通过提高强度来实现，相反也可以通过降低应力（即降额）来实现。

　　特征量裕度设计的方法是指特征量设计参数值相对于特征量临界值的裕度设计。特征量裕度设计的一般步骤或流程如图 5-31 所示。针对不同的航天产品，所涉及的具体内容也会有所不同。

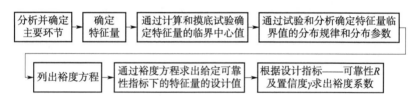

图 5-31　特征量裕度设计流程

　　产品通常由多个环节组成，产品在实现其功能时，一般取决于其中的几个主要环节，所以，进行裕度设计时首先需要分析产品的主要环节。一旦确定了主要环节，就要找出与各主要环节对应的特征量，特征量决定着对应环节的功能实现。然后需要通过摸底试验来确定特征量的临界中心值，在此基础上进行裕度设计。由于制造误差以及不同生产批次之间的散差是客观存在的，所以不同生产批次产品的特征量的临界中心值也有所不同，遵循着一定的分布规律。为了获得特征量临界值的分布规律，还需要进行试验。在对试验数据进行分析处理，剔除无效数据后，对 n 组有效试验数据进行分布检验，从而确定特征量临界值的分布规律和分布参数。一旦获得了上述数据，则依据图 5 - 31 的最后三步就可求出给定可靠性指标下的特征量设计值。

这里需要强调的是：

1）裕度是特征量设计参数值相对于特征量临界值的裕度。

2）裕度设计考虑了可靠性指标，将可靠性指标与裕度系数及特征量的设计值建立了定量关系，根据产品的可靠性指标就可获得裕度系数，通过裕度方程就可求出给定可靠性下的特征量设计值。

3）概率裕度设计与传统的安全系数法设计不同。概率裕度设计中的裕度系数考虑了特征量（随机变量）的概率分布规律，依据可靠性指标和试验样本量等确定，更为客观，更为经济。而且裕度系数与可靠性之间有着定量关系。

在如图 5 - 31 所示的裕度设计流程中，特征量临界中心值的摸底试验是一个重要的步骤。摸底试验尽管有多种方法，但 0.618 法（黄金分割法）更易于操作，较为常用，其基本流程如图 5 - 32 所示。

图 5 - 32 中，区间 $[a, b]$ 是特征量的取值范围。成败型试验次数 N 由设计人员根据具体情况确定，例如可以取 $N=6$。

在获得了特征量临界中心值之后，还需进行特征量临界值分布规律的摸底试验。在进行特征量临界值分布规律的摸底试验过程中，会产生多组试验数据。但是有些数据不能反映临界状态，故应当予以剔除。剔除奇异数据后，剩下的 n 组有效试验数据是 x_i （$i=1$，2，$\cdots$，n），即有效观测值样本量为 n，对应的有效观测值为 x_i （$i=1$，2，$\cdots$，n）。对这 n 组有效特征量临界值按照国家标准 GB/T 4882 — 2001 的方法进行正态检验。如果特征量临界值的分布规律经检验符合正态分布，则可按照下面的式子计算出临界值样本均值 $\bar{x}$ 和样本标准差 S

$$\bar{x} = \frac{1}{n} \sum_{i=1}^{n} x_i \tag{5-17}$$

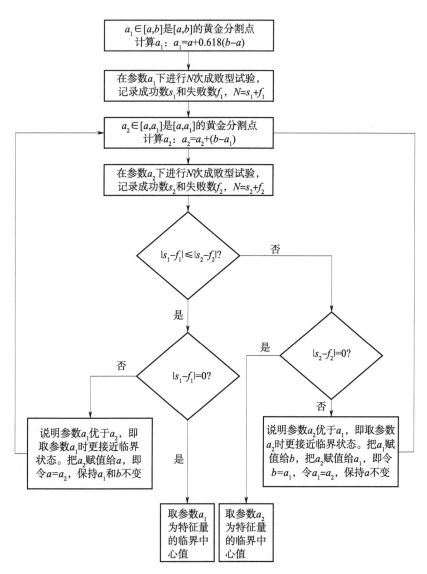

图 5-32　0.618法确定特征量临界中心值的流程

$$S = \sqrt{\frac{\sum\limits_{i=1}^{n}(x_i - \bar{x})^2}{n-1}} \qquad (5-18)$$

特征量的设计值 X_0 可以用临界值总体均值 μ 和临界值总体标准差 σ 及相应于可靠度 R 的正态分布分位数 K_R 来表示，即

$$X_0 = \mu + K_R\sigma \text{（适用于特征量设计值越大越好的情况）} (5-19)$$

$$X_0 = \mu - K_R\sigma \text{（适用于特征量设计值越小越好的情况）} (5-20)$$

式中，μ 和 σ 是未知的，若用 $\bar{x}$ 和 S 分别代替 μ 和 σ，需要找到一个裕度系数 K，使得下面的式子成立

$$P[(\bar{x} + KS) \geqslant (\mu + K_R\sigma)] = \gamma \qquad (5-21)$$

$$P[(\bar{x} - KS) \leqslant (\mu - K_R\sigma)] = \gamma \qquad (5-22)$$

式中，K 为裕度系数，可根据给定的可靠度 R、置信度 γ、有效观测值样本量 N 并查阅 GB 4885—85 获得。于是有裕度方程

$$X_0 = \bar{x} + KS \text{（适用于特征量设计值越大越好的情况）} (5-23)$$

$$X_0 = \bar{x} - KS \text{（适用于特征量设计值越小越好的情况）} (5-24)$$

在检验正态分布规律时，除了按照国家标准 GB/T 4882—2001 的方法进行检验外，也可以借助于正态概率纸用图估法进行检验。图估法的具体步骤如下。

1）将 n 组有效观测值 x_i（$i=1$，2，$\cdots$，n）按从小到大的顺序排列起来，并与序号 i（$i=1$，2，$\cdots$，n）相对应，即重新排序后 $x_1 < x_2 < \cdots < x_n$。

2）按照中位秩公式计算累积失效概率 F_i，即

$$F_i = \frac{i - 0.3}{n + 0.4} \qquad (5-25)$$

3）在正态概率纸上，横坐标为 x_i，纵坐标为 F_i（以百分数表示），根据不同的 $i(i=1,2,\cdots,n)$，将 F_i 与 x_i 的对应关系描点到正态概率纸上。如果所描各点基本在一条直线上，则判定特征量临界值服从正态分布。

4）如果确定了特征量临界值服从正态分布，则可用式（5-17）

和式（5-18）计算出临界样本均值 $\bar{x}$ 和样本标准差 S。

如果特征量临界值不服从正态分布，则可参照威布尔分布或其他分布进行检验。工程经验表明，对于耗损型机械类产品，其参数分布规律服从正态分布和威布尔分布的居多。

5.5.5　承力结构件强度裕度概率设计

液体火箭发动机包括了大量承力构件，如机架、贮箱、气瓶、阀门、导管及管路元件等各种机械零部件。尽管上述构件的结构形式、功能各不相同，但是却具有一个共同特点，即在内外载荷作用下构件内部将产生一定的应力，当这种应力超过构件材料所能承受的极限强度（如屈服极限 σ_s 和强度极限 σ_b）时，则构件将会产生某种失效（如断裂、失稳或过度变形等），其结构将会丧失规定功能。

若假定构件的应力和构件材料的强度为服从某种分布的随机变量，在此条件下如何求解构件的可靠性，或如何合理地确定构件的结构参数来满足给定的可靠性指标，则是本节讨论的主要问题。

5.5.5.1　常见应力、强度分布组合的可靠性计算

常见的应力、强度分布有正态分布、对数正态分布、威布尔分布等。要求这些不同分布组合下的构件可靠性，利用式（5-15）和式（5-16），可得如下结果。

（1）应力、强度服从正态分布时的可靠性

当应力、强度均服从正态分布时，它们的概率密度函数可表示为

$$f_L = \frac{1}{\sqrt{2\pi}\sigma_l} e^{-\frac{1}{2}\left(\frac{l-\mu_l}{\sigma_l}\right)^2}$$

$$f_S = \frac{1}{\sqrt{2\pi}\sigma_s} e^{-\frac{1}{2}\left(\frac{s-\mu_s}{\sigma_s}\right)^2}$$

式中　μ_l, σ_l ——构件内应力的平均值、标准差；

　　　μ_s, σ_s ——构件内强度的平均值、标准差。

为求构件的可靠性，由式（5-14），可令强度对应力的余量为

Z，即

$$Z = S - L$$

根据正态分布随机变量和（差）仍为正态分布的性质，变量 Z 的分布可表示为

$$f_Z = \frac{1}{\sqrt{2\pi}\sigma_z} e^{-\frac{1}{2}\left(\frac{z-\mu_z}{\sigma_z}\right)^2}$$

其中

$$\mu_z = \mu_s - \mu_l$$
$$\sigma_z = \sqrt{\sigma_s^2 + \sigma_l^2}$$

于是结构可靠性可表示为

$$R = P(S - L) > 0 = P(Z > 0)$$
$$= \int_0^{+\infty} f_z(z) \mathrm{d}z = \int_0^{+\infty} \frac{1}{\sqrt{2\pi}\sigma_z} e^{-\frac{1}{2}\left(\frac{z-\mu_z}{\sigma_z}\right)^2} \mathrm{d}z$$

引入标准化正态变量 $t = \dfrac{z - \mu_z}{\sigma_z}$，则上式可简化为

$$R = \int_{-\frac{\mu_z}{\sigma_z}}^{+\infty} \frac{1}{\sqrt{2\pi}} e^{-\frac{t^2}{2}} \mathrm{d}t = 1 - \int_{+\infty}^{-\frac{\mu_z}{\sigma_z}} \frac{1}{\sqrt{2\pi}} e^{-\frac{t^2}{2}} \mathrm{d}t$$

$$= 1 - \Phi\left[-\frac{\mu_z}{\sigma_z}\right] = 1 - \Phi[-t_R] = \Phi(t_R) \qquad (5-26)$$

$$t_R = \frac{\mu_z}{\sigma_z} = \frac{\mu_s - \mu_l}{\sqrt{\sigma_s^2 + \sigma_l^2}} \qquad (5-27)$$

式中　t_R ——可靠性系数；

　　　$\Phi(t_R)$ ——标准正态分布函数，根据 t_R 的值查标准正态分布函数表可得。

式（5-26）和式（5-27）称为联结方程，它将可靠性与应力强度分布参数联结在一起。由这两个公式可见，提高强度平均值、减少强度标准值、减少应力平均值、减少应力标准差都可提高构件可靠性。

当应力、强度均服从对数正态分布时，参考上述同为正态分布时求可靠性的步骤，可得可靠性计算公式，其过程简述如下。

设应力 L 和强度 S 均服从对数正态分布，将它们取对数后则服从正态分布，即

$$\ln L \sim N(\mu_{\ln L}, \sigma_{\ln L})$$

$$\ln S \sim N(\mu_{\ln S}, \sigma_{\ln S})$$

而差值 $z = \ln S - \ln L$ 亦服从正态分布，其均值 μ_z、标准差 σ_z 为

$$\mu_z = \mu_{\ln S} - \mu_{\ln L}$$

$$\sigma_z = \sqrt{\sigma_{\ln S}^2 + \sigma_{\ln L}^2}$$

类似正态分布变量 Z 及其可靠性求解过程，可得应力强度为对数正态分布的可靠性 R 和可靠性系数 t_R 表达式为

$$
\begin{cases}
t_R = \dfrac{\mu_{\ln S} - \mu_{\ln L}}{\sqrt{\sigma_{\ln S}^2 + \sigma_{\ln L}^2}} \\[4mm]
R = \Phi(t_R) = \Phi\left(\dfrac{\mu_{\ln S} - \mu_{\ln L}}{\sqrt{\sigma_{\ln S}^2 + \sigma_{\ln L}^2}}\right)
\end{cases}
\tag{5-28}
$$

（2）应力、强度为其他常见分布组合下的可靠性计算

当应力、强度为常见的其他分布函数时，可利用式（5-15）作适当的积分运算，得到该分布组合下的可靠性计算公式，如表 5-10 所示。

表 5-10　常见分布组合下的可靠性计算公式

应力分布	强度分布	可靠性计算公式
正态分布 $N(\mu_L, \sigma_L)$	正态分布 $N(\mu_S, \sigma_S)$	$R = \displaystyle\int_{-t_R}^{\infty} \dfrac{1}{\sqrt{2\pi}} e^{-\frac{u^2}{2}} \mathrm{d}u$, $t_R = \dfrac{\mu_S - \mu_L}{\sqrt{\sigma_S^2 + \sigma_L^2}}$
对数正态分布 $N(\mu_{\ln L}, \sigma_{\ln L})$	对数正态分布 $N(\mu_{\ln S}, \sigma_{\ln S})$	$R = \displaystyle\int_{-t_R}^{\infty} \dfrac{1}{\sqrt{2\pi}} e^{-\frac{u^2}{2}} \mathrm{d}u$, $t_R = \dfrac{\mu_{\ln S} - \mu_{\ln L}}{\sqrt{\sigma_{\ln S}^2 + \sigma_{\ln L}^2}}$
正态分布 $N(\mu_L, \sigma_L)$	威布尔分布 形状参数 m 尺度参数 η	$R = \Phi(A) \dfrac{C}{\sqrt{2\pi}} \cdot \displaystyle\int_0^{\infty} \exp\left[-\dfrac{1}{2}(Cu + A)^2 - u^m\right]\mathrm{d}u$ 积分变量 $u = \dfrac{1}{\eta}$，系数 $C = \dfrac{\eta}{\sigma_L}$，$A = -\dfrac{\mu_L}{\sigma_L}$
威布尔分布 形状参数 m_L 尺度参数 η_L	威布尔分布 形状参数 m_S 尺度参数 η_S	$R = 1 - \displaystyle\int_0^{\infty} \exp\left[-u - \left(\dfrac{\eta_S}{\eta_L} u^{\frac{1}{m_S}}\right)^{m_L}\right]\mathrm{d}u$ 积分变量 $u = (S/\eta_S)^{m_S}$

（3）应力、强度为随机变量函数时的可靠性

通常构件应力、强度为多个随机因素的函数，如应力 L 一般为外载荷、构件几何尺寸等多个随机变量的函数。若要通过上述方法求随机变量函数的分布是比较困难的。工程上常将随机变量函数线性化，并假定各随机变量是在小偏差范围内变化，利用正态分布变量线性和的性质，就可求得可靠性的近似值，具体求解过程如下。

设应力（或强度）的随机分布函数为

$$Y = f_Y(X_1, X_2, \cdots, X_i, \cdots, X_n) \tag{5-29}$$

式中　Y——构件的应力（或强度）；

　　　f_Y——构件的应力（或强度）的分布函数；

　　　X_i——具有分布已知的随机变量，$i=1, 2, \cdots, n$（n 为变量总数）。

将 Y 在各变量 X_i（$i=1, 2, \cdots, n$）的平均值 μ_{X_i} 处展开成泰勒级数，并仅取一阶线性项，则有

$$Y = f_Y(\mu_{X_1}, \mu_{X_2}, \cdots, \mu_{X_n}) + \sum_{i=1}^{n} \left(\frac{\partial f_Y}{\partial X_i}\right)_{X_i = \mu_{X_i}} \cdot (X_i - \mu_{X_i}) \tag{5-30}$$

假定各随机变量 $X_i(i=1,2,\cdots,n)$ 相互独立，且近似服从正态分布 $N(\mu_{X_i}, \sigma_{X_i})$；利用正态分布的线性组合仍为正态分布的性质，可得随机变量函数的分布 $Y \sim N(\mu_Y, \sigma_Y)$，分布参数为

$$\begin{cases} \mu_Y = f(\mu_{X_1}, \mu_{X_2}, \cdots, \mu_{X_n}) \\ \sigma_Y^2 = \sum_{i=1}^{n} \left(\frac{\partial f_Y}{\partial X_i}\right)_{X_i = \mu_{X_i}}^2 \cdot \sigma_{X_i}^2 \end{cases} \tag{5-31}$$

式中　μ_{X_i}, σ_{X_i}——随机变量 X_i 的均值与标准差；

　　　μ_Y, σ_Y——随机变量 Y 的均值与标准差。

同理可得构件的可靠性 R 与可靠性系数 t_R 的近似计算公式为

$$R = \Phi(t_R)$$

$$t_R = \frac{f_S(\mu_{s_1}, \mu_{s_2}, \cdots, \mu_{s_n}) - f_L(\mu_{L_1}, \mu_{L_2}, \cdots, \mu_{L_m})}{\sqrt{\sum_{i=1}^{n} \left(\frac{\partial f_S}{\partial S}\right) \sigma_{S_i}^2 + \sum_{j=1}^{m} \left(\frac{\partial f_L}{\partial L}\right) \sigma_{L_j}^2}} \tag{5-32}$$

式中　μ_{S_i}，σ_{S_i} ——强度函数中第 i 个随机变量 S_i 的均值与标准差，
　　　　　　　　　　且 $i=1$，2，…，n（n 为随机变量 S_i 的总数）；

　　　　μ_{L_j}，σ_{L_j} ——强度函数中第 j 个随机变量 L_j 的均值与标准差，
　　　　　　　　　　且 $j=1$，2，…，m（m 为随机变量 L_j 的总数）。

5.5.5.2　可靠性安全系数

传统工程设计中，为保证构件在工作中安全可靠，常采用高强度材料，以降低作用于构件上的应力，使构件强度相对于应力有较大的富裕量，即裕度。这种裕度的大小常用安全系数 n 来表示。对于不同行业，安全系数 n 根据其习惯和经验有不同定义，其本质是可能引起构件工作失效的强度（弹性极限 σ_s 或强度极限 σ_b）与作业构件的名义应力 σ 之比，即

$$n_b = \frac{\sigma_b}{\sigma} \text{ 或 } n_s = \frac{\sigma_s}{\sigma}$$

至于采用 n_b 还是 n_s，则视构件材料特性以及构件使用特性要求（如是否允许弹性变形等）而定。

此外，在航天工程设计中，安全系数 f 常采用的定义为

$$f = \frac{\text{设计载荷}}{\text{使用载荷}}$$

式中，使用载荷是结构在使用的过程中可能出现的最大载荷，若取设计载荷 σ 与构件的强度极限 σ_b，则安全系数 f 为

$$f = \frac{\sigma_b}{\sigma}$$

类似上述对安全系数的定义还有许多，但它们的共同特点是没有清楚地反映强度、应力的随机特性，同时没有表明不同量值的安全系数与构件的工作可靠性 R 的对应关系，为此可能导致取定的大于 1 的安全系数并不一定能保证要求的可靠性，甚至同一安全系数因应力和强度的随机特性参数而有不同的可靠性。它们的后果是实际未能保证可靠性；或者安全系数过大，超过可靠性设计要求，造成结构设计不合理。

根据应力-强度干涉理论，在考虑应力、强度随机分布特性的基

础上，可以更科学地定义构件的安全系数，统称为可靠性安全系数 n_f

$$n_\mathrm{f} = \frac{S_{\min}}{L_{\max}} \qquad (5-33)$$

式中　$S_{\min}$ ——给定概率 P_S 的强度下限（最小强度），即 $P(S > S_{\min}) = P_S$；

$L_{\max}$ ——给定概率 P_L 的应力上限（最大应力），即 $P(L < L_{\max}) = P_L$。

若给定应力和强度均服从正态分布，其分布函数已知，则有

$$\begin{aligned} S_{\min} &= \mu_S - K_S \sigma_S \\ L_{\max} &= \mu_L + K_L \sigma_L \end{aligned} \qquad (5-34)$$

式中　μ_S, σ_S ——强度均值、标准差；

μ_L, σ_L ——应力均值、标准差；

K_S ——强度下限系数，且 $K_S = \Phi^{-1}(P_S)$，通常取 $P_S = 0.95$ 时，$K_S = 1.65$；

K_L ——应力上限系数，且 $K_L = \Phi^{-1}(P_L)$，通常取 $P_L = 0.99$ 时，$K_L = 2.33$，相应的可靠性安全系数可表示为

$$n_\mathrm{f} = \frac{\mu_S - K_S \sigma_S}{\mu_L + K_L \sigma_L} = \frac{\mu_S - 1.65 \sigma_S}{\mu_L + 2.33 \sigma_L} \qquad (5-35)$$

为求得可靠性安全系数 n_f 与可靠度 R 的关系，引入下列参数

$$C_S = \frac{\sigma_S}{\mu_S}$$

$$C_L = \frac{\sigma_L}{\mu_L} \qquad (5-36)$$

式中　C_S ——强度变差系数；

C_L ——应力变差系数。

将变差系数 C_S, C_L 代入式（5-35）和式（5-27），并联立求解二次方程，取 n_f 大于 1 的值，得

$$n_\mathrm{f} = \frac{1 - 1.65 C_S}{1 + 2.33 C_L} \cdot \frac{1 + t_R \sqrt{C_S^2 + C_L^2 - t_R^2 C_S^2 C_L^2}}{1 - t_R^2 C_S^2} \qquad (5-37)$$

由式（5-37），在给定可靠度 R 后，可得可靠性安全系数 n_f 随应力、强度二者的变化曲线，如图 5-33 所示。

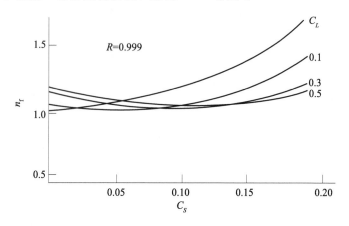

图 5-33　可靠度为 0.999 的 n_f - C_S 曲线

由式（5-37）和图 5-33 可见，在已知应力、强度变差系数 C_L,C_S 后，可靠性安全系数 n_f 与可靠性 R 构成确定关系，并可相互求解得到。由此可见，构件的概率设计也可以看成是保证可靠性安全系数 n_f 为给定值的工程设计。

5.5.5.3　应用示例

某型号发动机机架有一圆形拉杆，作用于其上的拉力 P、材料强度极限 S 均服从正态分布，且两者的均值、标准差分别为

$$\mu_P = 24\ 500\ \text{N}, \sigma_P = 24\ 500\ \text{N}, \mu_S = 784\ \text{MPa}, \sigma_S = 31.36\ \text{MPa}$$

要求该拉杆工作可靠度 $R=0.999$，确定拉杆设计参数：拉杆直径 d 及其公差 Δd；并计算相应可靠性安全系数 n_f。

求解步骤如下。

（1）求拉杆受单向拉力作用下的应力 L

该拉杆面积为 A，且 $A = \pi r^2$，则拉杆应力 L 为

$$L = \frac{P}{A} = \frac{P}{\pi r^2}$$

式中　r——圆拉杆截面的半径，$r = d/2$（m）。

（2）求拉杆截面积 A 的均值、标准差

由式（5-31）可得

$$\mu_A = f_A(\mu_r) = \pi\mu_r^2$$

$$\sigma_A = \sqrt{[f_A'(\mu_r)]^2\sigma_r^2} = 2\pi\mu_r\sigma_r$$

设拉杆加工时半径尺寸散布服从正态分布，半径偏差 Δr 与半径平均值 μ_r 相关，按经验可定为 $\Delta r = 0.015\,\mu_r$，且不应超过 $3\,\sigma_r$，即

$$\Delta r = 3\sigma_r = 0.015\mu_r$$

则

$$\sigma_r = 0.005\mu_r$$

$$\sigma_A = 2\pi\mu_r \times 0.005\mu_r = 0.01\pi\mu_r^2$$

（3）求应力 L 的均值和标准差

同理，由式（5-31）和已知条件可得

$$\mu_r = \frac{\mu_P}{\mu_A} = \frac{\mu_P}{\pi\mu_r^2} = \frac{24\,500}{\pi\mu_r^2}$$

$$\sigma_L^2 = \frac{1}{\mu_A^4}(\mu_A^2\sigma_P^2 + \mu_P^2\sigma_A^2)$$

$$= \frac{1}{\pi^4\mu_r^8}\left[\pi^2\mu_r^4 \times (294)^2 + (24\,500)^2 \times (0.01)^2 \cdot \pi^2\mu_r^4\right]$$

$$= \frac{146\,461}{\pi^2\mu_r^4}$$

（4）求 μ_r, d

由 $R = 0.999$，利用式（5-26）和标准正态分布函数积分表，得可靠性系数 $t_R = 3.1$，再将相应参数带入式（5-27），可得

$$t_R = \frac{\mu_S - \mu_L}{\sqrt{\sigma_S^2 + \sigma_L^2}} = \frac{784 \times 10^6 - \dfrac{24\,500}{\pi\mu_r^2}}{\sqrt{(31.36 \times 10^6)^2 + \dfrac{146\,461}{\pi^2\mu_r^4}}} = 3.10$$

求解上述方程得 $\mu_{r1} = 3.383$ mm，$\mu_{r2} = 2.96$ mm。取较大的根值作为半径，即 $\mu_{r1} = 3.383$ mm，相应杆的直径及公差为

$$d = 2r = 2\mu_r = 2 \times 3.383 \text{ mm} = 6.766 \text{ mm}$$

$$\Delta r = 0.015\mu_r = 0.015 \times 3.383 \text{ mm} = 0.051 \text{ mm}$$

最终设计圆杆直径为 $d = 6.8 \pm 2\Delta r = (6.8 \pm 0.1)$ mm。

（5）验证

在确定设计参数（圆杆直径及偏差）后，利用该参数及其他参数的已知数值，就可验证圆杆的可靠性是否满足原设计要求，同时计算出相应的可靠性安全系数。具体计算如下

$$\sigma_r = \frac{\Delta r}{3} = \frac{0.05 \times 10^{-3}}{3} = 0.016\ 67 \times 10^{-3}$$

$$\mu_A = \pi\mu_r^2 = \pi\ (3.4 \times 10^{-3})^2 = 36.316\ 8 \times 10^{-6}$$

$$\sigma_A = 2\pi\mu_r\sigma_r = 2\pi \times 3.4 \times 10^{-3} \times 0.016\ 67 \times 10^{-3}$$
$$= 0.356\ 12 \times 10^{-6}$$

$$\mu_L = \frac{\mu_P}{\mu_A} = \frac{24\ 500}{36.310\ 8 \times 10^{-6}} = 674.73 \times 10^6$$

$$\sigma_L = \sqrt{\frac{1}{\mu_A^4}(\mu_A^2\sigma_P^2 + \mu_P^2\sigma_A^2)}$$

$$= \sqrt{\frac{1}{(36.316\ 8 \times 10^{-6})^4}\left[(36.316\ 8 \times 10^{-6})^2 \times 294^2 + 24\ 500^2 \times (0.356\ 12 \times 10^{-6})^2\right]}$$

$$= 4.662 \times 10^6$$

$$C_L = \frac{\sigma_L}{\mu_L} = \frac{4.662 \times 10^6}{674.73 \times 10^6} = 0.006\ 91$$

$$C_S = \frac{\sigma_S}{\mu_S} = \frac{31.36 \times 10^6}{784 \times 10^6} = 0.04$$

由式（5-27）求 t_R，并对 R 的值进行验算

$$t_R = \frac{\mu_S - \mu_L}{\sqrt{\sigma_L^2 + \sigma_S^2}} = \frac{784 \times 10^6 - 674.73 \times 10^6}{\sqrt{(4.662 \times 10^6)^2 + (31.36 \times 10^6)^2}} = 3.447$$

$$R = \Phi(3.447) = 0.999\ 7$$

因此，R 满足设计要求 0.999。

由式（5-37），求得 n_f 为

$$n_f = \frac{1 - 1.65C_S}{1 + 2.33C_L} \cdot \frac{1 + t_R\ \sqrt{C_S^2 + C_L^2 - t_R^2 C_S^2 C_L^2}}{1 - t_R^2 C_S^2}$$

$$= \frac{1 - 1.65 \times 0.04}{1 + 2.33 \times 0.007} \cdot \frac{1 + 3.447\ \sqrt{0.04^2 + 0.007^2 - 3.447^2 \times 0.04^2 \times 0.007^2}}{1 - 3.447^2 \times 0.04^2}$$

$$= 1.068$$

也可以按 n_f 的定义直接计算

$$n'_f = \frac{S_{min}}{L_{max}} = \frac{\mu_S - 1.65\sigma_S}{\mu_L + 2.33\sigma_L}$$

$$= \frac{784 \times 10^6 - 1.65 \times 31.36 \times 10^6}{674.73 \times 10^6 + 2.33 \times 4.66 \times 10^6} = 1.068$$

两种方法求得的 n_f 值一致。

5.5.6 密封件密封裕度设计

5.5.6.1 概述

密封的种类很多，若根据接触面之间的运动状态及密封方式划分，一般可大致分为静密封和动密封两类或径向密封和端面密封两类；若根据密封圈的横截面形状来划分，密封圈包括矩形密封圈、O形密封圈、b形密封圈、T形（蕾型）密封圈等；若根据密封圈的材料来划分，密封圈包括金属密封圈和非金属密封圈（如橡胶密封圈）等。无论密封圈属于哪种类型，其工作原理都是通过压缩密封圈使其变形，堵塞接触面之间潜在的泄漏通道，实现密封功能。

密封件是液体火箭发动机必不可少的重要元件。气体管路、液体管路、各种阀门、涡轮泵中的旋转轴等都离不开密封，而且，涉及的密封结构型式和密封件的种类也是相当多的。如果液体火箭发动机发生漏气或漏液，轻者将导致飞行任务无法完成，重者将导致航天员无法返回或死亡。国际上因密封问题而导致的航天灾难性故障也曾发生过多起。所以，必须高度重视密封件的可靠性设计问题。

密封可靠性设计，除了采用多道密封圈的冗余设计措施外，还需要进行密封裕度设计。尽管国内标准也规定了密封圈在静密封、动密封以及在舱内、舱外条件下的最小允许压缩率，但是没有在密封可靠性、裕度和密封结构参数之间建立定量的数学关系。

5.5.6.2 密封件密封裕度概率设计步骤

（1）确定密封件的特征量

对于密封设计，特征量是密封圈的压缩率，即密封圈压缩量与密封圈横截面原始特征高度之比。在其他条件相同的情况下，在空间允许及不发生破损的条件下，密封圈的压缩率越大，密封可靠性越高。

（2）通过摸底试验，寻找临界压缩率的中心值

当达到临界压缩率中心值时，约50％的检漏试验结果满足指标要求，约50％的检漏试验结果不满足指标要求。图5-34是一种密封圈临界压缩率中心值摸底试验的原理图，h 为密封圈的压缩量。密封圈横截面压缩变形前的原始状态是直径为 d 的圆截面。$(h/d) \times 100\%$ 为该密封圈的压缩率。

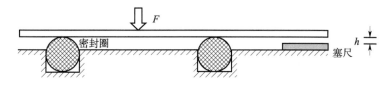

图5-34　密封圈临界压缩率中心值摸底试验原理

按图5-34所示 F 的施力方向压缩密封圈，密封圈压缩量 h 用刚性塞尺厚度来控制。更换不同厚度的塞尺，就可得到不同的密封圈压缩量。压缩量 h 按照从小到大的次序逐步递增，对应每一组压缩率，进行4次检漏，判断漏率是否满足指标要求。当压缩率较小时，多数检漏结果不满足要求。随着压缩率逐步增大，检漏结果会出现有满足指标要求的情况，也有不满足指标要求的情况。如果继续增大压缩率，有可能出现检漏结果全部满足指标要求的情况。这时，需要微调塞尺厚度，适当减小压缩量，观察检漏结果，如果出现了约50％的检漏试验结果满足指标要求，50％的检漏试验结果不满足漏率指标要求的情况，则此工况下对应的压缩率就是临界压缩率的中心值。

航天器往往工作在高低温交变的环境下，而密封圈在低温环境下的密封性能一般低于其在高温或常温环境下的密封性能，所以上述临界压缩率中心值的摸底试验，最好在低温环境下进行。

（3）通过试验确定临界压缩率的分布规律和分布参数

上述摸底试验仅针对一个密封圈进行。相同规格不同批次的密封圈及对应的密封槽均有一定的散差，因而临界压缩率也有所不同。密封圈的临界压缩率是一个随机变量，必然遵循某种分布规律。为了寻找这种分布规律及其分布参数，还需针对相同尺寸不同批次的密封圈在低温环境下进行临界压缩率分布规律的摸底试验。在临界压缩率中心值附近适当规定一个范围，按此范围分成若干组，每组进行 4 次检漏，根据试验结果剔除那些不能反映临界状态特征的无效数据。将剩余的 n 组有效压缩率数据 $x_i(i = 1, 2, \cdots, n)$ 进行分布规律检验。检验可参照国家标准 GB/T 4882 — 2001 进行，也可借助于状态概率纸和式（5 - 25）用图估法进行。如果临界压缩率符合正态分布，则可用式（5 - 17）和式（5 - 18）计算临界压缩率的样本均值 $\bar{x}$ 和样本标准差 S。

（4）求解 X_0

根据密封可靠性 R、置信度 γ、有效试验组数 n，查标准 GB 4885 — 85 求得裕度系数 K，根据裕度方程（5 - 23）求出满足密封可靠性 R（置信度为 γ）要求的密封圈压缩率设计值 X_0。换句话说，按 X_0 设计密封圈的压缩率即可保证密封可靠性为 R（置信度为 γ）。

下面以某航天器密封舱舱盖上的橡胶密封圈为例进行说明，舱内气压为常压，舱外为真空。依靠该密封圈的端面密封实现航天器密封舱的密封功能。要求该密封的可靠性 $R = 0.999\,95$，置信度 $\gamma = 0.7$。

该密封裕度的概率设计过程如下。

首先，按照图 5 - 34 所示的原理进行密封圈临界压缩率中心值的摸底试验，获得密封圈临界压缩率中心值为 4%。

然后，进行密封圈临界压缩率分布规律及分布参数的摸底试验。在密封圈临界压缩率中心值 4% 附近规定一个范围：1%～7%；并将其分为 7 个组——1%，2%，3%，4%，5%，6%，7%。分别针对每一组进行 4 次检漏试验，发现当压缩率为 6% 和 7% 时所有的检漏结果均满足指标要求；而当压缩率为 1% 时所有的检漏结果均不满足指标要求（严重泄漏）。由于这 3 组试验结果不反映临界状态的特征，所以予以剔除。剩余 4 个组的压缩率为有效数据，即有效观测值样本量 $n=4$，对应的观测值为 $x_1=2\%$，$x_2=3\%$，$x_3=4\%$，$x_4=5\%$。根据国家标准 GB/T 4882 — 2001 中的 Shapiro - Wilk 检验方法对观测值进行正态检验，结果符合正态分布。利用式（5 - 17）和式（5 - 18）计算出密封圈临界压缩率的样本均值 $\bar{x}=3.5\%$，样本标准差 $S=1.29\%$，即密封圈临界压缩率的分布规律和分布参数已经获得。

根据设计指标规定的密封可靠性 $R=0.999\ 95$，置信度 $\gamma=0.7$ 和有效观测值样本量 $n=4$，查 GB 4885 — 85 得到裕度系数 $K=5.674\ 85$。最后利用裕度方程（5 - 23）计算密封圈压缩率的设计值 $X_0=(3.5+5.674\ 85\times1.29)\ /100=10.82\%$，取为 11%。即把该密封圈压缩率设计为 11%，就能保证该密封件的密封可靠性达到 0.999 95（置信度为 0.7）。

应当指出，密封件的密封性能除了与压缩率有关外，还与密封圈的材料性能及所密封的介质的压力大小和作用方向（即促使压缩率增大或促使压缩率减小的方向）有关。所以上述密封件密封裕度的概率设计方法是在其他相关因素已经确定，仅需考虑压缩率裕度单一因素的情况下进行的。如果其他相关因素发生变化，那么密封圈临界压缩率中心值也会随之发生变化，则裕度设计的结果也会发生相应的变化。

此外，图 5 - 34 是以端面密封为例来说明临界压缩率中心值摸底试验原理的，它不适用于径向密封。对于径向密封，可以参考上述思路设计出相应的摸底试验方案。

5.5.7　耗损型产品寿命裕度设计

5.5.7.1　耗损型产品的主要特点与主要失效模式

耗损型产品的主要特点：

1）耗损型产品的门类较多，特性复杂，个性大于共性。

2）耗损型产品的失效模式主要是耗损型失效（例如疲劳、老化、磨损、腐蚀和强度退化等），其寿命多服从对数正态分布或威布尔分布；而电子类产品的失效模式主要是由于偶然因素造成的，其寿命服从指数分布。

3）耗损型产品的失效率并不是常值，其失效率随时间增长而发生变化。

耗损型产品的主要失效模式：

1）疲劳损坏型失效模式，如断裂、变形过大、塑性变形、裂纹等。

2）退化型失效模式，如老化、腐蚀、磨损等。

3）松脱型失效模式，如松动、脱焊等。

4）失调型失效模式，如间隙不当、行程不当、压力不当等。

5）堵塞或渗漏型失效模式，如堵塞、漏油、漏气等。

5.5.7.2　耗损型产品寿命裕度设计的一般步骤

5.5.1 节已经提出了产品寿命裕度设计的基本思路，本节给出耗损型产品寿命裕度一般设计步骤：

1）分析影响产品寿命的各种因素，从中找出寿命特征量；

2）寻求特征量临界值；

3）寻求特征量临界值的概率分布规律，并求出分布参数；

4）给定可靠性指标，建立特征量设计值裕度设计方程，从而确定特征量设计值；

5）若影响寿命的因素不止一个，即存在多个特征量，则重复以上步骤，并进行综合计算。

5.5.7.3　应用示例——疲劳强度可靠性设计

液体火箭发动机具有大量的机械结构，普遍承受着变应力的负荷，其破坏发生在最薄弱处（例如应力集中部位）。破坏前先产生裂纹，而后裂纹随变应力作用而扩展，直至断裂，由于机械结构表面或内部常存在某种类型的微裂纹，因此疲劳失效比较普遍。为了保证零件设计的可靠性，除了宏观的抗疲劳设计外，还应从微观角度，用断裂力学方法，根据材料的裂纹扩展速率和断裂韧性进行疲劳寿命估算，并用无损探伤等技术手段进行检测，以便实现可靠性指标要求。

（1）寻求特征量的概率分布规律，并求出分布参数

在以往的疲劳强度设计计算中，对于材料的强度、载荷、零件尺寸等数据，一般取其平均值。但实际上同一批零部件的疲劳寿命数据也存在相当大的离散性。经验证明，威布尔分布与对数正态分布相当好地与疲劳寿命试验数据分布规律吻合。注意到，若寿命符合对数正态分布，则对数寿命符合正态分布，利用此性质，就可以像一般的应力-强度型产品一样基于正态分布来建立寿命裕度特征量设计方程。因此，目前普遍使用对数正态分布来拟合疲劳寿命数据。

疲劳强度的概率分布规律的确定，一般需要确定如下几方面内容：

1）施加载荷（或应力）概率分布函数；

2）疲劳强度概率分布函数；

3）P - S - N（概率-应力-寿命）曲线；

4）由 P - S - N 曲线，在给定疲劳应力条件下，确定疲劳寿命概率分布参数（即均值和标准差）。

载荷概率分布可以通过监测预紧力及使用时所施加的载荷的数据得到；疲劳强度概率分布也可以通过对同类试件进行试验确定。

对于 P - S - N 曲线，工程上一般给出的 S - N 曲线为破坏概率 $P=50\%$ 的疲劳曲线。由于疲劳数据分散性较大，若要设计高可靠的抗疲劳结构，则需根据已确定的可靠性指标，绘制相应的破坏概率的疲劳曲线。因此，在疲劳强度可靠性设计中，把 S - N 曲线扩展成一个分布带，如图 5 - 35 所示。图 5 - 35 中，曲线 AB 为破坏概率 $P=50\%$ 的曲线，曲线 CD 为 $P=0.01\%$ 的曲线，曲线 EF 为破坏概率 $P=0.1\%$ 的曲线。为了画出疲劳曲线的分布带，要首先给出不同应力水平下疲劳寿命均值的各点，连成可靠度 $R=50\%$ 的 S - N 曲线。然后根据不同的可靠性值，连成相应的 P_i - S - N 曲线。

例如，在某一应力水平下，测得一组 n 个试样的对数寿命为 $\lg N_1$，$\lg N_2$，…，$\lg N_n$，则对数寿命均值 $\bar{x} = \lg L_{50}$（$\lg L_{50}$ 为可靠

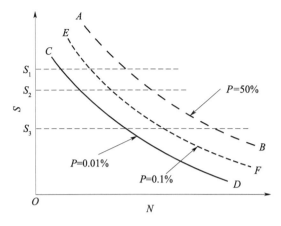

图 5-35　P-S-N 曲线 I

度 $R=50\%$ 的寿命）为

$$\bar{x} = \lg L_{50} = \frac{1}{n} \sum_{i=1}^{n} \lg N_i \qquad (5-38)$$

对数疲劳寿命的标准差

$$S = \left(\sum_{i=1}^{n} \frac{\lg N_i - \lg L_{50}}{n-1} \right)^{\frac{1}{2}} \qquad (5-39)$$

根据不同可靠度 R_i，查得相应标准正态分位数 t_{R_i}，可得相对于 R_i 的疲劳寿命

$$x_{R_i} = \bar{x} \pm t_{R_i} S \qquad (5-40)$$

这样，可作出不同概率下的 P-S-N 曲线，形成 P-S-N 分布带，则在某一给定寿命 $\lg N_i$ 处，作纵坐标轴平行线，与 R_i 的两包络线得到两个交点 B 和 C（如图 5-36 所示）。这两点表示对数强度分布的纵轴 $\bar{y_i} \pm Z_i S$ 上的点，再由这些点的纵坐标值，可求得给定寿命下的疲劳极限均值和标准差。

一般机械零组件的常规疲劳强度设计所用的疲劳极限图线，是由各种应力循环系数（又称应力比）$r = \sigma_{\min}/\sigma_{\max}$ 下的疲劳极限均值绘出的，是一条曲线。而在可靠性设计中，疲劳极限图线是一曲线分布带，如图 5-37 所示。图 5-37 中，σ_a 为交变应力幅度（拉压与

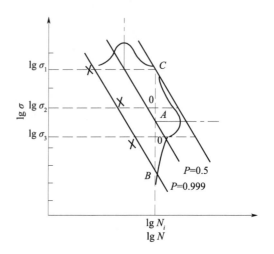

图 5 - 36　$P - S - N$ 曲线 II

弯曲时为 σ_a，扭转时为 τ_a），σ_m 为平均应力（拉压与弯曲时为 σ_m，扭转时为 τ_m）。

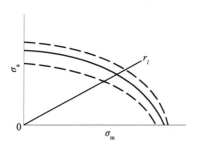

图 5 - 37　疲劳极限曲线图

此外，如果用标准试样得到疲劳试验数据作设计计算，则不但要像常规疲劳设计时，考虑真实零组件在应力集中、尺寸和表面加工方面的差异影响，而且还应考虑这些系数的分散性，即要知道它们的均值和标准差。例如，设标准试样的疲劳极限为（U'_{sr}，S'_{sr}），零组件的疲劳极限与标准试样疲劳极限可写成

$$(U_{sr}, S_{sr}) = \frac{(\varepsilon, S_{\varepsilon})(\beta, S_{\beta})}{(K_{\sigma}, S_K)}(U'_{sr}, S'_{sr}) \qquad (5 - 41)$$

式中　(U_{sr}, S_{sr})——零组件的疲劳极限分布；

　　　$(\varepsilon, S_\varepsilon)$——尺寸系数分布；

　　　(β, S_β)——表面加工系数分布；

　　　(K_σ, S_K)——有效应力集中系数分布。

（2）建立特征量设计值裕度设计方程

与应力-强度干涉理论相似，可以推导出疲劳强度（或疲劳极限）与工作应力（或载荷）相关的联结方程。

设 μ_{Lr} 和 μ_{Sr} 分别表示施加应力与疲劳强度的样本均值，σ_{Lr}，σ_{Sr} 分别表示应力与强度的样本标准差，令

$$u_g = \mu_{Sr} - \mu_{Lr}$$

$$s_g = \sqrt{\sigma_{Sr}^2 + \sigma_{Lr}^2} \qquad (5-42)$$

则零件的可靠性为

$$R = \frac{1}{s_g \sqrt{2\pi}} \int_0^\infty \exp\left[-(g - u_g)\right]^2 / 2s_g^2 \mathrm{d}g \qquad (5-43)$$

式中　g——强度与应力之差，即疲劳强度裕度。

与静强度情况的推导一样，将式（5-43）改写为标准正态分布，则有

$$R = \frac{1}{\sqrt{2\pi}} \int_{-\infty}^{t_R} \mathrm{e}^{\frac{t^2}{2}} \mathrm{d}t$$

其中

$$t = \frac{g - u_g}{s_g}$$

疲劳强度联结方程为

$$t_R = \frac{\mu_{Sr} - \mu_{Lr}}{\sqrt{\sigma_{Sr}^2 + \sigma_{Lr}^2}} \qquad (5-44)$$

因此，疲劳强度可靠性设计原理与静强度可靠性设计原理一样，不同的是先要得出零部件危险点及该点的疲劳极限分布。

设疲劳强度可靠性设计的安全系数为

$$f_0 = \frac{\text{疲劳强度均值}}{\text{工作应力均值}} = \frac{\mu_{Sr}}{\mu_{Lr}}$$

从联结方程求得 μ_{Lr}，代入上式可得

$$f_0 = \frac{\mu_{S_r}}{\mu_{S_r} - t_R \sqrt{\sigma_{S_r}^2 + \sigma_{L_r}^2}} \tag{5-45}$$

（3）确定特征量设计值

对于某轴承，假设经过试验已经确定其载荷服从正态分布，对应载荷下的应力服从正态分布；另外，疲劳极限也服从正态分布。经过试验已得到 $P - S - N$ 曲线；假设在给定寿命条件下已经确定轴承的疲劳极限分布为 $(U_{S_r}, S_{S_r}) = (56, 6)\ \text{gf/mm}^2$（1 gf/mm² = 9.807×10⁻³ N/mm²）、工作应力标准差 $\sigma_{L_r} = 3.8\ \text{gf/mm}^2$，当 $R = 0.999\ 9$ 时，工作应力 u_{L_r} 应控制为多少？

根据 $R = 0.999\ 9$，查正态分布表得 $t_R = 3.719$，代入式（5 - 45），有

$$f_0 = \frac{56}{56 - 3.719 \times \sqrt{6^2 + 3.8^2}} = 1.893$$

由 f_0 和 μ_{S_r} 的值，可求得工作应力均值的许用控制值，即

$$\mu_{L_r} \leqslant \frac{\mu_{S_r}}{f_0} = \frac{56}{1.893} = 29.583 (\text{gf/mm}^2)$$

根据要求的工作应力，可以求出载荷的控制值；对于轴承可以经过调整预紧力，达到要求的载荷值。

另外，在工程产品的设计中，通常需要解决的问题是在一定可靠性要求及轴承寿命条件下，选择轴承的规格。大量试验表明，对于相同规格的轴承，在等幅交变应力下，从使用到失效的循环次数 N 近似地服从双参数威布尔分布，其累积失效概率为

$$F(N) = P(t \leqslant N) = 1 - e^{-(N/T)^m} \tag{5-46}$$

式中　N——循环次数，通常以 10^6 为单位。

故轴承寿命常以 $L = N / 10^6$ 表示，换算成工作小时为

$$L_h = \frac{10^6 L}{60n} \tag{5-47}$$

式中　n——轴承每分钟的转动次数；

　　　L_h——轴承工作小时（h）。

滚动轴承在生产、检验、设计及应用等各个方面均按可靠性为

90％时的可靠性寿命 L_{10} 作为基准，称为额定寿命，而不使用平均寿命。按 $R(N) = 1 - F(N)$，由式（5－46），得寿命 L_{10} 为

$$L_{10} = N_{90} = T\left[\ln\frac{1}{R(N_{90})}\right]^{1/m} = T\,(0.105\,36)^{1/m} \quad (5-48)$$

对于给定可靠性时的轴承寿命为

$$L_R = L_{10}\left[\frac{\ln R(N)}{\ln 0.9}\right]^{1/m} = a_1 L_{10} \quad (5-49)$$

式中　$a_1 = \left[\dfrac{\ln R(N)}{\ln 0.9}\right]^{1/m}$——轴承的寿命可靠性系数；

　　　　m——威布尔分布的形状参数，大量的统计资料表明，对于不同类型的轴承，形状参数分别为：球轴承 $m = 10/9$，滚子轴承 $m = 3/2$，圆锥滚子轴承 $m = 4/3$。

当已知在一定可靠性条件下的轴承寿命，需要确定其在轴承目录中选用时所对应的额定寿命 L_{10}，它可表示为

$$L_{10} = \frac{1}{a_1}L_R \quad (5-50)$$

（4）系统可靠性寿命的综合计算

在大多数机械设备上，都应用有两个或多个滚动轴承作为轴的支撑装置，由于这些轴承一般是按其可靠性为 90％的额定寿命 L_{90} 为选用依据，但实际上这些轴承对于整个设备来说是串联系统。如一台齿轮减速器有 6 个滚动轴承，每个轴承的可靠性为 0.9，则即使仅考虑这 6 个轴承的系统可靠性，就已降低为 $R_S(t) = 0.9^6 = 0.53$。

所以滚动轴承通常是机械设备系统中的可靠性薄弱环节，而且所用轴承数目越多，对系统可靠性的影响也愈大。

各单个轴承的寿命与可靠性之间的关系，由式（5－49）可得

$$R_i(t) = \exp[\ln 0.9(L_{R_i}/L_{i\,10})m_i] \quad (5-51)$$

式中　$R_i(t)$——各个轴承的可靠性；

　　　　$L_{i\,10}$——各个轴承的额定寿命；

　　　　m_i——各个轴承的威布尔分布形状参数。

由 n 个轴承组成的滚动轴承系统的可靠性为

$$R_S(t) = R_1(t)R_2(t)\cdots R_n(t)$$

$$= \prod_{i=1}^{n} R_i(t) = \exp\left[\ln 0.9 \left(L_R/L_{S10}\right)^{m_S}\right] \quad (5-52)$$

式中　$R_S(t)$ ——系统可靠性；

　　　L_{S10} ——系统额定寿命；

　　　m_S ——轴承系统的威布尔分布参数。

将式（5-51）代入式（5-52）并简化得滚动轴承系统额定寿命的计算式为

$$\left(\frac{1}{L_{S10}}\right)^{m_S} = \left(\frac{1}{L_{110}}\right)^{m_1} + \left(\frac{1}{L_{210}}\right)^{m_2} + \cdots + \left(\frac{1}{L_{n10}}\right)^{m_n} \quad (5-53)$$

如果系统中各个轴承的类型相同，认为 $m_1 = m_2 = \cdots = m_n = m_S$ ；并且系统中各个轴承的额定寿命选择合理，认为寿命相等，即 $L_{110} = L_{210} = \cdots = L_{n10}$ ，则

$$L_{S10} = L_{110} n^{-1/m_1} \quad (5-54)$$

式中　n——系统中轴承的数目；

　　　L_{110}——各个轴承的额定寿命。

5.6　环境适应性设计

液体火箭发动机属于航天产品的一大门类，航天产品在贮存、运输和使用的整个寿命周期内会经历两类环境——自然环境和诱导环境，前者是客观存在的，后者是在工作时产生的。环境对航天产品的影响涉及化学、力、电、热、磁、光学等各个专业技术领域，所产生的环境效应可在材料、元器件、组件、分系统以及系统的各种装配级别上表现出来，产品能否适应环境则是产品环境适应性设计工作的目标。因此，产品进行环境适应性设计时在充分了解产品整个寿命周期内遇到的环境及环境效应的前提下，通过环境影响分析、适应性设计、环境试验验证等方法不断提高产品的可靠性。

5.6.1　定义与基本概念

5.6.1.1　航天产品环境

航天产品环境是指航天产品从总装出厂到工作终止所经受的环境剖面，包括地面环境、发射环境、空间环境和返回环境。

（1）地面环境

航天产品经受的地面环境是指在发射前运输、贮存及工作期间经受的地面自然环境（温度、湿度、霉菌、盐雾、沙尘、日照、低气压等）、洁净度环境，以及运输及装卸过程中诱导产生的振动、冲击环境。

（2）发射环境

航天产品经受的发射环境是指导弹、火箭在起飞及动力飞行阶段经受的各种力学环境，包括稳态加速度环境，以及发动机脉动引起的随机振动、冲击、声振、气动加热环境等。

①稳态加速度环境

航天产品发射过程中，由于存在的推力，飞行速度不断增加，随着燃料不断消耗，飞行质量相应地减少，液体火箭发动机经受的纵向稳态加速度不断增加，最大值一般出现在发动机结束工作前。导弹弹头、返回式航天器等再入大气层返回地面时也会出现较高的加速度环境。

②发动机推力脉动环境

航天产品飞行主动段存在着发动机推力脉动，它是由发动机燃烧参数波动引起的，是航天产品的一个重要振源。液体发动机推力脉动通过机架和弹体（或箭体）结构的机械路径传递，固体发动机推力脉动则通过发动机壳体来传递。推力脉动引起的振动呈随机特征，可以用均值、标准差、功率谱密度等统计参数来描述。

③瞬态环境

能使航天产品的运动状态突然发生变化的激励称做瞬态环境。地面运输、装卸、发射过程中，各种飞行事件均能产生这种瞬态环境。结构系统对它的响应近似为复杂衰减的波形，具有瞬态非平稳特性。瞬态环境可以分为低频瞬态环境和高频瞬态环境。

低频瞬态环境的频率范围为 0.5～100 Hz，是由于在地面运输、装卸、发射过程中火箭发动机点火、关机、级间分离、助推器分离、逃逸塔分离、返回着陆、开伞等事件造成的，有时还会出现影响飞行安全的纵向耦合（POGO）振动环境。

高频瞬态环境的频率范围为 100～10 000 Hz，是由火工装置的工作造成的，出现在级间分离、航天器整流罩分离、弹头分离、舱盖分离、航天器/火箭分离、航天器舱段分离、大部件展开、活动部件解锁等时刻。它不同于其他类型的机械冲击，在爆炸源附近加速度时间历程呈现高 g 值衰减型振荡，持续时间极短，它以应力波的形式在结构中传播，其响应近似于许多复杂的衰减正弦波叠加，响应加速度幅值随着距冲击源距离的增加而衰减。

④声环境

航天产品的声环境是由发动机喷流噪声和气动噪声产生的。声环境有连续频谱的宽频带特性，频率范围一般为 100～10 000 Hz。航天产品在以下 3 个阶段产生声环境。

1）起飞阶段：发动机从点火到离开发射台后几十秒，声环境来自发动机喷流噪声。火箭喷流产生的声功率与喷流速度的三次方成正比，具有宽频声压谱或声功率谱。

2）一级飞行段：在 $0.6 \leqslant Ma \leqslant 1.6$ 跨声速飞行段，声环境来自气动噪声。气动噪声实质上是不稳定气流引起的压力脉动，包括环绕整个航天器的空气动力基本流场的基本压力脉动环境和由航天器表面三维突出物及一些激波造成的局部流场的特殊的脉动压力环境。运载火箭不同部位出现的流场状态主要有：附体紊流边界层、分离流和振荡激波。附体紊流压力脉动是由紊流边界层内的扰动造成的；分离流的压力脉动是由分离剪切层内的扰动以及分离点和再附体的不稳定造成的；振荡激波的压力脉动是由激波的移动和伴随激波前后的静压不稳定引起的。这几种流动状态的表面脉动压力虽然都呈现不同的统计学特性，但都可以用三个统计参数（总声压级、功率谱和互功率谱）来表示。

3）再入阶段：在弹头、返回舱再入大气层阶段，声环境来自气动噪声和返回舱制动火箭发动机喷流噪声。

（3）空间环境

航天器运行在近地空间（90～65 000 km）或地球磁层边界以外的星际空间，相对于导弹、火箭要经受更长时间的空间环境，主要包括真空、热、辐射、微流星、原子氧等环境。

①真空环境

可用地球空间大气密度的高低来描述真空环境，但环境真空度的高低一般不用大气密度而是用大气压力来表征，大气压力随着距离地球表面高度的增加基本上按指数规律下降。将北半球中纬度海平面在春秋季的大气压定义为标准大气压 $P_0 = 10\ 132\ \text{Pa}$，低轨道航天器经受的环境压强可以达到 $1 \times 10^{-11}\ \text{Pa}$ 量级或更低。

②热环境

航天产品热环境有四个方面：地面、发射、轨道和返回，其中以发射、在轨飞行和返回地面时的热环境为主。火箭和导弹的热环境主要来自上升与返回时的气动加热、发动机喷流辐射、回流、级间分离冲击加热、推进剂低温、高空飞行低温环境。航天器的外界热环境主要来自空间轨道上太阳辐射、地球热辐射、地球反照、宇宙背景空间 4 K 绝对黑体辐射环境以及返回时的气动加热环境，内部热环境主要是航天器工作产生的自身热耗。

③辐射环境

航天器在轨道上经受的辐射环境包括空间粒子辐射和太阳紫外辐射。空间粒子包括质子、电子、α 粒子和重离子，来自地球内、外辐射带，太阳宇宙射线，银河宇宙射线。紫外辐射占太阳总辐射能量的 1% 左右，波长小于 0.3 μm。

④原子氧环境

在距地球表面 200～700 km 高度范围内运行的低轨道航天器、

空间站要经受原子氧环境，残余大气中的原子氧与高速飞行的飞行器前向表面作用产生的原子氧环境具有较高的通量密度。

（4）返回环境

航天飞行器经受的返回环境是导弹弹头、航天器回收段（返回式卫星的回收舱、载人飞船的回收舱）再入大气层过程中经受的各种环境，包括加速度过载、声振、气动热、着陆冲击等。

对于液体火箭发动机，其结构（如运载火箭助推器、芯级、上面级、飞行器推进系统等）由于功能的不同，所经受的环境也不尽相同，但不外乎以上几种环境。

5.6.1.2　环境对航天产品的影响

力学环境对航天产品的影响主要表现为结构力学响应，该响应可能导致产品结构变形、失稳、断裂、紧固件松动、电子线路短路、性能漂移、工作失灵等。

空间环境对航天飞行器的影响主要体现在环境应力方面，包括真空中材料的出气、质量损失效应，尤其是高分子聚合物材料在真空中由于蒸发、升华和分解等物理和化学过程引起的质量损失可能导致材料机械性能的变化、活动部件润滑剂的减少、材料表面粗糙等。真空放电效应（低气压放电、微放电和静电放电）会引起电子产品性能下降或失效。极端温度环境会引起结构变形、强度降低、材料脆裂、密封性能下降。粒子辐射效应会引起材料机械、物理和化学性能变化，对半导体材料、航天员眼睛和皮肤造成电离损伤，对硅太阳能电池造成位移损伤，使航天器表面热控涂层性能退化，作用于航天器内部时可以使电子线路功能紊乱，单粒子事件可以使计算机发生逻辑混乱或硬件永久性损失。紫外辐射效应可以破坏高分子材料的化学键而引起光学反应，结果造成材料分子量降低、分解、变色等。原子氧环境对低轨道航天器表面材料有强烈的氧化作用，尤其会造成聚酰亚胺薄膜（Kapton）材料质量损失、表面粗糙，使航天器表面电导率下降、热控材料表面性能受损。

地面湿热、霉菌、盐雾、沙尘等环境对航天飞行器的影响主要体现在对材料的腐蚀、氧化和电蚀，物理强度和绝缘性降低，密封破坏，活动部件黏结卡死及电解作用等。

　　综上所述，环境对航天产品的影响体现在结构动力学、电子学、热学、物理化学、材料学等诸多方面，值得指出的是这些环境对航天产品的影响并不是单一环境的作用，往往是多种环境综合作用的结果。

5.6.1.3　可靠性与环境工程的关系

　　可靠性是用来表述产品在规定的工作条件下、规定的时间内完成规定任务的能力。可靠性是产品的重要技术指标之一，是产品为满足任务需求应该具有的特性。环境工程则是将科学技术和工程实践用于减缓各种环境对产品效能的影响或提高产品耐环境能力的一门工程学科，这一概念在 20 多年前被提出并逐步发展和完善起来，最具代表性的文件是美国国防部标准 MIL - STD - 810F《环境工程考虑和实验室试验》。我国在 2001 年也颁布了相关标准——GJB 4239 — 2001《装备环境工程通用要求》。对航天产品来说，实施环境影响分析、进行环境防护设计以满足使用环境的要求是可靠性设计准则的一项重要内容，这也正是环境工程的重要工作项目。航天产品与地面设备不同的是其发射后不可维修，为保证产品在使用寿命期内以一定成功的概率无故障地工作，对与可靠性有密切关系的环境工程有着严格要求，其中解决产品的环境适应性问题则是使产品达到高可靠性的重要途径。

　　环境工程与可靠性的关系就体现在解决产品的可靠性时首先要解决产品能否在极限环境条件下正常工作，其次才是在使用寿命期内的典型环境条件下能否可靠地工作。前者是通过环境试验解决环境适应性问题，不确定产品可靠性定量指标，如鉴定和验收试验，只需得出"通过"还是"不通过"的结论，这正是环境工程要考虑的问题。后者则是可靠性工程要解决的问题，通过提高可靠性试验验证或分析验证来回答可靠性指标。但是，对于环境试验暴露出的问题必须加以解决，从而提高产品的可靠性。可见，产品可靠性要以环境适应性为基础，它们要解决的问题不同，所用的试验方法也不同，但目标是一致的，即达到产品的高可靠性。

5.6.1.4　环境适应性设计任务概述

（1）正确制定环境条件

产品的环境适应性由耐环境设计来保证，用环境试验来验证。设计和验证都需要明确产品在寿命周期内可能遇到的极限环境，该极限环境的严酷度可以用包括环境应力量级、作用时间等环境条件来表示，它是开展环境适应性设计的依据条件。

在用试验验证产品环境适应性时，通常使用环境鉴定试验来确认产品的设计余量，即耐受环境极值条件的能力，确定产品的耐环境设计是否满足任务书或合同要求。对批产产品则用环境例行试验来确定该批次产品的耐环境能力是否仍能保持在鉴定试验的水平。因此，环境条件的高低不仅影响产品的设计，也关系到产品通过试验的难易程度。环境条件的制定要遵循以下原则：

1）按照产品整个寿命剖面分析各阶段的各种环境类型对产品性能、可靠性和安全性的影响，合并相同的环境应力，确定单一试验项目。当同时出现多种环境工况时，则需要确定综合环境试验项目。

2）对所选择的环境项目确定合理的环境试验量级、试验持续时间。如果有充分的飞行或外场试验数据，则用数理统计方法确定鉴定级环境条件的置信估计。鉴定级环境条件应能以高概率和置信度包络产品可能遇到的环境极值条件。

3）制定的环境试验条件还应考虑当前环境试验设备资源的可用程度。

（2）环境适应性设计

环境适应性是用来描述产品在寿命周期内预期的环境条件作用下其功能和性能满足规定任务的能力。产品的环境适应性是产品的重要特性，并作为技术要求在研制任务书或技术合同中加以规定。环境适应性设计是根据产品寿命周期环境剖面及相应的环境条件，为满足环境适应性要求从两个方面所进行的一系列分析、计算、设计等过程——一方面最大限度地改善产品经受的环境，另一方面要努力提高产品对环境的耐受能力。

环境适应性设计的基本思路如下：

1）首先要明确产品在寿命周期各阶段环境条件下使用时应达到的功能和性能指标要求；

2）确定产品寿命周期内的环境剖面，一般包括运输、贮存、任务使用阶段，在各阶段发生的事件可能遇到和产生的自然环境和诱导环境，该剖面应能比较真实地反映与产品使用状态有关的环境条件；

3）根据产品寿命周期内的环境剖面开展环境设计，确定产品设计所需的环境条件，如动、静态力学载荷，热载荷，辐射剂量等，环境条件应考虑设计余量，作为产品环境适应性设计的依据；

4）根据产品环境适应性要求，如果可能，参照相应的环境适应性设计手册，采用成熟的、最好是经过飞行试验验证的耐受环境设计技术；

5）环境适应性设计需要在产品的各个研制阶段建议按照产品从低到高的装配等级和环境剖面中各环境出现的先后次序进行验证，验证方法一般采用分析、试验、检验、演示和相似性或几种方式的组合。

环境适应性设计的基本要点主要有以下几个方面：

1）地面环境适应性设计包括：

a）选用耐气候环境能力强的材料、元器件和部件；

b）采用减振、散热、绝热、密封、涂漆措施，以适应振动、冲击、湿热、沙尘、盐雾、霉菌等环境。

2）力学环境适应性设计包括：

a）选用抗振动、抗冲击性能好的元器件并合理布局，采用表面贴装、防松、灌封等工艺，降低元器件对力学环境的敏感程度，以提高抗力学环境能力；

b）选用比强度、比刚度高的结构材料，采用合理的结构形式和受力方式，避免应力集中，留有合理的设计裕度；

c）采用整体或局部阻尼、隔振、隔声、吸能技术以降低环境强度；

d）合理分配刚度指标，使模态频率错开，避免结构相互谐振而导致耦合放大。

3）热环境适应性设计包括：

a）选用在使用环境下性能相对稳定、耐受环境应力强的结构、热控材料和部件，并优先选用经过飞行验证的热控材料和部件；

b）优先选用被动热控技术，热设计应留有足够的余量；如果需要采用主动热控技术，一般至少要有25％的控制余量；

c）热控设计要考虑电子元器件、热控材料和部件在规定的降额等级下的使用要求；

d）对高温和低温环境进行热防护设计时，应使用可靠的热控技术和材料。

4）空间粒子辐射环境适应性设计包括：

a）空间粒子辐射环境主要考虑地球内、外辐射带，根据航天器三维总体布局图，采用球心屏蔽模型计算航天器在寿命周期内元器件受到的辐射总剂量；

b）选用抗辐射能力强的元器件和电路，尽可能在芯片和（或）单元中采用冗余技术来提高抗辐射能力；

c）仪器和元器件的布局应充分考虑周围结构的屏蔽效应，对不满足辐射总剂量要求的元器件应采用抗辐射加固措施。

如前所述，对于液体火箭发动机，其组件（如运载火箭助推器、芯级、上面级、飞行器推进系统等）由于功能的不同，所经受的环境也不相同。液体火箭发动机大部分部组件为机械产品，需要重点关注力学环境适应性设计（抗振动、冲击和噪声的设计）、热设计与低温防护设计；当然，随着总体任务书或合同要求功能的多样化，液体火箭发动机常包含一些电子产品或控制测量模块，这时就需考虑涉及电气系统的环境适应性设计（"三防"设计、电磁兼容性设计）。另外，对于武器装备用液体火箭发动机，由于其属于一次使用，长期贮存，所以还需要考虑非工作状态下贮存环境适应性设计。下面重点就液体火箭发动机关注的环境适应性设计进行论述。

5.6.2　抗冲击、振动和噪声设计

5.6.2.1　冲击、振动和噪声环境的产生

　　对于航天产品，在抗力学环境设计过程中首先必须考虑整个寿命周期内产品所经历的力学环境，使产品的设计应能适应诸多恶劣环境，并采取各种相应措施以避免可能造成的不良后果，保证产品正常工作。因此，在设计之前有必要对产品在整个寿命周期中可能经历的各种力学环境及其影响进行介绍，如表 5-11~表 5-13 所示。表 5-11 列出了航天器在各阶段工作状态下动载荷的来源；表 5-12 列出了各类动态激励源的特性；表 5-13 给出了各类动态激励源的动力学函数的类型。

表 5-11　航天器各阶段工作状态下动载荷的来源

工作阶段	工作状态	动载荷的来源
发射前	功能与性能检测 空运 陆运 水运 竖立待发状态	振动试验、发动机静态点火 气流扰动、推进器噪声、起飞降落冲击 粗糙路面、搬动、车辆颠簸 波动水面、搬动 地面风
发射	起飞 上升 级间动作	点火、起飞释放、发动机噪声 发动机气动噪声、抖振、POGO 级间分离、点火
轨道运行	在轨动作	变轨发动机工作、推力器脉冲工作、太阳电池阵和天线解锁及展开、活动件工作
返回	再入大气	气动噪声、着陆

表 5 - 12　动态激励源特性

动态激励源	激励性质	载荷性质	频率上限/Hz
运输	M	R，P 和/或 T	50
风和气动扰动	p	R	20
火箭发动机点火、关机	p	T	1 000
起飞释放	M	T	20
发动机喷流噪声	p	R	10 000
发动机振动	M	R 和 P	2 000
气动噪声	p	R	10 000
上升段机动飞行	M	T	10
POGO	M 和 p	P	50
贮箱中的液体晃动	M 和 p	P	5
级间/整流罩分离	M	T	10 000
火工品点火、附件展开解锁	M 和 p	S	10 000
飞行中的动作	M	T	10
航天器设备上的动作	M	R，P 和/或 T	10 000
下降、再入和着陆冲击	M 和 p	R 和/或 S	10 000

注：M—机械运动；p—随机载荷；P—周期载荷；T—瞬态载荷；S—冲击载荷。

表 5 - 13　动态激励的动力学函数类型

激励函数类型	动力激励源
低频瞬态激励	运输、火箭发动机点火和气动推力变化 脉动、起飞释放、机动飞行、飞行中操作
低频随机激励	运输、风和气流扰动
准周期激励①	运输、POGO、贮箱中液体晃动、星载设备运行
外部噪声激励	发动机噪声、气动噪声
内部噪声激励	发动机噪声、空气动力扰动源通过舱壁引起舱内的噪声
高频瞬态激励	火工品、解锁分离

①准周期激励：两个或两个以上的周期振动合成为周期振动的充分必要条件是各个振动频率之比为有理数，此时存在一个基频；否则几个周期振动合成为非周期振动，习惯上称这样的非周期振动为准周期振动或准周期激励。

归纳以上各种力学环境，设备、航天员所承受的载荷根据其力学特性可以分为以下两类。

（1）静载荷

静载荷通常是指随时间缓变变化的载荷，有时也称为稳态载荷。例如，发射过程中火箭发动机推力造成的稳态纵向和横向加速度惯性力，飞行中设备结构温度变化引起的载荷等。

另外，对于温度变化引起的载荷，也可单独划分为一类，称为热载荷，但从其力学性质来看，也可划入静载荷范畴。

（2）动载荷

动载荷也称动态载荷，是指随着时间变化较快的载荷。动载荷的性质比较复杂，根据不同的特征可以进行不同的分类，常常与航天器的力学环境有很大关系。航天器在地面到发射、主动段飞行进入轨道和返回地面各阶段工作状态下要经受各种力学环境的考验。

5.6.2.2 抗冲击、振动和噪声设计概要

（1）研究抗振设计的前提

1）产品质量的限定；

2）产品成本的限定；

3）应以最大限度保证有效载荷的需求；

4）以最小代价获取最优结果；

5）兼顾或综合最优设计；

6）以三化（通用化、系列化、综合化）为目标。

（2）系统刚度、强度与阻尼的物理意义

①结构刚度的物理意义

结构刚度在静态时是指抗变形的能力，在动态时主要反映结构固有频率的高低。

②结构强度的物理意义

结构强度是指结构承载的能力（航天器上的结构一般是不容许塑性变形的），一般以结构受载后产生的应力量值和疲劳寿命来度量。

③阻尼的物理意义

阻尼在振动过程中起到耗散系统能量、降低响应峰值的作用。阻尼包括阻尼层（如黏弹性阻尼材料）结构、干摩擦阻尼结构和合金材料的应用等技术。

（3）动力学环境适应性设计的要点

动力学环境应力造成部件损坏的原因有两种：一是共振、不稳定发散或冲击力超过极限强度；二是疲劳损坏。在设计中必须注意以下几点。

1）要进行大系统模态参数（频率、振形、阻尼）计算与设计，采取耦合技术：避免航天部件固有频率与外激励频率相耦合；同时避免临近部件振动响应改变以及隔离装置共振或谐振的影响。若不能改变设计参数，则可以采取阻尼措施。

2）要进行整个大系统模态频率计算与设计，采取闭环稳定性分析：避免大型航天部件（如液体火箭）发生闭环不稳定性振动的POGO与气动弹性颤振等现象的发生。

3）采取降噪和阻尼措施、金属弹簧、空气弹簧、泡沫乳胶及一些特殊减弱器，降低响应峰值。

4）注意紧固装置或零件松动。

5）注意疲劳失效模式。

6）将对高频激励敏感的设备，特别是光学和电子设备，尽可能安装在远离爆炸分离装置处。

7）如有可能时，避免把由脆性材料组成的硬件安装在设备的底部结构上。

8）尽可能选用蜂窝、夹心、吸声阻尼等结构，以减小振动响应。

9）随着科学与制造技术的不断发展，要积极采用航天结构动力学（噪声、振动、冲击）环境的新型被动、半主动与主动控制技术。

（4）振动与噪声的控制

振动控制包括：采取减小振源及调整系统参数以避免共振等主

动措施，称为消源设计；采取减振、隔振等被动控制措施。

①消源设计

通过对振源进行消振设计，降低其振动等级，即消除或减弱振源、声源，使它们的烈度下降到工程设计可以接受的程度。例如，液体火箭发动机必须首先消除不稳定燃烧或降低燃烧粗糙度，其次改变推力室头部喷嘴的排列和流量，减小其振源，也可以降低发动机振动的等级。又如卫星上动平衡不好的动量轮在工作时也将成为一种振源，并有可能与结构发生共振，因此，应消除由于制造装配或材料缺陷造成的偏心引起的离心惯性力。

②隔离设计

在振源已定的条件下，可采取适当的隔振措施，将其影响降低到允许的程度。

振动隔离分为主动隔离和被动隔离。主动隔离的含义是，对于振源设备，为了降低它对周围其他设备的影响，将其与支撑隔离开来，减少它传给支撑的力。被动隔离的含义是，对于需要防振的设备，为了降低振源对它的影响，将该设备与支撑隔离开来。

隔振系统可分为单自由度隔振系统、两自由度隔振系统和多自由度隔振系统。

（a）原则

隔振器的选用应遵循材料适宜、结构紧凑、形状合理、隔振效率高、尺寸尽量小的原则，并应考虑以下因素：

1）必须充分了解隔振器载荷大小及其特点、激振类型、给定的工作环境和可利用的空间尺寸，以便选用合适的隔振器，使外界高频振动被隔离，振动环境得到改善。

2）隔振器的刚度应满足隔振效率要求，一般使隔振器的自然频率低于干扰振动频率，避免当振源频率与隔振频率相等或相近时，发生共振。

3）根据设备外形尺寸、结构质心位置及隔振需要确定隔振器的数量。

4）隔振器的阻尼选择：为降低隔振器谐振点上的放大倍数，唯一方法是增大阻尼。但阻尼不能过大，否则在瞬态激励下隔振器可能丧失减振的性能。

（b）隔振器的布置与安装原则

应合理布置隔振器，消除各个自由度间的振动耦合。

③减振设计

在振源已定的条件下，为消除或减弱振源对其他产品的振动影响，还可采取适当的减振措施，将其影响降低到允许的程度。例如，可以采用阻尼减振、动力减振、摩擦减振、冲击减振等方法消耗或者吸收振动能量。

（a）振动的阻尼控制

工程结构大多为复杂的多自由度系统，所受的激励多为宽频带激励，一般减振隔振技术很难满足控制要求，根据工程结构的特点，在适当的部位加合适的阻尼结构，是一种有效的振动控制方法。常用的人工阻尼技术有阻尼层结构、干摩擦阻尼结构、调谐阻尼器和阻尼合金材料等。

（b）阻尼层振动控制

利用阻尼层结构控制振动是目前常用的一种方法。

兼有弹性和黏性性质的材料称为黏弹性材料，如高分子聚合物、高速变形下的某些金属材料等，它们的性能主要受温度和振动频率的影响。将黏弹性阻尼材料直接喷涂于结构上，称为自由层阻尼结构；在结构上粘贴一层黏弹性材料，再在其外面覆盖一层约束层，该结构称为约束层阻尼结构。自由层阻尼结构比约束层阻尼结构简单，但前者阻尼特性不如后者。

（c）干摩擦阻尼振动控制

干摩擦阻尼为面间阻尼，结构振动使摩擦面之间产生相对运动时消耗振动能量。

（d）采用减振装置

减振装置主要有以下几种形式：

1) 阻尼隔振器。阻尼隔振器是利用阻尼装置的阻尼，消耗振动能量的减振器，减振效果随阻尼增大而增加。

2) 动力减振器。动力减振器利用减振器的谐振造成主质量的反振，来消耗振动能量，抑制单自由度系统主质量的谐振，如经典的阻尼动力减振器（通常称为弗拉母系统-动力吸收系统）。该种减振器减振频带窄，采用这种减振器必须进行全面的分析。工程上现常用以加大系统模态阻尼比为目的和采用黏弹性材料的高阻尼减振器，能有效地抑制宽频带随机振动。当阻尼器的设计以原系统频率响应函数两个峰值的绝对值等高，或白噪声激励下系统平稳随机响应的均方根值最小时，这类阻尼器成为调谐阻尼器。若不以谐振点的响应作为设计准则，要求谐振点以上的频带也降低响应，则称为宽带阻尼器。对于复杂系统，宜采用宽带阻尼器，并重点关注每个峰值响应的阻尼效果。

3) 摩擦减振器：利用相对运动之间的摩擦力（液体的、固体的），消耗振动能量的减振器。

4) 冲击减振器：一种特殊形式的利用装置中的自由质量块的运动消耗能量的减振器。

选用减振器不仅要考虑减振效果，还要考虑减振器的体积、质量、结构、使用维护和可靠性等因素。

（e）合理选用吸振材料

除了选用减振器外，吸振材料的合理选用也是一条重要的减振措施。

（f）其他的减振方式

还有许多其他的减振方式，如自旋卫星上的管球章动阻尼器、液体章动阻尼器，重力梯度卫星上的磁球阻尼器，又如液体燃料贮箱内设置的防晃装置等。

④ 抗振设计

在产品功能、性能确定的条件下，综合各种要求和约束条件，对其结构进行综合设计，按给定的动力学条件对其进行动力学响应分析，对其结构设计进行优化，使其达到规定的环境适应能力。通过改变安装部位、提高零部件的安装刚性、利用安装紧固技术等方式提高抗振能力。

⑤ 振动的主动控制

根据被控系统的动态特性，采取由外部输入能量的控制方式，或控制激振力（对系统施加可控制的激振力，以求产生相反的振动力），使原系统振动减小；或控制振动系统的参数（通过改变原系统的质量、刚度、阻尼等参数，使系统的动特性改变，从而避免共振或消耗能量来实现），或调节调谐阻尼器等减振装置的参数来达到振动控制的目的。液体火箭发动机一般不采用主动控制方式，基本上都是采用被动控制方式。

（5）冲击和冲击隔离

冲击的定义为在很短的时间内（通常以毫秒计）施加给一个系统的作用，其特点是：冲击激励函数（常见的为脉冲型和阶跃型两类）是非周期性的，其频谱是连续的；冲击作用下系统的响应为瞬态运动，响应量级与冲击的峰值、持续时间、波形及系统固有频率有关。

冲击产生很大的冲击加速度。为减小冲击力或冲击加速度对设备、支撑、基础的损坏，应进行冲击隔离。

冲击隔离的实质是通过隔离器的变形来减小冲击强度。设备、基础和冲击隔离器构成隔离系统。当设备本身是冲击激励源，冲击隔离的目的是减小传递到基础的力，称为积极隔离；当基础或支撑受到冲击激励，冲击隔离的目的是减小传递到设备的力和运动，称为消极隔离。

冲击隔离的目的在于减小冲击激励对被保护设备或支撑结构的影响，通常用冲击隔离系数 η_s 来表示冲击隔离的效果，即

$$\eta_s = X'_m / U'_m$$

式中　X'_m ——响应的加速度幅值；

　　　U'_m ——冲击激励的加速度幅值。

　　阻尼对冲击隔离是有一定影响的，如对于黏性阻尼单自由度隔离系统来说，当选取适当的阻尼时，通过隔离器传递的最大加速度要比无阻尼时小，这对冲击隔离是有利的，但在这种情况下不能盲目地靠增大阻尼来吸收冲击能量。对于隔离器吸收冲击能量的能力来说，有阻尼隔离器比无阻尼好。

　　冲击隔离器通常由弹簧和阻尼器组成，弹簧是主要元件，它的作用是将冲击能量暂时贮存起来，然后缓慢释放，以延长冲击作用时间，从而减小冲击量级；阻尼器则是将能量的一部分转化为热能耗散掉。引入适当的阻尼一般可以减小通过隔离器传递的最大加速度。但在大冲击和二自由度冲击隔离系统的情况下，阻尼值的选择，尤其是阻尼器的实际阻尼必须慎重选择和严加控制。

　　(6) 噪声和噪声隔离

　　噪声会使仪器设备受到干扰，甚至失效或损坏，这种影响同噪声的强度、噪声的频谱以及仪器设备本身的状况、安装方式皆有关系。

　　噪声通过两种途径作用到仪器设备：一是通过面板直接作用于内部元器件；二是外部结构的振动传递到框架和电路板，使元器件受振激发。振动的大小同噪声强度及频率有关，也和仪器设备的元器件及其系统的共振有关。对于体积大的元器件和系统，以上两种途径都起作用。对于小型元器件，声激励直接作用比结构振动的影响小。为了预防或减小噪声的影响，设计仪器设备时，需选择对噪声不敏感的元器件，或者对设备作适当的防噪声及防振处理，如采用部件密封、选择合适的安装部位等措施。

　　噪声控制途径包括：声源的输出控制、传播途径的控制、噪声接受点的保护。在可行条件下，降低噪声源的输出是最积极的措施。

　　改进结构，利用声的吸收、反射、干涉等特性，采取吸声、隔声、减振等措施，以及安装消声器等，这些措施皆可控制声源的声强。

　　使声源远离对噪声敏感的产品，控制噪声的传播方向，采用吸声材料、吸声及隔声结构等技术降低噪声对产品的影响，都是噪声控制的有效措施。

5.6.3　热设计与低温防护设计

航天产品热设计的任务是在给定的约束条件下，合理采用各种可能的方法，控制航天产品的内、外热交换，使航天产品的热参数指标，如温度（包括温度范围、温度差、温度梯度、温度稳定度）、湿度和空气流量（流速）等，以及其他相关性能指标，满足设计要求，为航天产品可靠运行创造条件。

5.6.3.1　热设计与低温防护设计基本原理

航天产品热设计遵循能量守恒定律，当进入航天产品的热流量大于离开的热流量时，其内能增加，温度升高。反之，内能减少，温度降低。

根据传热学的基本定律，凡是有温度差的地方就会有热量的传递。热量总是从温度高的区域（如热源区域）传向温度低的区域（如热沉区域）。热量的传递有导热、对流传热和辐射传热三种基本方式。它们可能单独出现，也可能几种形式结合出现。一般地，传递的热流量 Φ 与其造成的温度差 ΔT 之间的关系为

$$\Delta T = \Phi R \tag{5-55}$$

式中　ΔT——温度差（℃）；

　　　Φ——通过的热流量（W）；

　　　R——传热路径的热阻（℃/W）。

进入航天产品的热量包括工作时产生的废热和来自外部环境的热源（如太阳、地球、大气环境等）的热量。从航天产品热源到热沉的传热路径，热阻和热沉的温度是重要的热设计输入参数，它们决定了航天产品的温度。

5.6.3.2　热设计与低温防护设计基本原则

1）热设计应当考虑全寿命周期（包括地面阶段、发射阶段、飞

行阶段、再入大气层阶段和着陆阶段）内规定的各种环境条件，并与功能设计、其他环境适应性设计同步开始，避免由于研制程序不合理而造成重大反复。当热设计与其他设计不兼容时，应进行权衡。航天产品热设计应当考虑各种可能出现的极端工况，由于环境条件和某些参数的不确定性影响，热设计应有足够的余量。

2）热设计使用的技术和部件不仅应满足设计规范和环境条件的要求，而且应当力求简单、经济。应当优先选用被动控制技术和部件，优先选用经过飞行验证的技术和部件。若采用新研制的技术和部件，应通过规定的环境试验，并经过鉴定。

3）按照设计技术要求和设计方案，建立航天产品的热分析模型，计算热参数，以便验证热设计的正确性。热分析通常采用有限差分法，若需要通过热分析得到的温度分布计算热应力和热变形，采用有限元软件更为方便。

4）在方案阶段和工程研制阶段应进行必要的热试验，直接测量热功耗、温度、湿度和流量，以便验证设计和热分析模型的正确性。

5.6.3.3　热设计与低温防护设计主要技术

（1）主动控制技术

主动控制技术是指依靠对受控设备或部件温度（或湿度）的反馈作用，实现温度（或湿度）自动调节，如流体回路、电加热控温、主动湿度控制等。主动控制通常具有较大的控制能力和较高的控制精度。

（2）被动控制技术

被动控制技术不需要受控设备或部件温度（或湿度）的反馈作用。被动控制技术利用材料或部件自身的物理特性，如热导率、热辐射性质、吸湿特性等，控制进入和排出系统的热流量（或水汽含量），使设备和部件的温度（或湿度）控制在规定的范围内。与主动控制技术相比，被动控制技术不需要运动部件，通常不耗电或较少耗电，具有较高的可靠性。

（3）主动控制技术与被动控制技术相结合

在工程设计中，主动控制技术和被动控制技术常常结合使用。

①传热路径热阻控制技术

减小或增大传热路径热阻常用以下方法：

1）利用高热导率材料减小热阻。金属材料和某些非金属材料具有很高的热导率，如银、铝、金刚石薄膜和某种结构的碳-碳复合材料。用这种高热导率材料将热源与热沉连接起来，则这个导热路径具有较小的热阻，热源的温度更接近热沉的温度。

2）利用热管减小热阻。热管是具有良好导热特性的部件，通过密闭在热管内工质的蒸发和凝结将热源的热功耗传给热沉。由热管构成的导热路径，其热阻通常比金属传热路径的热阻小得多。

3）通过在接触界面间填充导热填料来减小热阻。在接触的两个表面间填充导热脂、硅橡胶、软金属箔等，可以有效地减小这两个表面间的接触热阻。

4）将大功率元器件直接安装在机箱壳体上，并在安装接触面间填充导热填料，可以有效减小元器件到机箱壳体的热阻。

5）使用隔热材料来增大热阻。非金属材料通常具有较低的热导率，如环氧酚醛层压玻璃布板（玻璃钢）、聚四氟乙烯热导率只有 0.3 W/（m·℃）左右，聚氨酯泡沫塑料的热导率为 $0.02\sim0.04$ W/（m·℃），由这类材料构成的导热路径通常具有较大的热阻。

6）使用多层隔热组件增大热阻。常用于真空隔热的多层隔热组件，由反射屏和间隔层组成，根据不同的使用温度范围，可以选择低温、中温和高温多层隔热组件。这种真空隔热组件的当量热导率约为 10^{-4} W/（m·℃）量级，具有良好的隔热性能。

②储热技术

航天产品工作时温度升高的速率不仅取决于它的热功耗、外部热源强度和传热路径热阻，也取决于它的热容。在热功耗和传热路径热阻不变的条件下，热容越大，温度升高的速率越小。短期工作的航天产品可以充分利用自身的热容储热特性，控制工作结束时刻的温度不超过允许值。

也可以利用相变材料的熔化吸热和凝固放热特性，将航天产品工作时产生的热量通过相变材料熔化吸热而贮存起来，在不工作时由于温度降低，相变材料凝固放热使航天产品得到热量补偿，维持要求的温度范围。

③热防护设计技术

各飞行阶段发动机喷流对底部和周围设备、电缆等部件形成热辐射和回流加热，特别是固体发动机喷流中含有大量高温氧化铝粒子，喷流辐射的强度大。末修动力系统等喷管、燃烧室、排气管路热壁辐射加热，构成其周围设备、电缆等部件复杂的热环境，需对所有受到影响的部件进行防热设计。

（a）黏结或喷涂防热层

在设备设计过程中就进行防热设计，防热层在设备生产或装配时进行黏结或喷涂。防热涂层在贮存、运输、装配等过程中如有局部损坏或部分剥落，将影响防热性能、产生多余物，需要在这些过程中严格注意操作程序要求。例如，液体火箭发动机推力室常常在内外壁喷涂高温抗氧化涂层以解决自身工作时产品防热问题。

（b）加装防热挡板

加装防热挡板方案是指，在产品总装过程中安装防热挡板对设备进行热防护，其受热面可以喷涂一定厚度的防热涂层，以增强挡板的防热效果。这种方案的优点是防热性能稳定可靠，缺点是结构不够紧凑，需占用一定的空间。防热挡板可以采用铝合金、玻璃钢及玻璃钢蜂窝结构等材料。

（c）套装隔热套

隔热套方案是指，在产品总装过程中安装防热套对设备进行热防护，这种防热方案的优点是防热性能稳定可靠，产品维修性较好；存在的问题是结构协调复杂，设计难度较大。隔热套可以采用硅橡胶管等，电缆的设计中常常采用这样的方案。

（d）包覆高温隔热材料

包覆高温隔热材料的防热性能可靠，使用方便，在液体火箭发动机电缆、阀门、管路系统中大量应用，主要有高温隔热布（带）、无碱玻璃纤维布等。但是在操作过程中设备和电连接器有可能受到损伤，需要严格控制操作过程。

（e）部件自身热环境适应性设计

部件自身热环境适应性设计是指从材料选择，热环境影响分析，到试验验证等各个环节，提高部件自身对热环境的适应能力。

④ 热辐射或热辐射器散热技术

热辐射或热辐射器散热技术是指，通过产品自身向外辐射热量进行散热或者通过各种传热路径将航天器的废热传到热辐射器，再由热辐射器向宇宙空间排散。液体火箭发动机喷管及燃烧室设计中常采用热辐射散热技术。使用热辐射器散热，一方面要使向宇宙空间的辐射散热热阻尽可能小，另一方面尽可能降低太阳辐射的影响。因此，热辐射器表面经常选用高发射率和低太阳吸收率的热控涂层。

⑤ 液体回路传热技术

液体回路是由泵（或毛细泵）、阀、管路、热交换器等设备和工质组成的密闭流动回路，通过工质在回路内的循环将设备产生的热量带走，降低产品温度。例如，液体火箭发动机再生冷却推力室常采用波纹板式夹套与液体供应系统形成回路进行喷管和燃烧室内壁的冷却，确保发动机正常、可靠工作。

⑥ 电加热控温技术

航天器的电加热控温通常由控温线路、温度传感器、电加热器组成的控温回路完成。控制线路根据温度传感器的反馈信号控制电加热器的工作状态（如接通或断开），从而使设备温度保持在要求的范围内。也可以通过地面站发出的遥控指令控制电加热器的工作状态。

电加热控温需要消耗电能。应根据控温回路的重要程度、失效模式及影响进行冗余设计，电加热器的功率应留有余量。在我国的卫星和飞船上，电加热控温技术得到了广泛的应用。

⑦ 低温防护设计技术

低温环境条件下，在发射车运输状态或进入发射区进行发射准备时，运载器上发动机推进剂和设备等的环境温度将在外界冷空气强烈对流换热作用下急剧下降，当预示的温度超过可以承受的温度下限时，就需要采取保温措施。通常采用低热导率材料制成的保温防护衣，必要时还要在保温防护衣中加入电加热丝；有时通过对舱段进行热空气通风的手段进行整舱加热，确保发动机推进剂及其他产品在正常工作要求的温度范围内。

5.6.4　三防设计

航天产品在长期的贮存、待机、机动过程中，由于环境的影响，其材料、器件的结构及性能可能发生劣化。这种变化将导致产品性能下降，甚至失效，造成飞行任务失败。造成上述现象的主要根源是大气对材料的腐蚀。自然环境介质中材料发生的腐蚀可分为大气腐蚀、海水腐蚀、土壤腐蚀和微生物腐蚀等。潮湿、盐雾都是大气腐蚀中的典型环境，即大气所含水蒸气和盐分过高造成的腐蚀现象，而霉菌则属于微生物腐蚀范畴。装备在研制、使用过程中，由于环境影响或管理不善，将会造成装备腐蚀现象的发生。特别是在近海区域，由于湿热天气加上盐雾的叠加影响，设备的腐蚀速度加快。因此，必须在产品设计中不断提高设备材料、元器件对腐蚀的防护能力，提高武器装备的环境适应性。三防（防潮、防盐雾、防霉菌）设计即是其中的一个重要组成部分，改善产品的结构与环境、优选材料将大大提高材料、器件的抗腐蚀能力，从而避免工作周期内的失效，提高产品可靠性。

5.6.4.1　防潮湿

（1）湿度的基本概念

湿度是表征大气潮湿程度的一个参量。它表示大气环境中的含湿量，以单位体积干燥空气中的水蒸气的质量或分压值来度量，称为绝对湿度。但这个值不能反映人们所感觉到的大气干燥程度，所以一般用相对湿度量值来衡量，相对湿度为空气中水蒸气的分压与空气在该温度下饱和蒸气压的比值。

$$相对湿度 = \frac{空气中水蒸气的含量}{该温度下空气所容纳的最大水蒸气含量} \times 100\%$$

当空气中的相对湿度达到某一临界值时，水分在材料表面产生水膜，空气中的氧气通过水膜发生电化学反应，产生腐蚀。因此，空气的相对湿度是影响大气腐蚀的重要因素。经过试验验证，当超过某个相对湿度值时，腐蚀速度将迅速增加。此时的湿度值称为金属的临界相对湿度，各种金属的临界相对湿度值不同。贮存航天产品时环境的相对湿度低于临界值是比较安全的。同时，湿润时间、日照时间、气温、降雨、风向、风速、降尘等都对腐蚀速度、腐蚀程度有着直接影响。

（2）潮湿对材料及部件的影响

潮湿指湿度过大的环境，它对材料和设备的作用表现在：

1）当外界环境湿度超过临界湿度时，通过加速化学反应破坏有机涂层。

2）由于构件是由不同材料的零件组成的，在不同材料间，由于两种材料的电位不同，而产生电偶腐蚀，加速了其中负电位金属的腐蚀，导致设备或构件失效。

3）塑料在潮湿环境下，吸湿性增强，材料发生膨胀、变形、脆化、机构强度降低；并由于水汽凝露，使得绝缘材料电阻和介电常数降低，造成电器短路。

4）当水膜溶有其他酸、碱物质时，能使天然橡胶物的理化性能劣化，使合成橡胶分解，破坏其链接键，造成橡胶件变形、降解、聚合、电阻降低。液体火箭发动机上大量使用橡胶密封圈，上述情况下会影响密封性能，甚至密封失效，导致泄漏。

5）火药、药柱在潮湿环境中保存时，由于药柱吸湿，可使其燃速降低、燃速压力指数上升，甚至可能使其失效。

6）锡、锌、镉等金属在加工中如留有应力，在高温、高湿、密闭的环境中会使金属晶相变异，能长成晶须，俗称长毛。小型化的电子元器件有可能产生晶须短路。

（3）防腐措施

① 元器件、原材料选择

选用设计手册和实验室加速试验确定的耐腐蚀性能好的元器件、金属和非金属件材料。

② 防腐蚀结构设计

为消除或降低电偶腐蚀，结构设计中要注意在同一结构中相邻接的金属应尽量采用相同的材料。不同的金属连接时，中间应尽量采用绝缘措施，避免其直接接触；在无法避免，又不允许采取绝缘措施的情况下，尽量采用在电偶序中相近的材料。部件连接时存在大量的缝隙，易产生缝隙腐蚀。因此，能焊接时尽量不用铆接，并采用对焊、连接焊结构。

③ 对金属材料进行表面处理

在金属表面施加保护层或经表面处理后，使表面合金化或生成转化膜，以达到对基体材料的保护作用。表面处理措施按保护层种类可分为电镀、涂料涂装、喷涂层、渗金层、转化膜等。

④ 采用密封贮存技术

一般情况下，采用完备的环境控制技术可确保装备基本不受潮、不长霉。特殊情况下，还需采取密封贮存技术。例如密封防护衣封存、涂覆密封技术、仪器和火工品密封贮存技术、插头和半导体器件封装技术。

⑤ 保障良好的贮存、待机环境

要确保航天产品在贮存、待机过程中，不受潮湿的侵害，贮存场所需采取密闭、温控和降湿措施。

5.6.4.2　防盐雾

盐雾是海洋环境的显著特点之一。海水中溶有多种以离子状态存在的无机盐，由于海水拍击岸边或浪涌之间溅起的浪花水沫在气流作用下被粉碎成细微的液滴，这些微小的水滴飞溅扬入大气，海水通过蒸发成为水蒸气，而溶在水滴中的盐则变为微小的盐粒向海域上空或沿海空间飘散并沉降在暴露的金属表面上。空气中盐雾的含量既与风力大小有关，又与离海岸的距离及地形地貌有关。海洋和盐湖、盐场都是盐雾的来源。

盐是氯化钠、硫酸盐和镁离子组成的化合物，Cl⁻对金属具有强烈的腐蚀作用。

由于盐本身是导电体，它的积累使得绝缘材料的电阻下降，并由于它加速对绝缘材料和金属的腐蚀，从而对电子设备产生破坏。

盐的腐蚀可以使机械部件运动失灵或卡滞，夹带着沙粒和盐颗粒的大风则可对材料的保护、防护层造成冲刷，加速其磨损；同时由于电解作用还可以使漆层起泡。

雾气和积水会使有电器件的接触点出现火花，有的接触点被烧在一起，产生严重的积碳；特别是在高温条件下，接触点尚未闭合时，空气就被击穿而导电。导线和电缆若长期被盐雾侵入，可使橡胶绝缘层发黏，棉纱层发霉，防护套腐蚀。

盐雾与高湿度结合，则大大加速了对于金属、非金属材料的腐蚀。总之，有盐雾的地区，更加速了材料、元器件的腐蚀速度。因此，在设计、试验上要采取更好的防护，并要进行耐盐雾的考核试验。

产品被海水腐蚀时，在产品中不同金属间很容易发生电偶腐蚀。腐蚀的主要特征是装备表面涂料大面积脱落，金属腐蚀剧烈，腐蚀后产品表面强度降低，金属构件焊接处容易开裂、产生裂纹，使防护力减弱。

盐雾还会击穿电路板、插接件或电子设备的绝缘电阻，高压部分在浓盐雾下会打火或击穿。

因此，需要特别重视防盐雾腐蚀设计，具体措施如下：

1）采用在金属表面与液体表面之间涂油漆等阻挡层，减少阳、阴极电位差，以及采取不同金属之间绝缘等手段防止电化学腐蚀。

2）在"容许电偶"内选择金属，防止出现电偶腐蚀。

3）采用退火或用喷丸强化的方法，降低金属或合金对于应力腐蚀裂纹或残余应力的敏感性，防止应力腐蚀。

4）采用在金属表面上涂覆防护层、在重叠区（如紧固件周围）加密封材料等手段防止晶间腐蚀。

5.6.4.3　防霉菌

霉菌是微生物中真菌的一种，霉菌呈絮状或毛状，并能形成菌丝体，只要有菌种和适合它生长的营养源，再加上合适的温、湿度，霉菌就可以繁殖、生长。

霉菌在装备上发芽、生长繁殖的过程，就是它不断腐蚀、破坏装备的过程。它对材料的腐蚀分为原发性和继发性两种：原发性侵蚀是指霉菌直接从材料或产品中获取营养物质，材料受其侵蚀后显示出明显的破坏或损伤，主要对象是天然材料或合成材料等不耐霉材料；继发性侵蚀是指霉菌生长所需的营养不由材料或产品直接供给，而是由材料或产品制造、贮存、使用期间其表面积聚或沾染的尘埃、油漆、汗迹和其他污秽供给，其生长、发育过程中产生的分泌物对材料产生间接伤害，这种伤害的对象是金属材料。因此，需要特别重视防霉菌设计，具体措施如下：

1）选用防霉能力好的材料和元器件。应该尽量选择非霉菌营养材料及吸水性小、抗腐蚀性强的材料，可从相关标准中选用。例如美国军用标准 MIL - STD - 454《军用电子设备指南》推荐的丙烯酸、丙烯腈、石棉、陶瓷等可作为电子设备常用的霉菌不敏感材料。

2）采用防霉剂处理零部件或设备。

3）对设备、部件进行密封，并且放入干燥剂，保持内部空气干燥。

4）在密封前，对材料用足够强度的紫外线辐照，防止和抑杀霉菌。

5.6.5　电磁兼容设计

5.6.5.1　电磁兼容设计基本概念

（1）有关概念

电磁兼容性（electromagnetic compatibility，EMC）是指：设备

（分系统、系统）在共同的电磁环境中能一起执行各自功能的共存状态的能力。

航天产品（火箭、导弹、卫星、飞船）工作时外有复杂的电磁环境，内有多个电气、电子系统共同工作，电磁兼容问题突出，常常影响到航天产品的可靠性。因此，电磁兼容设计是可靠性设计的一个重要方面。

与电磁兼容性有关的名词术语：

1）电磁环境效应：电磁环境对电气电子系统、设备装置的运行能力的影响。它涵盖所有的电磁学科，包括电磁兼容性、电磁干扰、电磁易损性、电磁脉冲、电子对抗、电磁辐射对武器装备和易挥发物质的危害，以及雷电和沉积静电等自然效应。

2）电磁干扰：任何中断、阻碍、降低或限制电子设备有效性能的电磁能量。

3）辐射发射：通过空间传播的、有用的或不希望有的电磁能量。

4）辐射敏感度：对造成设备性能降低的辐射干扰场的度量。

5）传导发射：沿电源或信号线传输的电磁发射。

6）传导敏感度：对电源线、控制线或信号线上，造成设备性能降低的干扰信号（电流或电压）的度量。

7）敏感度极限：使试验样品呈现最小可辨别的不希望有的响应的干扰信号电平。

8）电磁干扰安全系数（安全余量）：敏感度极限与出现在关键点或信号线上的干扰之比。

（2）形成电磁干扰的三要素与电磁兼容的必要条件

要形成电磁干扰，下列三个要素必须同时存在：

1）释放电磁能量的源，$E(t, f)$；

2）对源的电磁能量产生不正常响应的敏感器（也叫接收器），$S(t, f)$；

3）能够把电磁能量从源耦合到敏感器的通路，$C(t, f)$。

上述三个要素均是时间和频率的函数。三者之间的关系如图 5 - 38 所示。

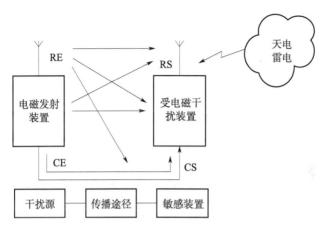

图 5 - 38　产生电磁干扰的三要素

在 GJB 151 或 GJB 151A 中，CE 为对设备和分系统通过电源线和互连线产生的不同频段的正弦干扰及尖峰（时域）干扰作出的限制；RE 为对单机和分系统通过空间进行的电场、磁场及谐波和乱真辐射作出的限制；CS 和 RS 则相反，它对单机和分系统承受通过电源线、互连线、空间电磁场承受干扰的能力针对不同的设备作出要求

若用 $E(t, f)$ 表示发射源的发射值，$C(t, f)$ 表示耦合系数，$S(t, f)$ 表示敏感器的敏感度阈值（敏感器呈现不希望有的响应时的最小可识别的干扰电平），则三者之间的关系为

$$E(t, f) - C(t, f) \leqslant S(t, f) \qquad (5 - 56)$$

为安全起见，加上安全余量 M，式（5 - 56）可改写为

$$E(t, f) - C(t, f) + M = S(t, f) \qquad (5 - 57)$$

当 $M > 0$ 时，发射源和敏感器之间是电磁兼容的；当 $M < 0$ 时，发射源通过耦合通道对敏感器产生了电磁干扰。

式（5 - 57）所表示的物理意义如图 5 - 39 所示。与可靠性设计相同，电磁兼容设计必须在费用与效益间作出权衡。考虑到产品老化和特性差异，对电子设备验收产品，要求 $M \geqslant 6$ dB；对鉴定产品，要求 $M \geqslant 12$ dB；对航天系统电爆装置，出于安全考虑，要求 $M \geqslant 20$ dB。

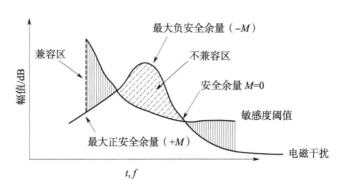

图 5 - 39　电磁兼容性与安全余量

　　为了使发射源和敏感器之间实现电磁兼容，可以采取降低发射源的发射值，切断耦合通道，提高敏感器的敏感度阈值等三项措施中的任一项或其组合。

5.6.5.2　电磁兼容性工程实施方法

　　电磁兼容性工程实施方法有事后解决法、规范法、系统法三种，对于液体火箭发动机，涉及电磁兼容性的部件主要是电缆、接插件、电机、传感器及电磁阀电磁部分，有些控制及测量模块还涉及电路及元器件，基本上都采用规范法，因此重点介绍规范法的具体操作流程。

　　目前有关电磁兼容性的标准和规范有很多，如国军标或美军标、行业标准、院标等，对发射源、干扰途径、敏感器提出指标要求或限制。这实际上是根据目前电路设计和元器件设计水平对以上三者的指标分配进行最优设计。因此，新系统和单机可按标准和规范设计、试验和验收。规范法有以下优点：一是使电磁兼容性设计更加合理有效，从这点看，按规范设计更加经济；二是使研制单位通过规范学习国内外先进经验，规范电磁兼容性设计，从而提高产品性能；三是促进了产品的标准化、通用化，使产品成为商品得以流通。

　　我国现行与航天有关的电磁兼容性国军标如下：GJB 151A — 97和 GJB 152A — 97 规定了单机和分系统电磁发射和敏感度要求以及

试验方法；GJB 1696 — 93 规定了地面设施的电磁兼容及接地方面的方法和要求；GJB 3590 — 99 规定了航天系统箭/弹上与地面系统间的电磁兼容方面的要求；GJB 2034 — 94 规定了电爆分系统方面的电磁兼容要求和方法。

电磁兼容标准是国内外大量实践经验的总结，是考虑费效比后对干扰和抗干扰能力的权衡和折中，与国内外电子设备元器件、线路设计和电磁兼容设计水平相适应，并随电子和无线电技术水平的发展而不断发展。GJB 151A 内容中有以下扩充：

1) 频率范围上限由 18 Hz 增加到 40 Hz。

2) 敏感度要求进一步提高，由原来的在 <14 kHz，14 kHz～30 MHz，30 MHz～10 GHz 各频率范围内场强分别为 20 V/m，10 V/m，5 V/m，提高到在 14 kHz～40 GHz 频率范围内场强均为 20 V/m。

3) 增加了以下项目：

a) RS105：瞬变电磁场辐射敏感度 50 kV/m 峰值场强；

b) CS114：电缆束注入传导敏感度 10 kHz～400 MHz；

c) CS115：电缆束注入脉冲激励传导敏感度；

d) CS116：10 kHz～100 MHz 电缆和电源线阻尼正弦瞬变传导敏感度。

新增项目引入了电缆网设计对单机和分系统敏感度的影响，增加了对耦合通道的检查，因此更能反映单机和分系统在系统中工作时的敏感度性能。为此，应注意单机在单元测试状态进行 CS114，CS115，CS116 试验时，单机与外部连接电缆特性与系统工作状态外部连接电缆特性保持一致。

4) 所有的发射不管其特性如何，都应采用 GJB 152A — 97 中规定的带宽进行测量，不鉴别宽、窄带发射。

GJB 3590 — 99《航天系统电磁兼容性要求》规定了以下内容：

1) 静电放电敏感度试验：对航天器内、外部设备附近出现静电放电情况下设备正常工作的能力作了规定。

2）地面电源和箭/弹上设备在电源纹波、尖峰电压、浪涌电压方面的指标分配如表 5 - 14 所示。

表 5 - 14　电源和设备的电源纹波、尖峰电压、浪涌电压要求

	对电源产生干扰的限制	对设备抗干扰能力要求
电压纹波	<250 mV（电阻负载）	>500 mV（设备和负载）
尖峰电压	$3 U_H$，强度<0.14×10^{-3} V·s	$t = (10 \pm 2)$ μs，$E = 200$ V
浪涌电压	正向 5 ms，负向 100 ms（瞬态）	能承受正向 10 ms 及负向 200 ms 瞬态冲击电压：（0~175%）U_H 或（120% ~ 0）U_H 设备不损坏，（65%~130%）U_H 设备正常工作

3）为控制运载火箭及航天器电路和金属部件间的电位差，一次电源应在靠近电源处接地；选取二次电源的接地点时，应尽量降低在信号电路上的共模效应。

按照规范进行指标分配和电磁兼容性设计能显著提高单机和系统的电磁兼容性能。在按规范进行电磁兼容指标分配、设计、试验时，可以根据型号特点进行适当裁剪和增删。

5.6.6　非工作状态下贮存环境适应性设计

产品制造出厂后，如果不用，就需要贮存；特别是对于武器装备，一次使用，长期贮存。贮存过程中遇到的贮存环境比较复杂，如温度、湿度、风、雨、冰雪、沙尘、盐雾、昆虫、啮齿动物等，此外，当贮存地需要转移时，还需要考虑运输中的振动环境。这些环境条件长期作用于产品，将引起各种机械应力、化学应力、温度应力等，使产品特性参数发生变化，当参数变化超过允许值时，产品将不能投入使用。受贮存环境影响最大的一般是电子元器件、光学器件、精密机械零件、非金属材料与非金属零件以及金属件。非工作状态下贮存环境适应性设计就是在产品研制过程中要同步考虑如何适应非工作状态下的贮存环境。

5.6.6.1　贮存期、贮存可靠性、贮存可用性概念

产品在贮存环境长期作用下，其使用效能有一个缓慢下降的过

程。当随着贮存时间的增加，使用效能减小到某个临界值以下时，可认为产品已失去使用价值，由此可给出产品贮存期的一般定义。

设产品的贮存寿命为 η，产品使用效能随时间增加而退化的允许值（即临界值）为 p，于是满足下式的贮存寿命限 t_η 称为产品贮存期

$$P(\eta > t_\eta) = p$$

当不计贮存阶段内检测、维修因素时，$P(\eta > t_\eta)$ 就是贮存可靠性；但是实际上贮存过程中必有定期检测、维修，即要计入维修因素，则 $P(\eta > t_\eta)$ 是贮存可用性。

5.6.6.2 贮存环境适应性设计

对于液体火箭发动机，贮存环境适应性设计主要涉及三防设计、防老化设计、非金属材料与元器件贮存期划线控制以及贮存阶段维护方案设计。

（1）三防设计

这里的三防设计与 5.6.4 节内容相同，不再赘述。

（2）防老化设计

高分子材料由于在贮存过程中性能逐渐变坏，以致最后丧失使用价值，这种现象称为老化。高分子材料老化过程主要以热老化为主。高分子材料防老化的措施包括添加抗氧剂、改进工艺、物理防护、改善环境等。

（3）非金属材料与元器件贮存期划线控制

非金属材料与电子元器件对贮存环境因素最敏感，是产品贮存可靠性的薄弱环节，全系统贮存期有多长决定于其薄弱环节。因此在产品设计与研制中必须对非金属材料与电子元器件采取特殊控制措施，即进行贮存期的划线控制。

液体火箭发动机是一个复杂系统，非金属材料与电子元器件从制造出厂之日起要经过零件、组件、单机、分系统、全系统各功能级的装配、调试，即存在各功能级的生产周转期。对非金属材料与电子元器件提贮存期要求时，必须考虑各功能级的生产周转期。据

此考虑，对非金属材料与电子元器件必须实行贮存期划线控制。按照这样的划线控制方式，凡是不符合贮存期要求的非金属材料与电子元器件，不得选用；凡是已到期的非金属材料与电子元器件，应及时更换。

（4）贮存阶段维护方案设计

贮存阶段合理的维护方案是维持贮存产品可用能力、延长贮存期的重要手段，维护方案设计是贮存可靠性（广义的）设计的重要组成部分。

贮存阶段维护方案设计包括以下内容：

1）制定贮存阶段维护方式及保养方法。对可检测产品，采取定时检测维护方式；对不可检测产品，应规定维护保养方法。

2）确定定时检测维护周期。这是一个优化问题，检测维修周期太长不利于及时查明故障，影响贮存可用性；检测维护周期太短则会增加检测工作量，此时受到资源条件的限制。

3）确定贮存备件。在贮存阶段定期检测，维护过程中所需的备件如何确定是一个优化问题，基本原则是：在必要时缺乏优质备件的概率应当极小。

参 考 文 献

[1]   周正伐. 可靠性工程基础 [M]. 北京：宇航出版社，1999.

[2]   D·K·休泽尔，等. 液体火箭发动机现代工程设计 [M]. 朱宁昌，等，译. 北京：中国宇航出版社，2004.

[3]   SAE ARP4900   液体火箭发动机可靠性验证 [S]，2001.

[4]   格涅钦科. 可靠性数学理论问题 [M]. 徐维新，等，译. 北京：兵器工业出版社，1990.

[5]   胡昌寿. 可靠性工程——设计、试验、分析、管理 [M]. 北京：宇航出版社，1989.

[6]   周正伐. 航天可靠性工程 [M]. 北京：中国宇航出版社，2007.

[7]   曾天祥. 可靠性及维修性工程手册 [M]. 北京：国防工业出版社，1994.

[8]   龚庆祥. 型号可靠性工程手册 [M]. 北京：国防工业出版社，2007.

[9]   朱宁昌. 液体火箭发动机设计 [M]. 北京：宇航出版社，1994.

[10]   胡昌寿. 航天可靠性设计手册 [M]. 北京：机械工业出版社，1999.

[11]   刘文珽. 结构可靠性设计手册 [M]. 北京：国防工业出版社，2006.

[12]   丁浩然. 可靠性与维修性工程 [M]. 北京：电子工业出版社，1986.

[13]   GJB/Z 35 — 93   元器件降额准则 [S]，1993.

[14]   GJB 450A — 2004   装备可靠性工作通用要求 [S]，2004.

[15]   GJB 451 — 90   可靠性维修性术语 [S]，1990.

第6章 可靠性分析

6.1 概述

可靠性分析是产品可靠性设计的重要组成部分，其目的在于有效识别产品潜在和隐含的故障风险，通过改进设计和采取有效的预防与控制措施，进一步提高可靠性，降低风险。可靠性分析的主要方法包括故障模式、影响及危害性分析（failure mode, effects and criticality analysis, FMECA）、故障树分析（fault tree analysis, FTA）、技术风险分析、潜在通路分析、蒙特卡罗分析、事件树分析、马尔可夫分析、数字仿真优化等。

液体火箭发动机种类繁多，按照推进剂供应系统的不同可以分为挤压式和泵压式；按照推进剂组元可分为单组元、双组元、三组元；按照功能划分，一类用于航天运载器和弹道导弹，包括主发动机、助推发动机、芯级发动机、上面级发动机、游动发动机等，另一类用于航天器主推进和辅助推进，包括远地点发动机、轨道机动发动机、姿态控制和轨道控制发动机等。发动机工作时，往往伴随大振动和高热流，因而其结构相对比较复杂，部组件较多，故障模式具有多样化的特征。为防止发动机工作期间可能出现导致任务或飞行器失败的故障，应尽可能实现组件冗余或变工况工作（如双重单向阀或额外推力室）以提高其可靠性，国外也有多台发动机同时工作情况下允许其中一台或几台发动机因故障关机后仍能完成工作任务的例子（发动机故障工作能力）。鉴于发动机的结构特点，目前在可靠性分析工作中，主要采用 FMECA、FTA 和技术风险分析等方法。

6.2 FMECA

6.2.1 FMECA 简介

FMECA 是分析系统中每一个产品所有可能产生的故障模式及其对系统造成的所有可能影响，并按每一个故障模式的严重程度及其发生的概率予以分类的一种归纳分析方法，目前已经成为一种系统化的可靠性分析程序。早在 20 世纪 50 年代初期，美国格鲁曼（Grumman）公司第一次将故障模式及影响分析用于战斗机操纵系统的设计分析，取得了良好的效果。此后这种技术在航空、航天以及其他工程方面得到了广泛的应用和发展。后来 FMECA 技术又形成了标准程序，美国于 1974 年发布了 MIL‐STD‐1629《故障模式、影响及致命性分析程序》，国际电工委员会（IEC）于 1985 年发布了 IEC 812《故障模式和影响分析（FMEA）程序》。我国也于 1987 年颁布了 GB 7826《失效模式和效应分析（FMEA）程序》（与 IEC 812 对应），1992 年颁布了 GJB 1391《故障模式、影响及危害性分析程序》，1998 年颁布了 QJ 3050《故障模式、影响及危害性分析指南》。上述标准的发布为开展 FMECA 工作提供了规范的要求和方法。

故障模式和影响分析（failure mode and effect analysis，FMEA）是 GJB 450A《装备研制与生产的通用大纲》、QJ 1408A《航天器与导弹武器系统可靠性大纲》所规定的主要工作项目之一。在一些航天型号产品研制中，FMEA 技术的广泛采用已取得了一定的成效。

在液体火箭发动机产品研制过程开展 FMEA 的初期，故障分析一般开展于产品研制或使用过程中发生故障之后，研制单位根据故障模式，分析故障原因，采取针对性的纠正措施，并验证其有效性。这种分析方法对持续改进产品质量和提高可靠性是非常必要的，但是是一种被动的、事后分析的方法。随着研制队伍对故障认识的深化和分析技术的提高,设计人员在产品设计的同时,全面识别产品所有可能的、潜在的故障模式,逐一分析故障原因,采取针对性预防措施,消除或减少故障发生的可能性。这是一种以预防为主、行之有效的 FMEA 方法,既能缩短产品的研制周期,又能减少研制费用,提高产品的固有可靠性。FMEA 方法的应用,实现了产品故障分析从被动到主动、从事后分析到事先预防分析的转变过程。

6.2.2　FMECA 的目的和作用

FMECA 的目的是:从产品设计(功能设计、硬件设计、软件设计)、生产(生产可行性分析、工艺设计、生产设备设计与使用)和使用角度发现各种影响产品可靠性的缺陷和薄弱环节,保证有组织地定性找出系统所有可能的故障模式及其影响,进而采取相应的措施,为提高产品的质量和可靠性水平提供改进依据。

FMECA 有以下作用:可以为制定关键项目和单点故障等清单或可靠性控制计划提供定性依据;为制定试验大纲提供定性信息;为确定更换有寿件、元器件清单提供可靠性设计的定性信息;为确定需要重点控制质量及工艺的薄弱环节清单提供定性信息;为可靠性(R)、维修性(M)、安全性(S)、测试性(T)和保障性(S)工作提供一种定性依据。

6.2.3　FMECA 方法和适用范围

在 FMEA 的基础上增加一个危害度的维度便是 FMECA,FMECA 适用范围很广,适用于型号各级产品、各研制阶段与各特定环节。从产品层次上讲,FMECA 适用于系统级、分系统级、单元级、元件级等各级产品;从产品研制阶段上讲,FMECA 适用于方案、工程研制、定型等各阶段;从产品特定环节上,FMECA 适用于设计、工艺、接口、过程、软件、维修、使用等环节。

FMECA 方法主要包括功能 FMECA、硬件 FMECA、软件FMECA、过程 FMECA 等。在产品寿命周期的不同阶段,采用

FMECA 的方法及目的各不相同，具体如表 6-1 所示。虽然各阶段开展 FMECA 的方法和形式不同，但其根本目的均是从不同角度发现产品的各种缺陷与薄弱环节，并采取有效的改进和补偿措施以提高其可靠性。

表 6-1　产品寿命周期各阶段的 FMECA 方法

阶段	方法	目的
论证、方案阶段	功能 FMECA	分析研究产品功能设计的缺陷与薄弱环节，为产品功能设计的改进和方案的权衡提供依据
工程研制与定型阶段	功能 FMECA，硬件 FMECA，软件 FMECA，损坏模式及影响分析（DMEA），过程 FMECA	分析研究产品硬件、软件、生产工艺和生存性与易损性设计的缺陷与薄弱环节，为产品的硬件、软件、生产工艺和生存性与易损性设计的改进提供依据
生产阶段	过程 FMECA	分析研究产品生产工艺的缺陷和薄弱环节，为产品生产工艺的改进提供依据
使用阶段	硬件 FMECA，软件 FMECA，损坏模式及影响分析（DMEA），过程 FMECA	分析研究产品使用过程中可能或实际发生的故障、原因及其影响，为提高产品使用可靠性，进行产品的改进、改型或新产品的研制以及使用维修决策等提供依据

产品设计过程中的 FMECA 工作应与设计工作同步进行。在论证与方案阶段和工程研制阶段的早期，主要考虑产品的功能组成，需进行功能 FMECA；当产品处于工程研制阶段、定型阶段时，主要进行硬件 FMECA。随着产品技术状态的变化，应不断更新 FMECA，以及时发现设计中的薄弱环节并加以改进。采用硬件法进行 FMECA 时，一般由下而上进行；采用功能法进行 FMECA 时，一般由上而下进行，其综合比较如表 6-2 所示。

表 6-2　功能 FMECA 与硬件 FMECA 的综合比较

项目	功能 FMECA	硬件 FMECA
内涵	根据产品的每个功能故障模式，对各种可能导致该功能故障模式的原因及其影响进行分析。使用该方法时，应将输出功能——列出	根据产品的每个硬件故障模式，对各种可能导致该硬件故障模式的原因及其影响进行分析

续表

项目		功能 FMECA	硬件 FMECA
使用条件及时机		产品的构成尚不确定或不完全确定时，采用功能 FMECA。一般用于产品的论证、方案阶段或工程研制阶段早期	产品设计图样及其他工程设计资料已确定后，采用硬件 FMECA。一般用于产品的工程研制阶段
适用范围		一般从初始约定层次进行产品向下分析，即自上而下进行分析，也可以从产品任一功能级开始向任一方向进行分析	一般从元器件级直至装备级，即自下而上的分析，也可以从任一层次产品开始向任一方向进行分析
分析人员需掌握的资料		产品工作原理和功能框图；产品的功能故障及边界条件等	产品的工作原理和功能、结构框图；产品的层次定义；产品的构成清单及元器件、零组件、材料等
特点	相似点	可获得产品"严酷度Ⅰ、Ⅱ类功能故障模式清单""关键功能项目清单"等	可获得产品"严酷度Ⅰ、Ⅱ类单点故障模式清单""可靠性关键重要产品清单"等
	优点	分析相对比较简单	分析比较严格，应用较广泛
	缺点	可能忽略某些功能故障模式	需要产品设计图及其他设计资料

过程 FMECA 是在产品的生产工艺中运用 FMECA 方法的分析工作，应与工艺设计同步进行，以及时发现工艺设计和实施过程中可能存在的薄弱环节并加以改进。

液体火箭发动机可靠性分析在 FMECA 方面的重点是设计 FMECA，以下结合发动机及其用途重点对设计 FMECA 进行介绍。

6.2.4 FMECA 的特点

FMECA 具有三个特点：一是表格化工作；二是单因素分析；三是定性定量分析。

（1）表格化工作

FMECA 工作一般具有以下几种表格：一是故障模式及影响分析表，其格式如表 6-3 所示。表 6-3 是 FMECA 最基本的表格，必须按规定要求，逐栏填写内容。二是危害性分析表，其格式如表 6-4 所示。三是Ⅰ、Ⅱ类单点故障模式清单，其格式如表 6-5 所示。表 6-5 是表 6-3 中严酷度为Ⅰ、Ⅱ类的故障模式汇总表；四是可靠

性关键重要产品清单，其格式如表 6 - 6 所示。表 6 - 6 是严酷度为
Ⅰ、Ⅱ类、发生可能性为 D 级以上的故障模式汇总表。为了便于计
算机操作，减少填表的工作量，各种表的表头和栏目应尽量相同。

表 6 - 3　故障模式及影响分析表

初始约定层次　　　　　　任务　　　　　审核　　　　　　　日期
约定层次　　　　　　　　分析　　　　　批准　　　　　　　页次　　　　　总页数

代码	产品名称	功能	故障模式	故障原因	任务阶段与工作方式	故障影响			严酷度类别	故障检测方法	设计改进措施或使用补偿措施	备注
						局部影响	高一层次影响	最终影响				

表 6 - 4　危害性分析表

初始约定层次　　　　　　任务　　　　　审核　　　　　　　日期
约定层次　　　　　　　　分析　　　　　批准　　　　　　　页次　　　　　总页数

代码	产品名称	功能	故障模式	故障原因	任务阶段与工作方式	严酷度类别	故障模式概率等级或故障数据源	故障率	故障模式频数比	故障影响概率	工作时间	故障模式危害度	产品危害度	备注

表 6 - 5　Ⅰ、Ⅱ 类单点故障模式清单

初始约定层次　　　　　　任务　　　　　审核　　　　　　　日期
约定层次　　　　　　　　分析　　　　　批准　　　　　　　页次　　　　　总页数

代码	产品名称	故障模式	最终故障影响	严酷度等级	设计改进措施或使用补偿措施	故障模式未被消除原因	备注

表 6 - 6　可靠性关键重要产品清单

初始约定层次　　　　　　任务　　　　　审核　　　　　　　日期
约定层次　　　　　　　　分析　　　　　批准　　　　　　　页次　　　　　总页数

代码	产品名称	关键故障模式	最终故障影响	严酷度类别	设计改进措施或使用补偿措施	实施部门	实施情况	备注

（2）单因素分析

FMECA 原则上是一种单因素的分析方法，认为系统（或产品）在工作过程中的某一时刻只发生一种故障模式，分析这种故障模式对系统局部、高一层和最终造成的影响，而不考虑同时发生两种或两种以上的故障模式，也不考虑某种故障模式发生引起的从属故障。

（3）定性定量分析

故障模式严酷度和发生可能性是分析故障模式危害性的两个必要因素，它分为定性和定量的危害性矩阵分析方法。当由于系统（或产品）在研制过程中缺少故障和故障影响的量化数据，难以进行定量分析时，可以选择定性的危害性矩阵分析方法。

6.2.5　定义约定层次

根据分析的需要，按产品的功能关系或复杂程度划分产品功能层次或结构层次。这些层次一般从比较复杂的系统到比较简单的零件进行划分；一般分为初始约定层次、约定层次和最低约定层次。

初始约定层次是进行 FMECA 总的完整的产品所在的层次，它是约定的产品第一分析层次；约定层次是初始约定层次相继的约定层次（第二、第三、第四等），这些层次表明了较简单的组成部分的有顺序的排列；最低约定层次是约定层次中最低层的产品所在层次，它决定了 FMECA 工作深入、细致的程度。

在液体火箭发动机采用硬件法自下而上逐级进行 FMEA 时，一般对约定层次定义如下：

1）导弹武器（或运载火箭）为系统级；

2）发动机为分系统级；

3）推力室、阀门、贮箱等组件为单元级；

4）原材料、零件、元器件为元件级。

初始约定层次为导弹武器（或运载火箭）；约定层次为发动机上的组件；最低约定层次为组件上的原材料、零件和元器件。

6.2.6　描述产品任务

在 FMECA 工作中，应对产品完成任务的要求及其环境条件进行描述，这种描述一般用任务剖面来表示。任务剖面是指产品在完成规定任务时间内所经历的事件和环境的时序的描述，如发射准备段、启动段、主动段、末修段等。

6.2.7　定义故障判据

故障判据如下：

1）产品在规定的条件下和规定时间内，不能完成规定的功能；

2）产品在规定的条件下和规定时间内，某些性能指标不能保持在规定的范围内；

3）产品在规定的条件下和规定时间内，对人员、环境、能源和物资等方面的影响超出了允许范围；

4）技术协议或其他文件规定的故障判据。

在系统的寿命周期内，分析人员经过各种 FMECA 即可掌握系统的全部故障模式，但首先遇到的问题是在系统研制初期如何分析各产品可能的故障模式。

一般来说，失效模式是通过借鉴以往型号产品发生的故障模式、概率仿真分析出的故障模式、试验过程发生的故障模式以及专家经验来确定的，可遵循如下原则：

1）对系统中直接采用的现有产品，可以以该产品在过去的使用过程中所发生的故障模式为基础，再根据该产品使用环境条件的异同进行分析修正，得到该产品的故障模式。

2）对系统中的新产品，可根据该产品的功能原理进行分析预测，得到该产品的故障模式；或以与该产品具有相似功能的产品所发生的故障模式为基础，分析判断该产品的故障模式。

GJB 1391《故障模式、影响及危害性分析程序》规定的典型故障模式如表 6-7 所示。

表 6 - 7　GJB 1391 规定的典型故障模式

序号	故障模式	序号	故障模式	序号	故障模式
1	结构故障（破损）	12	超出允差（下限）	23	滞后运行
2	捆结或卡死	13	意外运行	24	错误输入（过大）
3	振动	14	间歇性工作	25	错误输入（过小）
4	不能保持正常位置	15	漂移性工作	26	错误输出（过大）
5	打不开	16	错误指示	27	错误输出（过小）
6	关不上	17	流动不畅	28	无输入
7	误开	18	错误动作	29	无输出
8	误关	19	不能关机	30	（电的）短路
9	内部漏泄	20	不能开机	31	（电的）开路
10	外部漏泄	21	不能切换	32	（电的）漏泄
11	超出允差（上限）	22	提前运行	33	其他

机械产品典型故障模式一般可分为以下 7 大类：

1）损坏型：如断裂、变形过大、塑性变形、裂纹等；

2）退化型：如老化、腐蚀、磨损等；

3）松脱型：松动、脱焊等；

4）失调型：如间隙不当、行程不当、压力不当等；

5）堵塞或渗漏型：如堵塞、漏油、漏气等；

6）功能型：如性能不稳定、性能下降、功能不正常等；

7）其他：如润滑不良等。

6.2.8　定义严酷度类别

在进行故障影响分析之前，应对故障模式的严酷度类别进行定义。严酷度类别是根据故障模式最终可能导致的人员伤亡、任务失败、产品损坏和环境损害等方面的影响程度来确定的。

根据发动机类型，应具体、明确地对Ⅰ、Ⅱ、Ⅲ、Ⅳ类严酷度分类的具体内容进行自定义。一般定义如表 6-8 所示。

表 6 - 8 故障严酷度分类

严酷度类别	类别描述	说明
I	灾难性的	导致人员死亡或导弹武器（或运载火箭）毁坏的故障
II	致命的	导致人员严重受伤、系统功能丧失或任务失败的故障
III	轻度的	导致人员轻度受伤、系统性能下降或任务推迟的故障
IV	轻微的	轻于 III 类的故障后果，可导致非计划维修的故障

6.2.9 FMECA 的工作步骤和实施

FMECA 工作的步骤主要包括系统定义、FMEA 和危害性分析（CA），具体如图 6 - 1 所示。

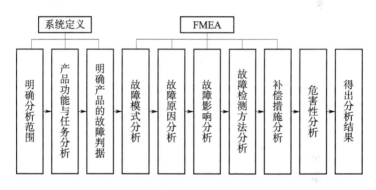

图 6 - 1 FMECA 工作的步骤

6.2.9.1 系统定义

系统定义的目的是使分析人员有针对性地对被分析产品在给定任务功能下进行所有可能的模式、原因和影响分析。系统定义可概括为产品功能分析和绘制框图两个部分。例如，液体火箭发动机的系统定义主要内容应包括：

1）组成，并画出系统组成示意图；

2）工作原理；

3）功能和性能要求；

4）工作条件和环境条件；

5）失效判据。

6.2.9.2　FMEA

FMEA 的主要工作是填写故障模式及影响分析表，该表共有 12 个栏目，每一栏的填写要求如下。

（1）代码

本栏目是指分析项目故障模式的序号，一个序号表示一个故障模式。可按可靠性框图中组成单元的先后顺序对出现的故障模式进行排序。

（2）产品名称（代号）

本栏目是指各个分析项目的名称，包括与名称相应的代号（或图号）。

（3）功能

本栏目是指分析项目在执行任务中应具备的功能或用途。

（4）任务阶段

本栏目是指分析项目在执行任务时所处的工作阶段，比如发射准备段、启动段、主动段、末修段等各个阶段。

（5）故障模式

本栏目填写具体的故障模式，按以下要求填写：

1）故障模式是指故障的表现形式，表达应简单、具体、明确；

2）故障模式的识别要全面，应根据产品的结构、功能、工作原理、工作过程、所处的工作状态和不同的工作环境等进行逻辑分析，重点识别对发动机系统功能、性能有直接影响的组件、总装结构、内外接口和发动机自身的故障模式；

3）故障模式应是单一的，要避免复合故障模式；

4）各种故障模式之间应是相互独立的，彼此不相关。

（6）故障影响

本栏目填写故障模式的影响，按以下要求填写：

1）故障影响分三个层次：局部影响、高一层次影响、最终影响；

2）局部影响是指某产品的故障模式对该产品自身和与该产品所在约定层次相同的其他产品的使用、功能或状态的影响；

3）高一层次影响是指某产品的故障模式对该产品所在约定层次的高一层次产品的使用、功能或状态的影响；

4）最终影响是指系统中某产品的故障模式对初始约定层次产品的使用、功能或状态的影响。

（7）故障检测方法

本栏目是指对列举的各种故障模式进行检测的参数和方法。由于 FMEA 主要在研制过程中进行，即主要在地面进行，因此对故障模式的检测主要也是在地面进行，例如采取视觉或听觉告警装置、自动感应检测装置等检测方法，它们可以起到检验、筛选作用。

针对分析找出的每一个故障模式，分析其故障检测方法，以便为系统的维修性、测试性设计以及系统的维修工作提供依据。故障检测方法一般包括目视检查、离机检测、原位测试等手段。故障检测一般分为事前检测与事后检测两类，对于潜在故障模式，应尽可能设计事前检测方法。

（8）严酷度

本栏目填写故障模式对系统（全弹、全箭）产生影响的严重程度，按以下要求填写：

1）严酷度划分为四类，类别根据故障模式对系统（全弹、全箭）最终影响结果而定；

2）严酷度与故障模式相对应，不与故障原因相对应；

3）由于 FMEA 是基于当前的技术状态进行的，因此严酷度针对的是某次 FMEA 工作中尚未采取措施前的故障模式，而不是针对采取措施后的故障模式。

（9）发生可能性

本栏目填写故障模式发生的可能性，按以下要求填写：

1）发生可能性分为 A，B，C，D，E 五级，具体规定如表 6 - 9 所示；

表 6 - 9　故障发生可能性等级

故障发生可能性等级	分级描述	说明
A	经常发生	该故障模式的发生概率大于或等于总的故障概率的20%
B	有时发生	该故障模式的发生概率大于或等于总的故障概率的10%，但小于20%
C	偶然发生	该故障模式的发生概率大于或等于总的故障概率的1%，但小于10%
D	很少发生	该故障模式的发生概率大于或等于总的故障概率的0.1%，但小于1%
E	极少发生	该故障模式的发生概率小于总的故障概率的0.1%

2) 发生可能性与故障模式相对应，不与故障原因相对应；

3) 由于 FMEA 是基于当前的技术状态进行的，因此发生可能性针对的是某次 FMEA 工作中尚未采取措施前的故障模式，而不是针对采取措施后的故障模式。

（10）故障原因

本栏目填写故障模式发生的原因，按以下要求填写：

1) 故障原因的表达尽可能具体、明确；

2) 每一个故障模式的原因一般不止一个，多个故障原因应是相互独立的；

3) 故障原因与故障模式二者之间是因果关系，不应颠倒或模糊，不应将故障原因写在故障模式栏内；

4) 故障原因只限于在自身范围内查找。

（11）补偿（或防止）措施

补偿（或防止）措施是关系到能否有效地提高产品可靠性的重要环节。本栏目针对每个故障模式的原因、影响，提出可能的补偿措施。

本栏目填写故障模式补偿（或防止）措施，按以下要求填写：

1) 补偿（或防止）措施应与故障原因一一对应，每一个故障原因应有相应的补偿（或防止）措施，当采用冗余设计时，应作为一条独立的设计措施。

2) 补偿（或防止）措施包括设计改进、工艺改进、冗余、检

验、验收、改善使用条件、发射场测试等各个方面。设计单位的
FMEA 工作，应以设计措施为重点。

3）补偿（或防止）措施应有针对性，尽量做到具体、真实、量
化、可操作，切忌笼统与口号化；本栏不可空缺，也不可填写"无"。

例如，设计补偿措施包括：产品发生故障时，能继续安全工作
的冗余设备；安全或保险装置（如监控及报警装置）；可替换的工作
方式（如备用或辅助设备）；可以消除或减轻故障影响的设计或工艺
改进（如概率设计、计算机模拟仿真分析和工艺改进等）。操作人员
补偿措施包括：特殊的使用和维护规程，尽量避免或预防故障的发
生；一旦出现某故障后操作人员应采取的最恰当的补救措施。

（12）备注

本栏目是对故障模式及影响分析表中任何一栏的必要的补充或
说明，也可以空白。若产品在研制过程中发生过故障，应在备注栏
内简要说明故障产品编号（或试车代号）、故障发生时间、现象、原
因及解决措施。

6.2.9.3　CA

CA 的目的是：对产品的每一个故障模式的严重程度及其发生的
概率所产生的综合影响进行分类，以全面评价产品中所有可能出现
的故障模式的影响。CA 是 FMEA 的补充或扩展，只有在进行
FMEA 的基础上才能进行 CA。CA 常用的方法包括风险优先数
（risk priority number，RPN）法和危害性矩阵法。风险优先数法主
要用于汽车等民用工业领域，危害性矩阵法主要用于航空、航天等
军用领域。这里主要介绍定性危害性矩阵法。

定性危害性矩阵分析方法是将每个故障模式发生的可能性分为
离散的级别，按所定义的等级对每个故障模式进行评定。根据每个
故障模式出现概率大小将其分为 A，B，C，D，E 五级，如表 6 - 9
所示。结合工程实践，可以对故障模式的等级及概率进行修正。故
障模式概率等级评定之后，应用危害性矩阵图对每个故障模式进行
危害性分析。

　　绘制危害性矩阵图的目的是比较每个故障模式的危害程度，进而为确定改进措施的先后顺序提供依据。危害性矩阵是在某一特定严酷度级别下，产品各个故障模式危害程度或产品危害度相对结果的比较。

　　危害性矩阵图绘制方法：横坐标一般按等距离表示严酷度类别；纵坐标为产品危害度或故障模式危害度或故障概率等级，如图 6 - 2 所示。其中，M_1、M_2 指的是故障模式根据故障概率等级和严酷度等级确定的分布点。

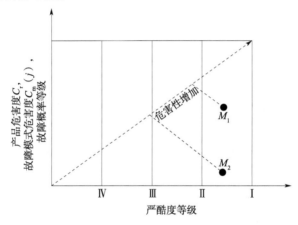

图 6 - 2　　危害性矩阵图

　　液体火箭发动机系统由于缺乏定量数据，故只能对故障危害性进行定性分析。根据系统各组成单元故障模式的严酷度类别和故障模式概率等级绘制危害性矩阵，对危害性矩阵中严酷度类别为 I、II 类、故障概率等级为 D 级以上的故障模式必须进行重点分析，采取有效的预防措施，还应进行必要的试验验证，因为这些故障模式的发生，将会导致灾难性的或致命的严重后果。

6.2.10　FMECA 应注意的问题

　　功能 FMECA 及硬件 FMECA 应注意的事项：

　　1）重视 FMECA 工作计划。实施中应贯彻"边设计、边分析、边改进"和"谁设计、谁分析"的原则。FMECA 必须由熟悉系统

（或产品）且经验丰富的设计人员进行，可靠性专业人员密切配合和协助，这样既能满足标准要求，又能提高产品设计质量与可靠性。

2）明确约定层次间的关系。各约定层次间存在着一定的因果关系，即低层次产品的故障模式是紧邻上一层次的故障原因；低层次产品故障模式对高一层次的影响是紧邻上一层次产品的故障模式。FMECA 是一个由下而上的分析迭代过程。

3）加强规范化工作。实施 FMECA，应加强规范化管理。火箭（卫星）抓总单位应明确与各承制单位之间的职责与接口分工，统一规范、技术指导，并跟踪其效果，以保证 FMECA 结果的正确性、可比性。

4）积累经验，注重信息。建立相应的故障模式及相关信息库。

5）功能 FMECA 及硬件 FMECA 是一种静态、单因素的分析方法，在动态多因素分析方面还很不完善，为了对产品进行全面分析，进行功能 FMECA 及硬件 FMECA 时还应与其他故障分析方法相结合。

6.2.11　FMEA 应用案例——某姿控动力系统

6.2.11.1　概述

某姿控动力系统是火箭的重要组成部分。本节以组件 FMEA 为基础，对姿控动力系统各种可能的、潜在的故障模式及影响进行分析，最后列出关键项目清单并提出预防和控制措施建议。

6.2.11.2　系统定义

（1）组成系统

姿控动力系统组成如图 6 - 3 所示。系统主要组件包括推力室、电动气阀、电磁阀、氧化剂贮箱、燃料贮箱、气瓶、充气阀、电爆阀、电爆管、减压阀、止回阀、导管、过滤器、电缆、控制盒等（电缆及控制盒在图 6 - 3 中未示出）。

（2）系统工作原理

姿控动力系统工作原理是：控制系统在规定时间给电爆阀的电爆管通电并引爆电爆管，电爆阀打开，气瓶中的高压氮气经减压阀

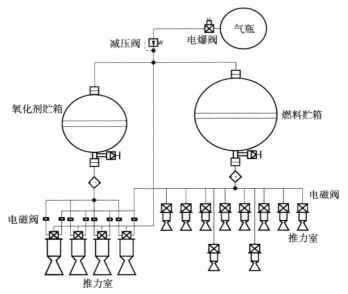

图 6 - 3　姿控动力系统组成

对氧化剂贮箱和燃料贮箱增压，同时进入电动气阀主阀控制腔；贮箱前后的隔离膜片分别在气体和液体压力作用下打开，氧化剂和燃料充填至相应的电磁阀和电动气阀前，当贮箱压力达到稳定后系统增压完毕。需要推力室工作时，控制系统通过控制盒和电缆给相应的电磁阀（或电动气阀）通电，阀门打开，推进剂进入推力室燃烧（或催化分解）生成高温气体，经喷管加速后喷出，产生所需推力；功能完成后，控制系统给相应的电磁阀（或电动气阀）断电，阀门关闭，切断推进剂供应，推力室停止工作。

减压阀出口设置的安全阀在减压阀出口压力异常升高超过允许的安全上限时自动打开，当压力恢复到安全值以内时自动关闭。

（3）系统功能

根据设计任务书要求，姿控动力系统的功能是：为火箭主动段俯仰、偏航和滚转提供控制力，并为末修级俯仰、偏航、滚转和加速提供控制力。提供控制力的工作模式有长程稳态和脉冲两种。各任务阶段的任务时间取决于导弹飞行程序，工作的气候环境条件和力学环境条件应满足任务书要求。

（4）故障判据

如果姿控动力系统在任务书规定条件下、规定时间内不能完成规定功能的状态或性能超出设计允许的范围，均应判定姿控动力系统发生故障。

姿控动力系统要圆满完成规定功能，就要求系统中各组件都能正常发挥各自功能并协调工作，且性能满足设计要求。若姿控动力系统任一组件不能完成规定功能的状态或性能超出设计允许的范围，均应判定组件发生故障。

6.2.11.3　基本规则与假设

（1）分析方法

由于姿控动力系统目前处于模样阶段后期，组件方案基本确定，具备了硬件分析基础，因此，在进行 FMEA 时采用硬件法。

（2）约定层次

系统约定层次定义如下：

1）火箭（系统级）；

2）姿控动力系统（分系统级）；

3）推力室、阀门、贮箱等组件（单元级）。

初始约定层次为火箭；分析约定层次为姿控动力系统；最低约定层次为姿控动力系统组件。

（3）假设条件

在进行 FMEA 时假设：

1）地面保障系统给姿控动力系统充气和加注推进剂符合使用维护技术条件要求；

2）箭上控制系统传输的控制信号正常；

3）不考虑其他系统对姿控动力系统造成危害而引发的故障。

6.2.11.4　功能框图和可靠性框图

根据姿控动力系统的组成、工作原理及各组件的功能，建立的

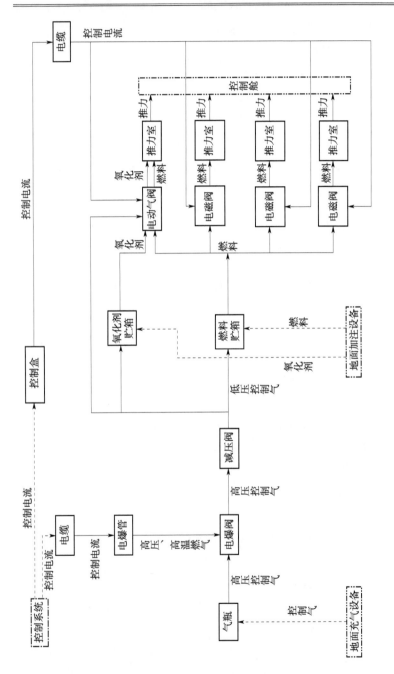

图6-4 姿控动力系统功能框图

功能框图如图 6-4 所示。根据姿控动力系统组成及组件功能分析，任一组件失效，都将导致姿控动力系统不能完成规定任务。因此，各组件之间的可靠性逻辑关系是串联关系。姿控动力系统可靠性框图如图 6-5 所示。

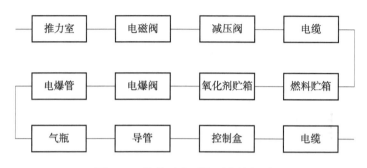

图 6-5　姿控动力系统可靠性框图

6.2.11.5　故障模式及影响分析

各组成单元的故障模式及影响分析结果如表 6-10 所示。姿控动力系统故障模式共有 46 种，其中 Ⅰ、Ⅱ 类故障模式 28 种，Ⅲ 类故障模式 12 种，Ⅳ 类故障模式 6 种。发生可能性等级 D 级 9 种，E 级 37 种。

在 Ⅰ、Ⅱ 类故障模式中，23 号（安全阀打不开）、27 号（氧化剂贮箱爆破）、31 号（燃料贮箱爆破）、35 号（气瓶爆破）4 种故障模式，尽管发生的可能性为 E（极少发生），但严酷度为 Ⅰ 类，这些故障模式一旦发生，将会导致火箭毁坏的灾难性后果。因此，应对 23 号、27 号、31 号和 35 号 4 种故障模式重点采取预防措施。

1 号（1♯推力室身部烧穿）和 44 号（控制盒不能正常输出）故障模式发生可能性为 D（很少发生），严酷度为 Ⅱ 类，故障模式一旦发生，将会导致任务失败的严重后果。因此 1 号和 44 号故障模式应作为关键项目，在设计和生产过程中采取加严的控制措施，并在技术文件中予以落实。关键项目清单如表 6-11 所示。

表 6-10　姿控动力系统故障模式及影响分析表

初始约定层次　火箭　　　任务　____　　分析　____　　审核　____　　批准　____

约定层次　姿控动力系统　　发射、飞行　×××　　日期　×××　　页次　×××　　总页数　×××

代码	产品名称(代号)	功能	任务阶段	故障模式	故障影响			故障检测方法	严酷度	发生可能性	故障原因	防止措施	备注
					局部	高一层	最终						
1	推力室	将推进剂的化学能转换为动能，为飞行主动段提供俯仰和偏航控制力	主动飞行段	身部烧穿	推力室损坏	姿控动力系统部分功能丧失	任务失败	无	II	D	1) 材料有缺陷 2) 燃气回流区大 3) 高频不稳定燃烧 4) 冷却孔堵塞	1) X光检查，剔除有缺陷材料 2) 缩短冷却液击壁距离，减小回流区 3) 增加声腔结构 4) 焊接后用内窥镜检查集液腔，在入口处设置过滤网	
2				推进剂管断裂	推力室无法工作	姿控动力系统部分功能丧失	任务失败	无	II	E	1) 设计裕度偏小 2) 推进剂管材料有缺陷	1) 适当增加推进剂管壁厚 2) X光检查，剔除有缺陷推进剂管	
3				隔热框断裂	推力室结构破坏	姿控动力系统部分功能丧失	任务失败	无	II	E	设计强度不够	安全系数由1.5提高到1.8，且需经强度试验验证	

续表

代码	产品名称(代号)	功能	任务阶段	故障模式	故障影响 局部	故障影响 高一层	故障影响 最终	故障检测方法	严酷度	发生可能性	故障原因	防止措施	备注
4	同上	同上	同上	喷注孔堵塞	推力室混合比增大或减小，推力降低	姿控动力系统推力超差	对飞行姿态调整有轻微影响	无	Ⅲ	D	1) 焊接参数选择不当 2) 多余物堵塞	1) 焊接工艺参数经试验确定 2) 入口设置过滤网，防止上游杂质进入	
⋮	⋮	⋮	⋮	⋮	⋮	⋮	⋮	⋮	⋮	⋮	⋮	⋮	⋮
27	氧化剂贮箱	贮存、管理和供应氧化剂	从氧化剂加注至末修级飞行结束	爆破	氧化剂贮箱破坏	姿控动力系统毁坏	导弹毁坏	无	Ⅰ	E	1) 设计裕度偏小 2) 原材料缺陷 3) 焊缝缺陷	1) 按极限使用条件设计，安全系数取 2.5 2) 逐件进行声发射检查和残余变形测量 3) 焊缝按 I 级标准进行 100%X 光检查、逐件进行气密性检查和液压强度试验，进行典型爆破试验，爆破压力不小于 6 MPa	

续表

代码	产品名称(代号)	功能	任务阶段	故障模式	故障影响 局部	故障影响 高一层	故障影响 最终	故障检测方法	严酷度	发生可能性	故障原因	防止措施	备注
28				隔离膜片打不开	贮箱丧失氧化剂供应功能	姿控动力系统失效	任务失败	无	II	E	1)原材料强度过高或膜片厚度超出上限 2)刻痕深度不够	1)采用适当原材料,强度和膜片厚度不超差 2)适当加大刻痕深度,进行典型剖切破试验	
29	氧化剂贮箱	贮存、管理和供应氧化剂	从氧化剂加注至末修级飞行结束	半膜破裂	贮箱丧失氧化剂管理功能	姿控动力系统有效总冲减少或推力脉动	对飞行姿态或调整头有轻微影响	无	III	E	1)机械损伤 2)机械性能差	1)贮箱气路接嘴内设置过滤网、防止机械杂质进入 2)采用橡塑复合半膜,改善机械性能	
30				加注嘴轻微泄漏	氧化剂泄漏	姿控动力系统总冲减少	对飞行姿态或调整头有轻微影响	无	III	E	1)密封可靠性低 2)密封面损伤 3)堵头拧紧力矩不够	1)采用双重密封 2)装配时用放大镜检查密封面 3)堵头安装用力矩手,按规定力矩拧紧	
⋯	⋯	⋯	⋯	⋯	⋯	⋯	⋯	⋯	⋯	⋯	⋯	⋯	⋯

续表

代码	产品名称（代号）	功能	任务阶段	故障模式	故障影响 局部	故障影响 高一层	故障影响 最终	故障检测方法	严酷度	发生可能性	故障原因	防止措施	备注
42	控制盒	用于电动气阀和电磁阀控制	从姿控动力系统起控至末修级飞行结束	短路	控制盒部分或全部失效	姿控动力分系统部分或全部功能丧失	任务失败	在技术阵地进行电性能检查	II	E	1) 接线错误 2) 湿气进入电连接器	1) 逐点进行导通检查 2) 采用密封的电连接器、电连接器灌胶	…
43				开路	控制盒部分或全部失效	姿控动力分系统部分或全部功能丧失	任务失败	在技术阵地进行电性能检查	II	E	1) 焊点脱落 2) 导线断裂	1) 采用高强度耐高温焊锡 2) 采用双点双线冗余设计，适当加粗线径	
44				不能正常输出	控制盒部分功能丧失	姿控动力分系统部分或全部功能丧失	任务失败	在技术阵地进行电性能检查	II	D	放大器、稳压器、定时器、一级驱动管、功率驱动管、开关管等中至少有一种损坏	元器件按 Q/WE 511—98 筛选，并采用 GJB/Z 35—93 I 级降额设计	
…	…	…	…	…	…	…	…	…	…	…	…	…	…

表 6-11 姿控动力系统关键项目清单

初始约定层次 ___火箭___ 　任务 ___ 　审核 ___×××___

约定层次 ___姿控动力系统___ 　发射、飞行 ___×××___ 　批准 ___×××___

分析 ___ 　日期 ___×××___ 　页次 ___×××___ 　总页数 ___×××___

代码	产品名称(代号)	功能	任务阶段	故障模式	故障影响			故障检测方法	严酷度	发生可能性	故障原因	防止措施	备注
					局部	高一层	最终						
1	推力室	将推进剂的化学能转换为动能,为主动飞行段提供俯仰和偏航控制力	主动飞行段	身部烧穿	推力室损坏	姿控动力系统部分功能丧失	任务失败	无	II	D	1) 材料有缺陷 2) 燃气回流区大 3) 高频不稳定燃烧 4) 冷却孔堵塞	1) X 光检查,剔除有缺陷材料 2) 缩短冷却液击壁距离,减小回流区 3) 增加声腔结构 4) 焊接后内窥镜检查集液腔、入口设置过滤网	×××
44	控制盒	用于电动气阀和电磁阀控制	从姿控动力系统起控至姿控末修级飞行结束	不能正常输出	控制盒部分功能丧失	姿控动力系统全部功能丧失	任务失败	在技术阵地进行电性能检查	II	D	放大器、稳压器、定时器、一级驱动管、功率驱动管、开关管等中至少有一种损坏	元器件按 Q/WE 511—98 筛选,并采用 GJB/Z 35—93 I 级降额设计	×××

6.2.11.6　结论与建议

FMEA 结果表明，由于设计上广泛采用成熟技术，借鉴了多个型号的研制经验和成果，同时对设计、生产和试验过程进行严格的质量控制；因此，姿控动力系统各种潜在的故障模式发生的可能性都是很小或极小的。为确保姿控动力系统可靠性，建议对 1 号、23 号、27 号、31 号、35 号、44 号 6 种故障模式重点采取预防措施。建议将 1 号和 44 号故障模式作为关键项目，采取严格的预防和控制措施。对 1 号故障模式，除在设计和生产上采取严格控制措施外，还应进行必要的高空模拟试验验证，并在科研生产计划中落实。

6.2.12　FMECA 应用案例——某二级发动机系统

6.2.12.1　系统组成及功能

某二级发动机系统主要组成如下：启动系统，包括火药启动器、电爆管等；涡轮工质供应系统，简称副系统，包括断流阀门、过滤器、汽蚀管、节流圈、单向阀、燃气发生器、涡轮、排气管及导管等；推力室推进剂供应系统，简称主系统，包括启动阀门、泵、主阀、主汽蚀管、推力室、节流圈及主管路等；推进剂利用系统，包括调节器、位移传感器及导管；推进剂贮箱增压系统，包括汽蚀管、蒸发器、音速喷嘴、降温器、单向阀及导管等；隔板系统以及总装直属件等。

6.2.12.2　约定层次及系统定义

约定层次定义如下：

1) 运载火箭系统（系统级）；

2) 动力系统（分系统级）；

3) 推力室、涡轮泵、阀门等组件（单元级）。

初始约定层次定义为运载火箭系统，分析的约定层次定义为发动机系统各组件。由于系统中所有的导管、过滤器、集合/分流元件、机架、总装直属件等产品，结构简单，技术成熟，同类产品的设计经过多个型号大量地面试验和飞行试验验证，具有很高的可靠性、安全性和良好的维修性，不再对这些产品进行分析，也不将其纳入系统的功能框图和可靠性框图。

分析的任务阶段为运载火箭系统发射、飞行阶段，二级主机工作时间 300 s。在进行 FMECA 工作时，确定假设条件如下：

1）地面保障系统的推进剂加注符合使用维护技术条件的要求；

2）箭上控制系统传输的控制信号正常；

3）发动机在总装时各组件接口连接正常，无组件结构损坏或破坏，总装后检查测试合格；

4）排除其他系统对发动机造成危害而引发的故障。

对发动机系统的组成、工作原理及各组件的功能进行分析，建立功能框图，如图 6-6 所示。由框图可以看出系统中任一组件失效，都会导致任务失败，因此，发动机系统中各组件可靠性的逻辑关系是串联，其可靠性框图如图 6-7 所示。

6.2.12.3　故障判据

发动机工作环境为高温、高压、冲击、振动、过载。在此环境下，发动机在规定时间内不能正常工作（包括性能参数达不到要求）就称为故障，亦称为失效。发动机系统要完成规定功能，要求系统中各组件能正常完成各自功能并协调一致工作，且性能满足设计要求。在发动机工作过程中，各组件出现不能完成规定功能的状态或性能严重超出设计要求的允许范围，均可判断组件发生故障。

6.2.12.4　严酷度类别

按照 QJ 3050—98《航天产品故障模式、影响及危害性分析指南》中的要求，将故障严酷度分为 4 类，其定义如表 6-8 所示。

按 QJ 3050—98 的要求，将故障概率等级分为五级，如表 6-9 所示。

发动机系统及组件在生产、试验和测试过程中常用的故障检测

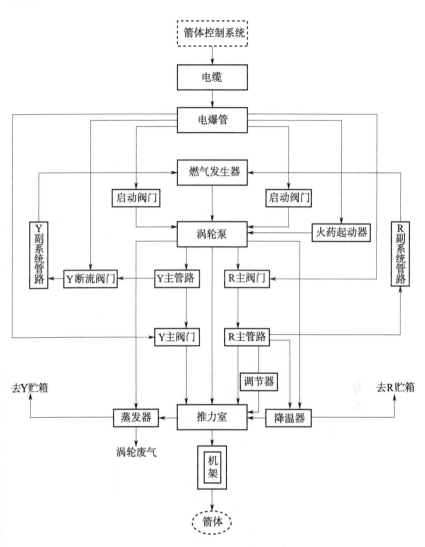

图 6-6　二级发动机系统功能框图（含调节器）

Y—氧化剂；R—燃料

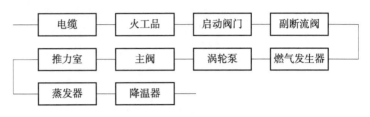

图 6 - 7　二级发动机可靠性框图

方法有：外观检查、检漏、X 光检查、电性能测试等。

6.2.12.5　FMECA

通过故障模式分析可见，发动机共有故障模式 35 种，其中能够导致Ⅱ类故障后果且发生可能性在 D 级以上的故障模式有 12 种，将这些故障模式列入了关键项目清单。根据本案例的实际情况，将 FMEA 表、CA 表合并成一个表。这使得 FMECA 表更简明、直观，并减少了工作量，具体如表 6 - 12 所示。表中的故障模式、故障原因、故障率等均是在多年实践经验的总结和大量相似故障案例的归零和分析基础上进行的，其结果比较真实可靠。

从表 6 - 12 中可以看出，二级发动机各组件的故障模式有可能导致Ⅰ类和Ⅱ类故障后果，在发动机设计上针对每个故障模式采取了补偿措施，通过冗余设计和可靠性增长设计，提高了发动机的固有可靠性水平，从而能够避免故障的发生。

从关键项目清单（表 6 - 13）中可以看出，导致Ⅰ类和Ⅱ类故障模式的主要原因是材料质量、加工质量和装配质量问题，尤其是焊接质量问题。为此，在发动机生产过程中，工艺上采取了一系列行之有效的控制方法，并采取了严格有效的质量控制措施，使"人、机、料、法、环"处于受控状态，保证了发动机的质量。

表 6 - 12　二级发动机系统故障模式及影响分析表

代码	产品名称	功能	故障模式	故障原因	任务阶段与工作方式	故障影响 局部影响	故障影响 高一层影响	故障影响 最终影响	故障检测方法	补偿措施	严酷度分类	发生概率	备注
1	电缆	传输控制系统给发动机电爆管的控制信号	断路	电连接器对接不到位					检查总插座处连接卡钉到位情况及连接声音；分支插头是否连接到位及一致性检查；检查回路阻值有无异常	插座采用有锁紧装置的电连接器并用不锈钢丝拧紧；确定插头连接到位的情况并打保险			
				插针与插孔之间有非金属多余物	发动机起动段、关机段	电爆管无控制信号，不工作	发动机不能正常起动或关机	发射失败	目视或放大镜检查；检查回路阻值有无异常	按 QJ 2850—96 的要求进行多余物的预防和控制	Ⅱ	E	
				外界振动、冲击、过载引起的断路					振动、冲击等试验后的线路阻值验定性及一致性检查	选材和设计中充分考虑产品的力学环境适应性			
				导线及焊点处受外力作用断裂					导线的外观检查、导线直流阻值有无异常	电缆束采取固紧、固定措施，防止导线及焊点受力；设计中采用双点双线的冗余设计			

续表

代码	产品名称	功能	故障模式	故障原因	任务阶段与工作方式	故障影响 局部影响	故障影响 高一层影响	故障影响 最终影响	故障检测方法	补偿措施	严酷度分类	发生概率	备注
2	电缆	传输控制系统给发动机电爆管的控制信号	短路	金属多余物	发动机起动段、关机段	控制电路系统烧毁	发动机不能正常起动或关机	发射失败	外观检查；回路阻值有无异常；绝缘电阻检查；抗电强度检查；产品100%绝缘电阻、抗电强度检查有无异常	按QJ2850—96的要求进行多余物的预防和控制	II	E	
				高温、高湿、低气压环境导致绝缘失效						电缆的耐高温设计和热防护设计；电缆的防潮、防水的密封设计；焊点的保护、灌硅橡胶及低气压绝缘设计			
				接线错误						严格执行工艺纪律及质量管理			
				长期贮存，导线绝缘层、电连接器绝缘体老化、失效						采用具有使用、贮存信息的氟塑料安装线及电连接器			

续表

代码	产品名称	功能	故障模式	故障原因	任务阶段与工作方式	故障影响 局部影响	高一层影响	最终影响	故障检测方法	补偿措施	严酷度分类	发生概率	备注
3	电缆	传输控制系统给发动机电爆管的控制信号	串路	高温、高湿导致绝缘电阻偏低,偏漏电流偏大,非控制回路工作	发动机起动段,关机段	非控制回路电爆管工作	发动机不能正常起动或关机	发射失败	产品100%进行绝缘电阻检查	电连接器、导线和护套材料具有良好的耐高、低温特性;密封设计、防潮、防水的灌注硅橡胶设计	II	E	
4	电爆管	打开或关闭阀门;火药起动器点火	电爆管不爆	控制系统未按设计要求设计电爆管供电	发动机起动段,关机段	阀门无法打开或关闭,起动器未工作	发动机不能正常工作	发射失败	控制系统电爆管供电线路要有遥测信号	控制系统按设计要求给电爆管供电	II	E	
				桥丝焊点存在虚焊现象					检查电爆管桥路电阻	严格生产过程及进场后的各项测试			
				电爆管装药错、漏装药					出厂前进行无损射线检查	严格控制生产过程			

续表

代码	产品名称	功能	故障模式	故障原因	任务阶段与工作方式	故障影响			故障检测方法	补偿措施	严酷度分类	发生概率	备注
						局部影响	高一层影响	最终影响					
5	电爆管	打开或关闭阀门；火药起动器点火	电爆管误爆	控制系统误给电爆管供电	发动机起动段、关机段	阀门误打开或关闭；火药起动器误工作	发动机不能按规定工作	发射失败	控制系统电爆管供电回路要有遥测信号	控制系统按规定时序给电爆管供电	Ⅲ	E	
				测试电流过大	测试阶段	阀门误打开或关闭；火药起动器误工作	发动机不能工作	发射中止	定期校检测试仪，保证测试电流小于50 mA	严格控制测试电流，测试电流小于50 mA			
6	点火药盒	点燃火药装药	不能正常点燃火药装药	黑火药吸湿受潮	发动机起动段	火药起动器不能正常工作	发动机不能工作	发射失败	100%检查药盒，蒙布不能破裂，粘接应牢固	严格控制生产过程，使用前进行外观检查，加强保管和维护	Ⅱ	E	
7	火药装药	火药装药燃烧后起动涡轮	不能正常起动涡轮	火药出现异常燃烧，使用条件超出技术文件要求	发动机起动段	不能起动涡轮	发动机正常工作	发射失败	必须保证使用温度在-40~50 ℃范围内	出厂前进行外观探伤及无损探伤；使用前进行外观检查；严格控制火药装药使用温度范围	Ⅱ	E	

续表

代码	产品名称	功能	故障模式	故障原因	任务阶段与工作方式	故障影响			故障检测方法	补偿措施	严酷度分类	发生概率	备注
						局部影响	高一层影响	最终影响					
8	起动器	火药装药容腔	少量漏火	螺母、电爆管拧紧不够、连接处有的密封面有缺陷	发动机起动到关机	对周围热环境有影响	发动机工况略微下降	对完成任务影响不大	力矩扳手必须在校验期内使用，密封面不允许有损伤，电爆管应拧紧	按规定拧紧螺母和电爆管，仔细检查起动器壳体和顶盖连接处的密封面质量	IV	E	
9	起动器	火药装药容腔	大量漏火	螺母、电爆管拧紧不够、连接处有的密封面有缺陷	发动机起动到关机	不能保证涡轮正常工作	发动机工况大幅下降	发射失败	力矩扳手必须在校验期内使用，密封面不允许有损伤，电爆管应拧紧	按规定拧紧螺母和电爆管，仔细检查起动器壳体和顶盖连接处的密封面质量	II	E	
10	启动阀门	发动机启动前，使贮箱推进剂与发动机通道隔离，启动时使该通道畅通	锁位结构未起作用	锁销运动迟钝	启动段：在电爆管的作用下切开膜片，蝶盘运动到额定启动位置，并锁定	造成蝶盘与额定开启位置偏离很大，阀门流阻增加，入口压力下降	引起泵气蚀，发动机推力下降	发射失败	无	加强锁销及销孔的加工质量检查和涂油脂检查	II	D	

续表

代码	产品名称	功能	故障模式	故障原因	任务阶段与工作方式	局部影响	高一层影响	最终影响	故障检测方法	补偿措施	严酷度分类	发生概率	备注
						故障影响							
11	二级主机副断流阀	关机时，切断副断流器推进剂供应	不能关闭失效	关机指令失效	关机段：在电爆管燃气作用下，柱塞运动到要求位置	两级关机变为一级关机	危及发动机及周围结构，造成大水击压力	发射失败	无	发射前进行总体检查时认真判读发动机时序，确保发动机时序正确	II	E	
12	调节器	推进系统利用的执行机构、调节、混合比	送电中断	发动机启动后回火烧断电缆或烧捅坏插座；插座接触点不良，焊点脱开	从启动到关机，根据所给的指令调节阀门开度	影响调节器正常工作	发动机混合比不能调节	对完成任务无影响不大	无	利用系统采取防烧措施和防松动措施，如接插件装好后用铅封丝锁紧、加强焊接质量检查；增加调节器断电自动回位装置	IV	D	
13		使两种推进剂同时耗尽	传感器无信号或绝缘层失效	传感器接触片损坏或断裂，镀钯层脱落，使绝缘层导通		影响调节器地面测试	不影响发动机正常工作	不影响	无	传感器装配时，保证簧片紧度，防止反复弯曲，提高镀钯层质量和触片质量	IV	D	

续表

代码	产品名称	功能	故障模式	故障原因	任务阶段与工作方式	故障影响			故障检测方法	补偿措施	严酷度分类	发生概率	备注
						局部影响	高一层影响	最终影响					
14	燃气发生器头部	使输入燃气发生器头部的推进剂量比达到设定值	氧化剂与燃料相互串通	喷嘴与第二底间未焊接上、煤油试验组元串通		引起爆炸	发动机因爆炸而毁坏；停止工作；危及周围结构	发射失败	无	严格煤油试验检查	II	D	
15	燃气发生器身部	使雾化了的推进剂在直接燃烧发生器内进行混合、受热、汽化和燃烧并通过收敛段喷入涡轮	身部夹层局部钎焊缺陷	钎焊未焊上超标目X光直检漏	从发动机到关机	产生局部钎焊撕裂	撕裂；故发动机能性能降低、严重时将使发动机不能正常工作	发射失败	无	严格X光检查	II	D	
16	燃气发生器装配	准备零组件，通过焊接组合为燃气发生器	焊接质量缺陷	焊接参数或操作方法不当；焊工水平和经验不足		工作时产生裂纹而形成漏液或漏火	发动机性能下降	发射失败	无	严格执行焊接工艺规范和焊接检验、加强焊工培训和考核	II	C	

续表

代码	产品名称	功能	故障模式	故障原因	任务阶段与工作方式	故障影响			故障检测方法	补偿措施	严酷度分类	发生概率	备注
						局部影响	高一层影响	最终影响					
17	涡轮泵	涡轮驱动燃料、氧化剂泵，将一定流量旋转、推进剂增压到系统要求的压力值	卫带脱落	焊接缺陷	从起动到关机	涡轮泵振动加大	发动机振动加大	对完成任务影响不大	无	严格执行图样焊接要求	IV	D	
18			泵叶片诱轮导轮叶片断裂	泵发生汽蚀；多余物阻塞		泵不能正常工作，不能满足系统对流量和压力的要求	发动机性能下降或停止工作	发射失败	无	严格泵的汽蚀试验和汽蚀数据读取；严格控制多余物，避免其堵塞泵腔	II	E	
19			密封失效	密封件材料不满足要求		介质相遇后起火，最终导致爆炸	发动机爆炸	发射失败	无	严格材料复验；严格检查装配时密封件的气密性	II	E	
20			零组件相磨	间隙消失		严重时导致涡轮泵爆炸	发动机涡轮爆炸	发射失败	无	装配时严格要求，严格检验装配尺寸，确保间隙符合要求	II	E	

续表

代码	产品名称	功能	故障模式	故障原因	任务阶段与工作方式	故障影响 局部影响	故障影响 高一层影响	故障影响 最终影响	故障检测方法	补偿措施	严酷度分类	发生概率	备注
21	二级主发动机切断推进剂供应主阀	关机时，切断推进剂室的推进剂供应	阀盘关闭不到位，密封不良	阀盘与座吻合紧度过大，发动机总装拧紧力不均匀，造成阀壳体局部变形	关机段：在电爆管作用后，阀盘由开启位置运动到关闭位置	少量内泄漏	发动机后效推力略增加，少量剩余消耗推进剂	对完成任务影响不大	无	阀的装配中严格控制阀盘与座的紧度、停放后复查关闭质量；总装关闭时使用力矩拧手，保证拧紧力矩均匀	IV	D	
22	推力室头部	使输入燃烧室的给定质量比的推进剂组元达到雾化	氧化剂腔与燃料腔相互串通	加工超差；材料缺陷；钎焊未焊上	从启动到关机，氧化剂、燃料分别进入室头腔冷却套，通过各自的喷嘴进入燃烧室内部点火燃烧	引起爆炸	发动机停止工作，危及周围结构	发射失败	无	控制超差和材料质量，严格钎焊后的煤油试验检查	II	D	

续表

代码	产品名称	功能	故障模式	故障原因	任务阶段与工作方式	故障影响			故障检测方法	补偿措施	严酷度分类	发生概率	备注
						局部影响	高一层影响	最终影响					
23	推力室身部	使雾化的推进剂在其组元混合中受热、汽化、燃烧并在喷管中使燃烧产物加速成超声速气流喷出	身部钎焊变形	由钎焊设备和钎焊工艺造成	从启动到关机，氧化剂、燃料分别进入推力室头腔和冷却套，通过各自的喷嘴进入燃烧室内部点火燃烧	降低身部结构强度并造成推进剂大量浪费	发动机性能降低	发射失败	无	挑选使用；建造新的钎焊设备，改进钎焊工艺	II	C	
24	推力室身部	使雾化的推进剂在其组元混合中受热、汽化、燃烧并在喷管中使燃烧产物加速成超声速气流喷出	喷管喉部局部烧穿	局部冷却液膜未起到保护作用	从启动到关机，氧化剂、燃料分别进入推力室头腔和冷却套，通过各自的喷嘴进入燃烧室内部点火燃烧	使身部结构强度降低，使整个身部冷却条件变差	发动机性能降低	发射失败	无	控制生产质量	II	D	

续表

代码	产品名称	功能	故障模式	故障原因	任务阶段与工作方式	故障影响			故障检测方法	补偿措施	严酷度分类	发生概率	备注
						局部影响	高一层影响	最终影响					
25	推力室身部	使雾化的推进剂在其组元中混合、汽化、加热和燃烧并在喷管中使燃烧产物加速成超声速气流喷出	夹层、多余物	工序间的锉、修、锯和焊接所致	从启动到关机、氧化剂、燃料分别进入推力室腔和冷却套、通过各自的喷嘴进入燃烧室内部点火燃烧	使冷却通道使喷孔或堵塞而使冷却和性能受到影响	烧穿；发动机性能降低	发射失败	无	严格 X 光检查并进行排除；边反冲边敲击；滚动检查	II	C	
26	推力室组装配	准备零件、通过焊接组合为推力室	焊缝质量缺陷	焊接参数或操作方法不当；焊接水平或经验影响	从启动到关机、氧化剂、燃料分别进入推力室腔和冷却套、通过各自的喷嘴进入燃烧室内部点火燃烧	工作时产生裂纹而造成液或漏火	发动机性能下降、大火、危及周围电缆及周围结构	发射失败	无	对六条主要焊缝采用手工氩弧焊焊封底并严格焊接检验；加强工培训和考核	II	D	

续表

代码	产品名称	功能	故障模式	故障原因	任务阶段与工作方式	故障影响			故障检测方法	补偿措施	严酷度分类	发生概率	备注
						局部影响	高一层影响	最终影响					
27	推力室装配	准备零备件组件焊接组合为推力室	焊缝质量缺陷	焊接参数或操作方法不当；焊接水平或经验影响	从启动到关机，氧化剂、燃料分别进入推力室头腔和冷却套，通过各自的喷嘴进入燃烧室内部点火燃烧	工作时产生裂纹而造成漏液或漏气室	发动机性能下降，大火危及周围电缆及周围结构	发射失败	无	对六条主要焊缝采用手工氩弧焊封底并严格检验；加强焊接工培训和考核	II	D	
28	N_2O_4蒸发器	氧化剂贮箱增压元件	蛇形管钎焊缝裂	钎焊质量未保证	从启动至关机	N_2O_4泄漏可能引起燃气补燃，使N_2O_4蒸发器筒体烧穿漏火	不能满足贮箱增压要求，使Y泵汽蚀发动机无法正常工作	发射失败	无	1) 严格执行钎焊和焊接技术条件和工艺规范，保证焊接质量 2) 对产品进行液、气压试验	II	E	
29	降温器	燃烧剂贮箱增压元件	蛇形管焊缝裂	焊接质量未保证	从启动至关机	燃料泄漏可能引起燃气温度降低	不能满足贮箱增压要求，使R泵汽蚀发动机无法正常工作	发射失败	无	1) 严格执行焊接和焊接技术条件和工艺规范，保证焊接质量 2) 对产品进行液压、气压试验	II	E	

续表

代码	产品名称	功能	故障模式	故障原因	任务阶段与工作方式	故障影响			故障检测方法	补偿措施	严酷度分类	发生概率	备注
						局部影响	高一层影响	最终影响					
30	推进输送系统	输送推进剂	泄漏	装配质量,管路材料缺陷	从启动机至关机	推进剂泄漏;氧化剂和燃料同时泄漏时,起火	发动机推力下降,大火危及周围产品和电缆	发射失败	无	严格装配检查;加强对管路材料的检查;对管路进行液压、气压试验	II	D	
31	推进输送系统	输送推进剂	管路阻塞性多余物	在发动过程中装配过程中多余物掉入发动机内腔;推进剂杂质	从启动机至关机	涡轮叶片或泵损坏,发动机管路阻塞,发生器、燃烧室喷嘴和过滤网阻塞	发动机性能迅速下降或停止工作	发射失败	无	加强三检制度,在发动机装配和工序过程中严格按Q/Tm 8-89《多余物控制办法》执行;在封闭发动机内腔前用胃镜检查内腔,确定无多余物存在;发动机出厂前进行滚动试验检查有无多余物;控制推进输送管路质量以及输送管路洁净度	II	E	

表 6-13 二级发动机系统关键项目清单

产品名称	功能	故障模式	故障原因	严酷度分类	发生概率	补偿或纠正措施	备注
启动阀门	发动机启动前，使贮箱推进剂与发动机通道隔离，启动时使该通道畅通	锁位结构未起作用	锁销运动迟钝	Ⅱ	D	加强锁销及销孔的加工质量检查和涂油膏检查	
燃气发生器头部	使输入燃气发生器给定质量比的推进剂充分达到雾化	氧化剂与燃料腔相互串通	喷嘴与第二底间未焊接上，煤油试验漏检	Ⅱ	D	严格煤油试验检查	
燃气发生器身部	使雾化的推进剂直接在发生器内进行混合，受热和燃烧达到收敛段喷入涡轮	身部支层局部钎焊缺陷	钎焊未焊上超标目 X 光漏检	Ⅱ	D	严格 X 光检查	
燃气发生器装配	推备零组件，通过焊接组合为发生器	焊接质量缺陷	焊接参数或操作方法不当；焊工水平和经验不足	Ⅱ	C	严格执行焊接工艺规范和焊接检验，加强焊工培训和考核	
二级主机主阀门	关机时，切断推力室的推进剂供应	阀盘处于原位未关闭	电爆管时，定位柱塞未拔出；阀盘无法旋转	Ⅱ	D	严防多余物进入电爆管组件焊接腔	
推力室头部	使氧化燃烧室的给定质量比的推进剂充分达到雾化	氧化剂腔与燃料腔相互串通	加工超差；钎焊未焊上	Ⅱ	D	控制超差和钎焊材料质量，严格钎焊后使用的煤油试验检查	
推力室身部	使雾化的推进剂组元在其中混合受热、汽化和燃烧，并在喷管超音速气流喷出	身部钎焊变形	由钎焊设备和钎焊工艺造成	Ⅱ	C	挑选性能好的钎焊设备；建造新的钎焊设备，改进钎焊工艺	
		喷管喉部局部烧穿	局部冷却液膜保护不好	Ⅱ	D	控制生产质量	
		夹层多余物	工序间的锉、修、锯和焊接所致	Ⅱ	C	严格 X 光检查并进行排除；边反冲边蔽击；滚动检查	
推力室装配	推备零组件，通过焊接组合为推力室	焊缝质量缺陷	焊接参数或操作方法不当；焊接水平或经验影响	Ⅱ	D	对六条主要焊缝采用手工氩弧焊封底并严格焊接检验；加强焊工培训和考核	
推进剂输送系统	输送推进剂	泄漏	装配质量、管路材料缺陷	Ⅱ	D	严格装配检查；加强对材料的检查；对管路材料进行检查，气压试验；对管路进行液压、气压试验	

6.2.13　工艺 FMECA 简介

对发动机这类复杂机械而言，过程 FMECA 习惯上被称为工艺 FMECA。工艺 FMECA 是指对工艺设计（或生产）文件进行分析，具体包括工艺方法、工艺路线、工艺参数、工艺装备、设备、工具、生产环境等方面，以识别在生产过程中会影响设计意图实现和产品正常工作的故障模式，之后根据分析的结果，提出对工艺设计的改进措施并加以落实，以提高工艺设计的质量，增强工艺方案的健壮性，进而确保产品质量与可靠性。

工艺 FMECA 的具体做法是：在假定产品设计满足要求的前提下，分析产品在生产过程中每个工艺步骤可能发生的故障模式、原因及其对产品和后续产品实现过程所造成的影响，按故障模式的风险优先数值的大小排序后，针对亟待完善的工艺薄弱环节制定改进措施，并跟踪改进措施落实情况及效果，确认风险达到可接受的水平。

开展工艺 FMECA 应遵循以下原则：

1) 掌握工艺 FMECA 的时机与适用范围。在产品工艺可行性分析、生产工装准备之前，从零部件到系统均应进行工艺 FMECA 工作。工艺 FMECA 的重点是产品的加工制造与装配等生产过程，有时也包括包装、贮存、运输等其他过程。

2) 明确工艺 FMECA 与产品设计的关系。进行工艺 FMECA 发现的缺陷不能全靠更改产品设计来克服，主要应从工艺技术方面采取有效措施加以解决，并应坚持"工艺谁设计、故障谁分析"的原则。在进行工艺 FMECA 时应充分考虑产品设计特性，必要时可邀请产品设计人员参与分析工作，并促进不同部门之间充分交换意见，以最大限度地确保产品满足顾客需求。

3) 掌握工艺 FMECA 的迭代过程。工艺改进是持续进行的，改进措施落实后，进行工艺 FMECA 时，工艺故障模式的风险优先数的大小会发生变动，需重点采取改进措施的工艺过程也会转化。因此，工艺 FMECA 是一个动态的、反复迭代分析的过程。

4）积累经验、注重信息。与设计 FMECA 一样，工艺 FMECA 亦应从相似生产工艺或工序中，积累有关故障模式、原因、严酷度等级、发生概率和被检测难度等信息，并建立相应的数据库，为有效开展工艺 FMECA 提供支持。

6.3　FTA

6.3.1　概述

故障树（fault tree）是用以表明产品中某些组成部分的故障模式或外界事件及其组合将导致产品发生一种给定的故障模式的逻辑图。

FTA 是系统安全性和可靠性分析的工具之一，也是事故调查的一种有效手段。在产品设计阶段，FTA 可帮助判明潜在的系统故障模式和灾难性危险因素，发现可靠性和安全性薄弱环节，以便改进设计。在生产、使用阶段，FTA 可以帮助故障诊断，改进使用维修方案。

FTA 以系统最不希望发生的一个事件（顶事件）作为分析的目标，通过逐层推溯所有可能的原因，每层推溯其直接原因，从而找出系统内可能存在的零部件故障、环境影响、人为差错及处理程序等硬件和软件因素（各种底事件）与系统故障（顶事件）之间的逻辑关系，并用特殊符号的倒立树状图表示出来，再定性或定量分析各底事件对顶事件发生影响的组合方式和传播途径，计算顶事件发生的故障概率，从而有效确定系统发生故障的各种途径，并提高系统的可靠性和安全性。

开展 FTA 的最大难题是有时不能全部获得底事件的发生概率。开展 FTA 的一般流程如图 6-8 所示。

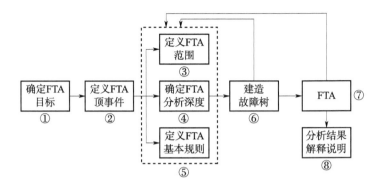

图 6-8　FTA 一般流程

前 5 个步骤为明确地表达 FTA 的问题，后 3 个步骤为实际故障树的建造。

其中，第 3 步到第 5 步可以同时进行

6.3.2　故障树的常用符号

故障树中使用的符号通常分为事件符号（4 个）、逻辑门符号（5 个）和转移符号（2 个）三种，其分类、符号及说明如表 6-14 所示。

表 6-14　故障树符号

代用符号	功能	说明
	与门	全部输入存在时才有输出
	或门	至少一个输入存在时即有输出
	异或门	当且仅当一个输入存在时才有输出
	非门	输出等于输入的逆事件
	禁止门	若禁止条件成立，即使有输入也无输出
m/n	表决门	n 个输入中至少有 m 个存在时则有输出
	事件说明	底事件（基本事件和未展开事件）以外的其他事件（包括顶事件和中间事件）的说明
	基本事件	不能再分的事件，代表元部件失效或人为失误等

续表

代用符号	功能	说明
	未展开事件	其输入无须进一步分析或无法进一步分析的事件
	房型事件	已经发生或必定发生的事件
	输入符号	已在本故障树另外地方定义了的事件
	转出符号	用于另外地方的重复事件

6.3.3　FTA 的目的和数据需求

FTA 的目的：找出顶事件发生的薄弱环节，采取改进措施，提高系统的可靠性。FTA 的主要用途是为改进设计提供依据；进行系统安全性分析与事故分析；进行系统风险分析。

FTA 的数据需求：

1）发动机结构组成和层次关系；

2）发动机组成单元名称、型号、数量、功能等信息；

3）发动机功能框图；

4）发动机原理图；

5）发动机工程图；

6）发动机使用要求（包含任务剖面要求）；

7）发动机使用约束条件（包含边界条件）；

8）发动机灾难性或致命性故障事件（即故障树顶事件）；

9）发动机故障判据；

10）发动机故障数据模型（包含寿命特征分布类型和特征参数值）。

6.3.4　FTA 建树方法和原则

建造故障树是 FTA 的关键。建树是否完善直接影响 FTA 定性、定量分析的结果。故障树应当是实际系统故障组合和传递的逻辑关系的正确抽象。目前采用两种建树方法：人工建树和计算机辅助建树。

人工建树就是从顶事件开始，向下逐级推溯事件的直接原因，直到找出所有的底事件为止。人工建树必须按照严格的演绎逻辑认真、细致地进行。人们原先对系统的熟悉和了解的感性认识，可以通过建树进行一次系统的、理性的全面整理。有些在系统设计和运行方面工作多年、对于系统已很熟悉的设计人员，通过建树，往往能够找出意想不到的重要故障（或故障组合）模式。

针对计算机辅助建树，已有标准计算机程序，以下不再赘述。

FTA 建树遵循以下原则：

1）事件与事件之间用逻辑门连接；逻辑门之间用事件连接，不能发生门-门、事件-事件短路。

2）循序渐进规则，即故障树应当逐级建造，逐级找出必要而充分的直接原因。在对下一级作任何考虑之前，必须先完成上一级，不能搞"跃进"。

6.3.5　FTA 建树步骤

6.3.5.1　故障的定义

根据系统成功判据来确定系统故障判据，只有故障判据确切，才能辨识什么是故障，从而才能正确确定导致故障发生的全部直接的必要而又充分的原因。

各级故障的定义必须严格，应明确表述"是什么故障"及"故障是在什么条件下发生的"。

6.3.5.2　顶事件的确定

顶事件一般具有以下特征：

1）系统最不希望发生的事件；

2）系统是 FMEA 结果中关键项目的事件；

3）总体给系统规定的事件。

对所确定的顶事件应说明选择的原因。在一个 FTA 中，不应有多个顶事件。

6.3.5.3 边界条件的确定

所确定的边界条件应包括：

1）确定所分析的系统和其他部分的边界；

2）给出故障树分析的假设条件。

6.3.5.4 建树具体步骤

建树应包括以下步骤：

1）分析顶事件，寻找引起顶事件发生的、直接的、必要且充分的原因，将顶事件作为输出事件，将所有直接原因作为输入事件，并依据这些事件的逻辑关系用适当的逻辑门将其连接；

2）分析与顶事件直接相连的输入事件，如果该事件还能进一步分解，则将其作为下一级的输出事件，处理方法同步骤1；

3）重复上述步骤，逐级向下分解，直至所有输入事件不能分解为止，这些输入事件即为底事件；

4）对故障树进行规范化、简化和模块分解。

故障树简化式根据布尔代数定律，可以去掉故障树中明显的逻辑多余事件和逻辑多余门，以减少定性分析工作量。故障树模块分解时按照模块定义，找出故障树中尽可能大的模块。每个模块构成一颗模块子树，可以单独进行定性、定量分析。

6.3.6 FTA 定性分析

FTA定性分析应包括以下内容。

6.3.6.1 求最小割集的方法

所谓最小割集指的是：故障树中一些底事件的集合，当这些底事件都发生时，顶事件必然发生。若将割集中所含的底事件任意去掉一个就不再成为割集了，这便是最小割集。

1）简单系统的故障树求最小割集的方法采用上行法或下行法。

上行法是从底时间开始，自下而上逐步地进行事件集合运算，将或门输出事件表示为输入事件的并，将与门输出事件表示为输入事件的交。这样向上层层代入，在逐步代入过程中或者最后按照布尔代数吸收律和等幂律进行简化，将顶事件表示成底事件积之和的最简式。其中每一积项对应于故障树的一个最小割集，全部积项即是故障树的所有最小割集。

下行法是根据故障树的实际结构，从顶事件开始，逐级向下寻查，找出割集。规定在下行过程中，顺次将逻辑门的输出事件置换为输入事件。遇到与门就将其输入事件排在同一行，遇到或门就将其输入事件排成一行，直到全部换成底事件为止。这样得到的割集再通过两两比较，删去那些非最小割集，剩下的即为故障树的全部最小割集。

2）复杂系统的故障树求最小割集的方法应有 FTA 分析软件的支持。

6.3.6.2　确定定性分析的准则

1）阶数越低的最小割集的重要度越大；

2）低阶最小割集中出现的底事件要比高阶最小割集中的同一个底事件重要；

3）相同阶数的每个最小割集中，重复出现次数越多的底事件越重要。

6.3.6.3　确定系统薄弱环节

按照 FTA 定性分析准则，列出系统重要的最小割集和底事件，从中确定系统的薄弱环节。

6.3.7　FMEA 与 FTA 的联系和区别

FMEA 和 FTA 是两种经济、有效的可靠性分析技术，它们既有联系，又有区别。两者的区别体现在以下几个方面：

1）分析目标：FMEA 分析的是系统中所有可能的潜在故障模式；FTA 分析的是系统中最不希望发生的事件（顶事件）中所有可能的潜在故障模式。

2）分析程序：FMEA 由下而上，由因到果进行；FTA 由上到下，由果到因进行。

3）技术难度：FMEA 简单，易于掌握；FTA 复杂，理论性较强，技术难度较大。

4）实施时间：FMEA 在方案阶段进行；FTA 在初样阶段进行。

FMEA 和 FTA 的联系在于二者都是通过分析，找出系统（或产品）的薄弱环节，采取改进措施，提高系统可靠性。FMEA 是全面的分析，而 FTA 是单一的分析。FTA 在 FMEA 基础上进行，是 FMEA 的补充和完善。

6.3.8　质量问题的 FTA 分析示例

2010 年 9 月，我国成功发射某卫星。在实施第一次远地点变轨过程中，高压气路电爆阀起爆前，高压气瓶压力稳定，高压气路电爆阀起爆后，高压气瓶压力在 18 min 内下降 1 MPa，除去为氧箱和燃箱补气外，有氦气外漏损失。在实施第一次远地点变轨后，关闭高压自锁阀，氧箱和燃箱的压力维持不变，但气瓶压力依然继续下降，3.5 h 内由 16.3 MPa 降至 12 MPa。

根据在轨遥测数据分析，高压常闭电爆阀 PV1 起爆后高压气路发生了泄漏故障，认为造成高压气路泄漏故障是由高压常闭电爆阀 PV1 发生泄漏所致。

针对电爆阀 PV1 存在泄漏的故障，以电爆阀外泄漏作为顶事件建造故障树（如图 6 - 9 所示），开展故障模式的分析和排查，确定电爆阀泄漏的部位及影响因素。

图 6 - 9 中，各符号代表的事件为：

1）E——顶事件，电爆阀外泄漏。

2）E1——阀芯、壳体零件出现泄漏。

a）X1——壳体存在微裂纹或贯穿性气孔等缺陷。

b）X2——阀芯存在微裂纹或贯穿性气孔等缺陷。

3）E2——阀芯、壳体焊缝处泄漏。

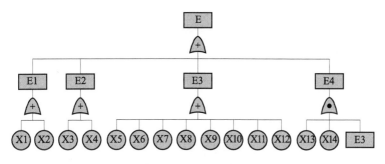

图 6-9　高压常闭电爆阀外泄漏故障树

a）X3——阀芯进口端焊接质量差。

b）X4——阀芯出口端焊接质量差。

4）E3——活塞锥面与壳体锥面锁紧处不密封。

a）X5——设计裕度不足。

b）X6——存在多余物。

c）X7——活塞锥面或壳体锥面有划伤等表面缺陷。

d）X8——活塞锥面或壳体锥面尺寸超差。

e）X9——材料差异影响。

f）X10——电爆管爆压能力不足。

g）X11——活塞锥面与壳体锥面出现干扰，偏斜影响密封性。

h）X12——对推进系统的不适应。

5）E4——电爆管安装连接处泄漏。

a）X13——活塞圆柱段橡胶 O 形圈和挡圈组合密封失效。

b）X14——电爆管与壳体的连接部位密封失效。

通过故障模式分析，以及随后进行的大量验证试验，排除了 X1，X2，X3，X4，X7，X8，X10，X11，X13，X14 等底事件；高压电爆阀泄漏确定的故障原因为：在 30 MPa 工作压力下，主要由于设计裕度不足，另外在材料性能及润滑脂涂抹量差异等因素的进一步影响下，活塞锥面与壳体锥面不能可靠锁紧，活塞回退导致密封失效，使气体从壳体检漏孔处泄漏。

对电爆阀泄漏的故障模式及机理进行分析认为，泄漏故障发生时首先是活塞锥面和壳体锥面未锁紧导致不密封，然后是堵头检漏孔处泄漏。改进措施一方面是采取减小电爆管燃气容腔、提高电爆燃气压力和控制 O 形圈油膏涂抹来提高电爆阀在高入口压力下的锁紧裕度，另一方面采取小孔加固措施来提高检漏孔的密封性能。

6.3.9　进行 FTA 时应注意的问题

为了使 FTA 有效地进行，应注意下面的问题。

1）FTA 应与设计工作结合进行。特别是故障树的建造，应在质量、可靠性工程师的协助下，主要由产品的设计人员完成，同时应征求工艺、操作和维修人员的意见。

2）FTA 能否对设计及时提供帮助，在于能否找到薄弱环节，采取恰当的改进或补偿措施，并落实在实际设计工作之中。

3）选择恰当的顶事件。应当在 FMEA 的基础上，参考类似系统发生过的故障时间，选择那些危害性大、影响安全、影响任务完成的关键的事件作为顶事件进行分析。

4）故障树的完备性和合理的简化。故障树的构造比较繁琐，容易产生错漏，因此需确定合理的边界条件，深入细致地建立一棵完备的故障树，同时进行合理的简化。

5）建立故障树中的事件和逻辑门时，应考虑所有可能出现的质量问题、软件问题、人机料法环等各方面的因素，也可以考虑多状态的故障模式。

6）FTA 的迭代完善。随着产品研制工作的深入，应对故障树进行修改、补充、完善，使 FTA 在技术攻关和设计优化中发挥作用。

7）FTA 应与 FMEA、可靠性设计等结合使用，以发挥更大的作用。

6.4　技术风险分析

6.4.1　概念定义

技术风险是指产品不能达到技术条件要求或因对环境、状态、机理和规律等方面的技术认识局限，致使型号功能、性能指标不能实现的可能性及其导致危害后果的一种度量。

技术风险分析与控制是通过采用一定的技术方法和管理手段，辨识型号研制生产过程中的技术风险项目，分析判定型号技术风险等级，采取合理、有效的控制措施，将风险消除或降到允许的范围，并根据风险源的变化不断迭代，进而实现型号既定目标的一种活动。

图 6-10 给出了质量可靠性管理与风险管理的关系。

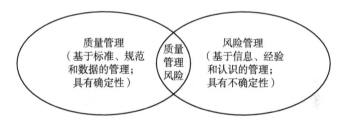

图 6-10　质量可靠性管理与风险管理的关系

对于应用新技术较多的发动机，技术风险分析应作为可靠性工作的重点项目之一来开展。

6.4.2　风险分析过程

发动机技术风险分析（以下简称风险分析）过程一般包括风险识别、风险发生的可能性分析及后果严重性分析、风险排序和控制。风险分析过程如图 6-11 所示。

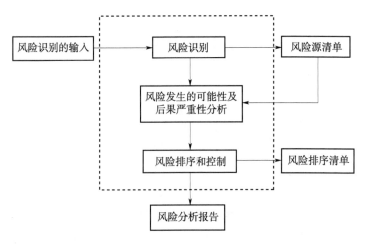

图 6 - 11 风险分析过程

6.4.3 风险分析的步骤和方法

6.4.3.1 风险识别的输入、识别方法和输出

风险识别是对发动机研制的各个方面,特别是关键技术过程进行考察研究,从而识别和记录风险源的过程。识别风险源是风险分析工作的基础。

发动机风险识别的输入一般应包括以下内容:

1) 研制合同、研制任务书;

2) 风险管理和风险控制的目标和计划;

3) 发动机结构、功能组成;

4) 本发动机及其组件的设计计算、仿真计算及试验结果或预测数据;

5) 其他发动机的试验数据、研制经验、教训及已有的可利用信息;

6) 风险分析方法的选择、风险排序准则、风险控制措施和风险接受准则;

7) 研制经费概算;

8）计划进度要求；

9）专家意见及其他可用信息。

风险识别应参考相似发动机的研制经验，应用专家和集体智慧，识别发动机研制全寿命周期的风险源。风险识别常用方法如下：

1）由 FMEA/FMECA 确定风险事件，按照对最终产品的影响，找出所有风险事件；

2）由 FTA 逐层找出风险事件发生的必要且充分的所有原因事件和原因事件组合；

3）流程图法：给出发动机研制的工作流程、各个阶段之间的相互联系，反映发动机研制的具体环节，通过对发动机研制流程的分析，发现和识别不同环节存在的风险；

4）检查单法：根据经验和可获得的信息，将发动机研制可能的风险源列在检查单上，检查是否存在检查单中列出的或类似的风险源并统计汇总；

5）头脑风暴法：采用会议的形式，与会者提出尽可能多的对风险源的认识，充分交流，互相启迪，总结归纳形成结论；

6）专家意见函询法：将风险识别有关的问题征求专家意见，并将返回的意见结果进行整理、归纳，再将结果反馈给专家，再次征求意见，如此反复直到专家的意见趋于稳定；

7）其他可用方法。

风险源清单是风险识别的输出，为风险事件发生的可能性及后果严重性分析提供信息输入，至少应包括风险源名称、风险源编号、风险发生的原因和风险可能导致的后果等项目。

6.4.3.2　风险发生的可能性及后果严重性

风险发生的可能性及后果严重性分析是对识别出来的风险的进一步分析，确定每一个风险发生的可能性等级及后果严重性等级，判定风险的综合等级。

风险发生的可能性及后果严重性等级如表 6 - 15 和表 6 - 16 所示。

表 6-15　风险可能性等级

程度	等级	风险可能性程度描述
很可能	a	1）未经飞行试验考核；未经地面试验验证和考核或考核不充分只能靠飞行试验考核的项目 2）没有成熟的理论方法，又无法进行仿真模拟，未进行理论分析计算 3）未能确定最坏影响边界
可能	b	1）经过了飞行试验考核，但结果处于临界 2）虽然经过了地面试验验证和考核，但不充分 3）虽进行了理论分析计算，但理论尚不成熟，仿真模拟和理论分析不能真实模拟实际飞行状态、飞行边界条件或飞行动态环境
很少	c	1）经过了成熟的理论分析，或者理论分析计算与地面试验互补，做到了分析不到试验考核到，试验考核不到分析计算到 2）经过飞行试验考核，但环境条件和地面试验还不能完全覆盖飞行实际环境的项目 3）经过飞行试验考核，对飞行中发生的问题采取措施后，未经充分的地面试验验证，但有成熟的理论分析支撑
极少	d	1）已通过充分的生产过程和地面试验考核或验证 2）经过飞行试验考核，但考核不充分

表 6-16　风险严重性等级

程度	等级	风险严重性程度描述
灾难的	A	1）重要指标要求无法满足，且无措施，无协调余地 2）总体技术方案出现颠覆，且导致型号研制整体计划出现重大延误 3）关键组件方案出现颠覆，且导致整个型号研制计划出现重大延误 4）方案中存在导致人员死亡的安全性隐患，且没有找到有效的控制措施 5）设计生产不满足交付试验的要求，出现产品报废、重大返工，且导致型号整体研制计划出现重大延误 6）飞行试验失败（含飞行试验大纲中规定的不满足"圆满成功""成功""部分成功"条件的情况） 7）发动机系统严重毁坏或全部功能丧失且无法修复 8）未对以往飞行试验测试、发射、飞行过程中发生的故障和异常现象进行分析研究，无故障预案 9）试验中存在导致人员死亡的安全性隐患，且没有找到有效的控制措施
严重的	B	1）指标要求部分未达到，使用效能降低 2）主要指标的阶段目标未能达到，后续措施的可行性无充分依据 3）关键组件方案出现颠覆或重大反复，局部研制计划受到很大的影响 4）使用操作及保障要求过于严格

续表

程度	等级	风险严重性程度描述
严重的	B	5）方案中存在导致人员严重受伤的安全性隐患，且没有找到有效的控制措施 6）经试验考核性能不稳定，或指标要求部分未达到，且无措施，使用效能降低，但有协商降低要求的余地 7）产品生产调试困难，过程反复，严重延误按时交付系统或总体试验 8）影响飞行试验任务转场、发射窗口推迟等重大节点 9）系统毁坏或主要功能丧失且无法修复 10）对以往飞行试验测试、发射、飞行过程中发生的故障和异常现象进行了分析研究，但分析不全面且无故障预案 11）试验中存在导致人员严重受伤害的安全性隐患，且没有找到有效的控制措施
轻度的	C	1）部分指标无法满足技术要求，有措施，不影响下一阶段工作 2）关键组件技术方案出现颠覆，但备用方案工作充分，可以立即启用，对相关系统及总体的技术状态影响不大，局部研制计划受轻微影响 3）方案中存在导致人员轻度受伤的安全性隐患，且没有找到有效的控制措施 4）经试验考核性能不稳定，或部分指标未达到要求，且无措施，使用效能降低，但性能偏差范围明确，可降低要求，或者措施明确、可行、有效，不影响下一阶段工作 5）设计或试验方案中存在导致人员轻度受伤的安全性隐患，且没有找到有效的控制措施 6）生产调试困难，过程反复，延误按时交付系统或总体试验 7）在总体大型地面试验中出现重要接口匹配问题，影响总体大型地面试验进度 8）影响飞行试验任务进度 3 天以上 9）对以往飞行试验测试、发射、飞行过程中发生的故障和异常现象进行了分析研究，梳理了故障模式，制订了故障预案，但故障预案不全面 10）试验中存在导致人员轻度受伤害的安全性隐患，且没有找到有效的控制措施
轻微的	D	1）技术指标不完全满足要求，但后续解决措施明确、有效 2）方案中存在导致人员轻微受伤的安全性隐患，但有有效的控制措施 3）经试验考核，部分指标未达到要求，但不影响总体性能和使用效能，可降低要求，或者措施明确、可行、有效，可通过适当延长时间和经过局部的工作落实措施解决（不超过 1 个月），不影响下一阶段工作 4）系统极轻微损坏或仅次要功能丧失且可以立即修复 5）对以往飞行试验测试、发射、飞行过程中发生的故障和异常现象进行了分析研究，梳理了故障模式，制订了故障预案，且故障预案全面可行

6.4.3.3　风险排序和控制

对发动机的风险进行排序，排序的过程是对风险进一步评价的过程，从风险发生可能性的等级及可能造成后果的严重性等级进行综合度量，形成综合等级，以风险综合等级进行排序。

表 6-17 为风险综合等级表，表 6-18 为风险排序参照表。

表 6-17　风险综合等级表

可能性等级	严重性等级			
	A（灾难的）	B（严重的）	C（轻度的）	D（轻微的）
a（很可能）	Aa	Ba	Ca	Da
b（可能）	Ab	Bb	Cb	Db
c（很少）	Ac	Bc	Cc	Dc
d（极少）	Ad	Bd	Cd	Dd

表 6-18　风险排序参照表

风险程度	风险分类	风险综合等级	备注
高度风险	Ⅰ	Aa，Ab，Ba，Bb	关键技术风险项目
较高风险	Ⅱ	Ac，Bc，Ca，Cb	
中度风险	Ⅲ	Ad，Bd，Cc，Da，Db	一般技术风险项目
低度风险	Ⅳ	Cd，Dc，Dd	

可以根据风险综合评级形成的关键技术风险项目、一般技术风险项目，采取相应的控制措施。

（1）关键技术风险项目控制

1）逐项研究关键技术风险项目，制定消除或降低风险的控制措施，并落实在设计、试验、测试等环节中。

2）采取工程计算、仿真分析、半实物仿真、地面试验、非全程飞行试验等手段，验证风险控制措施的有效性，同时要注意避免带来新的风险。

3）风险控制措施实施完成后，评估实施后的效果。对采取了风险消除或降低措施后的关键技术风险项目进行再次分析，进而得出风险综合评级。

（2）一般技术风险项目控制

对于当前风险综合评级为一般技术风险的项目，应在研制生产过程中密切关注，采取有效措施控制风险，使其不会降低发动机可靠性、安全性，或影响飞行试验的成功。

关键技术风险项目清单如表 6 - 19 所示。

表 6 - 19　关键技术风险项目清单

序号	项目	存在的主要技术风险	风险产生的原因	风险产生的后果	消除、控制或降低风险的措施				严重性等级	可能性等级	风险综合评价等级
					飞行或地面试验验证情况	理论计算情况	仿真模拟情况	工程保证措施			

6.4.4　风险分析报告

风险分析应形成文件，跟踪并记录风险分析过程所进行的活动和分析结果，编写风险分析报告。报告要履行会签、审批手续。报告应包括如下内容：

1）概述：描述被分析对象的名称、功能特点、任务要求、在工作分解结构中所处的位置、所处的研制阶段等；

2）风险分析过程：描述进行风险分析的过程及分析方法、风险排序和控制等；

3）分析结果：列出风险源清单（格式如表 6 - 20 所示）和关键技术风险项目清单、一般技术风险项目清单；

4）结论：总结风险分析工作，得出结论和建议。

表 6 - 20　风险源清单

序号	风险源名称	风险发生原因	风险可能导致的后果	备注

按照目前的认知水平，在发动机不同的研制阶段，需要重点关注的风险与需要进行的分析工作如表 6 - 21 所示。

表 6 – 21　风险分析的重点

序号	内容	方案阶段	初样阶段	试（正）样阶段
1	任务特点分析	★	★	
2	方案正确性分析	★	☆	
3	继承性分析	★	☆	
4	新技术分析/技术成熟度分析	★	☆	
5	新工艺分析	★	☆	
6	新器件、新材料分析	★	☆	
7	曾经发生过影响成败问题的型号（产品）	★	☆	
8	关键特性识别和设计裕度量化分析	★	★	★
9	各级产品接口的协调性和匹配性分析		★	
10	试验验证和仿真分析的全面性、充分性、有效性分析/测试覆盖性分析		★	★
11	环境适应性分析		★	
12	单点故障及强制检验点设置充分性和控制有效性分析		★	
13	技术状态更改影响分析			★
14	工艺稳定性和敏感性分析			★
15	产品最终使用状态分析			★
16	数据超差与临界分析			★
17	质量问题归零和举一反三的检查与分析			★
18	故障预案充分性及其验证情况分析			★

注：★—必须开展的分析工作；☆—选做的项目。

6.5　其他分析方法简介

可靠性分析方法还包括潜在通路分析、蒙特卡罗分析、事件树分析、马尔可夫分析、数字仿真优化等。限于篇幅，本章不再一一进行详述，只作简要说明。

6.5.1　潜在电路分析

潜在电路分析是一个一般性术语，用以指一组可用来系统地识别系统中潜在电路的分析技术。潜在电路是指系统中，在一定的条件下，可能激励非期望功能或抑制期望功能的非期望路径或逻辑流。路径可以由硬件、软件、操作员动作或它们之间的组合构成。潜在电路不是硬件失效的结果，而是潜藏的状态，无意地被设计进系统、被编码编进软件，或由于人为错误所触发。利用网络树识别电路中的拓扑（连接模式）标准模式；利用线索表，针对电路应用"功能错误模式检查单"。

潜在电路分析的步骤如下：

1）收集基本的设计信息，并检查其一致性；

2）理解系统及电路；

3）对于大型系统，将电路划分至可管理的子系统；

4）重画电路图或原理图，使之可识别出电流流动模式的拓扑图；

5）对每种元器件模式应用潜在问题检查单（线索表）；

6）以电路图为依据，逐一评价每个问题的后果；

7）记录重要的非期望后果。

潜在分析方法包括：经典潜在分析方法、简化潜在分析和 ESA 潜在分析。潜在分析软件工具有 CapFast/SCAT、自主知识产权的潜在电路分析系统 SCAS。

6.5.2　蒙特卡罗分析

蒙特卡罗分析是指当电路组成部分的参数服从任意分布时，通过电路组成部分参数抽样值分析电路性能参数偏差的一种统计分析方法。假定所有输入参数相互独立，服从某概率分布（已知），电路性能参数服从正态分布。随机抽样产生各元器件参数值，代入电路方程，计算电路性能参数值，重复多次，得到电路性能参数的分布参数值，从而得到性能参数在给定概率下的极值。

蒙特卡罗分析基本步骤如下：

1）明确最坏情况电路分析要求；

2）建立电路的数学模型；

3）确定每个输入参数的概率分布及其分布参数值；

4）确定模拟抽样次数 n；

5）产生元器件参数分布的伪随机数；

6）模拟分析电路性能参数值；

7）统计分析电路性能参数值；

8）分析结果，提出结论与建议。

6.5.3　事件树分析

事件树分析（event tree analysis）是以预期的关键技术事件（成功事件或失败事件）为初因事件，以后续事件的状态变化和时序组合为分析对象，定性和定量计算不同事件后果的发生概率和对应风险。事件树分析是可靠性和风险分析的主要技术手段之一。

事件树分析可以事前预测事故及不安全因素，估计事故的可能后果，寻求最经济的预防手段和方法。事后用事件树分析事故原因，十分方便和明确。

事件树分析的步骤如下：

1）确定初始事件。初始事件是事故在未发生时，其发展过程中的危害事件或危险事件，如机器故障、设备损坏、人的误动作等。

2）判定安全功能。系统中包含很多安全功能，在初始事件发生时应消除或减轻其影响，以维持系统的安全运行。

3）绘制事件树。从初始事件开始，按事件发展过程自左向右绘制事件树，用树枝代表事件发展途径。首先考察初始事件一旦发生时最先起作用的安全功能，把可以发挥功能的状态画在上面的分枝，不能发挥功能的状态画在下面的分枝。然后依次考察各种安全功能的两种可能状态，把发挥功能的状态画在上面的分枝，不能发挥功能的状态画在下面的分枝，直到到达系统故障或事故为止。

4）简化事件树。在绘制事件树的过程中，可能会遇到一些与初始事件或事故无关的安全功能，或者其功能关系相互矛盾、不协调的情况，需用工程知识和系统设计的知识予以辨别，然后从树枝中去掉，即构成简化的事件树。

5）事件树分析。事件树分析包括找出事故连锁，找出预防事故的途径，根据各发展途径的概率计算事故发生概率，并进行事故预防。

6.5.4　马尔可夫分析

马尔可夫分析又称为马尔可夫转移矩阵法，是指在马尔可夫过程的假设前提下，通过分析随机变量的现时变化情况来预测这些变量未来变化情况的一种预测方法。马尔可夫分析用于多工作状态和复杂冗余备份设计的系统可靠性和可用性分析，在可视化环境下建立可修/不可修系统状态转移模型。

参 考 文 献

[1]　旷武岳，谭松林. 液体火箭发动机可靠性设计综合分析方法研究 [J].
　　　推进技术，1997 (5).

[2]　GJB/Z 1391—2006　故障模式、影响及危害性分析指南 [S]，2006.

[3]　MIL‑STD‑1629　故障模式、影响及致命性分析程序 [S]，1980.

[4]　李进贤. 火箭发动机可靠性设计 [M]. 西安：西北工业大学出版
　　　社，2012.

第7章 可靠性试验方法

7.1 可靠性试验简介

由于液体火箭发动机工作过程的复杂性,其工作是否可靠还必须尽量在任务剖面内进行全面验证,国内外无一例外最终不是通过试验来解决可靠性问题的。

7.1.1 可靠性试验的分类

可靠性试验各分类标准尚不一致,考虑到液体火箭发动机产品试验是对其可靠性考核、验证的主要手段,因此采用 GJB 450 对试验进行分类。

GJB 450 将可靠性试验分为 4 个工作项目、两大类,具体如图7-1 所示。

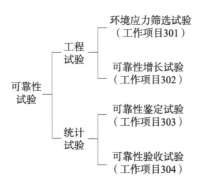

图 7-1 GJB 450 对可靠性试验的分类

工程试验目的在于暴露故障并加以排除,从而达到可靠性增长。统计试验目的在于进一步考核产品可靠性,并考核产品可靠性是否达到规定要求。

7.1.2　设计与分析

7.1.2.1　建立可靠性模型

（1）目的

建立产品可靠性模型的目的是：定量分配、预计和评价产品的可靠性。

（2）工作项目要点

可采用 GJB 813 规定的程序和方法建立以产品功能为基础的可靠性模型，可靠性模型应包括可靠性框图和相应的数学模型。可靠性框图应以产品功能框图、原理图、工程图为依据且相互协调。

可靠性模型应随着可靠性和其他相关试验获得的信息，以及产品结构、使用要求和使用约束条件等方面的更改而进行修改。并应根据需要分别建立产品的基本可靠性模型和任务可靠性模型。

（3）注意事项

订购方在合同工作说明中应明确：

1）确认供选择的建模方法；

2）可靠性参数和约束条件（包括故障判据等）；

3）保障性分析所需的信息；

4）需提交的资料项目。

7.1.2.2　可靠性分配

（1）目的

可靠性分配的目的是：将产品的可靠性定量要求分配到规定的产品层次。

（2）工作项目要点

应将可靠性定量要求分配到规定的产品层次（包括软件），作为可靠性设计和提出外协、外购产品可靠性定量要求的依据。具体的可靠性分配值应列入相应的技术规范。所有可靠性分配值应与可靠性模型相一致。

（3）注意事项

订购方在合同工作说明中应明确：

1）要求分配的产品层次；

2）保障性分析所需的信息；

3）订购方指定的产品，应提供其可靠性水平和相关的使用与环境信息；

4）需提交的资料项目。

7.1.2.3　可靠性预计

（1）目的

可靠性预计的目的是：预计产品的基本可靠性和任务可靠性，评价所提出的设计方案是否能满足规定的可靠性定量要求。

（2）工作项目要点

应对装备、分系统和设备进行可靠性预计。必要时，应分别考虑每一种工作模式。可靠性预计应包括：

1）基本可靠性预计，以便为寿命周期费用分析和保障性分析提供依据；

2）任务可靠性预计，以便估计产品在执行任务过程中完成其规定功能的能力。

应按 GJB 813 和 GJB/Z 299 中提供的方法，或订购方认可的其他方法进行预计。对机械、电气和机电产品的预计可采用相似产品数据和其他适合的方法进行，但需经订购方认可。

预计时应利用工作项目 301 所建立的可靠性模型，采用 GJB/Z 299，GJB/Z 108 或其他数据，所采用的模型和数据均需获得订购方的认可。

当有充分依据（例如通过 FMEA）确认某产品的故障不影响规定的任务可靠性时，可不进行该产品的任务可靠性预计，但需经订购方认可。

（3）注意事项

订购方在合同工作说明中应明确：

1）寿命剖面和任务剖面；

2）确认的预计方法；

3）失效率数据的来源；

4）保障性分析所需的信息；

5）由订购方指定的产品，应提供其可靠性水平和相关的使用与环境信息；

6）需提交的资料项目。

7.2 环境应力筛选试验

7.2.1 环境应力筛选试验简介

（1）环境应力筛选试验定义

环境应力筛选（ESS）试验是通过在产品上施加一定的环境应力（温度、湿度、电应力、振动），以激发并剔除不良元器件、零部件或工艺缺陷所引起的产品早期故障的工序或方法。

（2）环境应力筛选试验要求

1）环境应力筛选试验设计，应能使之激发出由于潜在设计制造缺陷引起的故障。所施加的应力及其水平，不必模拟产品实际使用情况，而着重在筛选效果；但应注意，筛选应力去掉后，不会使产品留下残余应力或影响产品使用寿命。

2）研制阶段、批生产早期或根据型号要求，在交付产品上，环境应力筛选应在元器件、组件、部件等层次产品上100％地进行。

3）型号产品应根据产品特点，参照有关标准，制定选用的环境应力筛选方案，其主要内容应包括：

a）施加的环境应力的类型、水平、状况及承受应力的时间；

b）进行环境应力筛选试验的产品（如元器件、电路板、分组件等）；

c）试验期间监控的产品性能和应力参数；

d）试验持续时间；

e) 故障件处理的有关要求。

关于环境应力筛选有以下几点注意事项：

1）可靠性筛选可以提高一批产品使用的可靠性，但并不能提高每一个产品的固有可靠性，因为筛选不能改变失效机理而延长任何单个元器件的寿命，它只是剔除早期失效的产品后使剩下产品的平均寿命比筛选前平均寿命有所提高。

2）筛选不同于质量验收。质量验收是通过抽样检验判定一批产品是否合格从而决定接收或拒收，而筛选是对于合格产品 100％ 地进行试验，以剔除早期失效产品。

3）要选择好筛选应力，不要对好产品造成损伤。

4）虽然可靠性筛选要付出相当大的代价（材料、时间等），但与筛选带来的好处相比，这种代价是值得的。

（3）定量环境应力筛选试验定义

定量环境应力筛选试验是指：要求筛选产品的筛选结果与产品的可靠性目标值或成本建立定量关系的筛选。除非合同中有定量筛选要求，且具备了进行定量筛选所需的全部数据和条件，否则只进行常规筛选。

（4）环境应力筛选试验的时机

1）产品无可靠性指标要求；

2）产品有可靠性指标值，但不打算使筛选采用定量方法进行；

3）产品有可靠性指标值，但缺乏进行定量筛选所需的全部数据；

4）产品有可靠性指标值，且具备进行定量筛选所需的全部数据，但产品批量小，进行定量筛选费效比太大；

5）对以后将要进行定量筛选的产品在产品研制阶段的早期进行筛选。

关于环境应力筛选有以下标准：

1）GJB 1032 — 90《电子产品环境应力筛选方法》；

2）GJB/Z 34 — 93《电子产品定量环境应力筛选指南》。

7.2.2　加速寿命试验

加速寿命试验（accelerated life tests，ALT）可以分为两类：定性加速寿命试验（qualitative accelerated life testing），也称为定性试验（qualitative tests），以及定量加速寿命试验（quantitative accelerated life testing，QALT）。定性试验包括常见的高加速寿命试验（highly accelerated life tests，HALT）等。

（1）定性试验

定性试验只产生试验产品的故障信息。定性试验以小样本进行，这些样本是在单一应力的临界水平、一组应力的临界水平或时变应力的临界水平下进行的（如应力循环、低温到高温等）。如果试验样本是成功的，则通过了此试验，否则将要采取适当的产品更改以消除出现的故障。

定性试验主要用于发现可能的故障模式。然而，如果试验设计不合理，会带来实际中不会出现的故障模式。好的定性试验能够快速发现在实际正常使用条件下会产生的故障模式。一般来说，定性试验并非用来产生产品的寿命数据，因而其结果不能用做定量加速寿命试验的数据。定性试验不能量化正常使用条件下产品寿命（或可靠性）的特征，但是可以提供关于应力类型和应力水平的有价值信息，这里的应力类型和应力水平有望在后续的定量试验中采用。

定性试验的优点如下：

1）通过发现产品可能的故障模式来提高产品可靠性；

2）为设计定量试验方案提供有价值的信息反馈，在许多情况下，定性试验是定量试验的风向标。

（2）高加速寿命试验

高加速寿命试验是指通过增加温度、振动、快速热应力变化以及其他与产品工作条件有关的应力变动来进行的产品试验。

（3）定量加速寿命试验

定量加速寿命试验用来定量反映产品的寿命特征，因此，产品系统或单元在正常使用条件下可以提供可靠性信息。可靠性信息包括在使用条件下产品失效概率的确定、平均寿命的确定、产品使用的收益以及费用的保证。定量加速寿命试验也可用来辅助风险评估、设计比较等。定量加速寿命试验可以采取使用率加速或过应力加速的方法。

7.2.3　高加速应力筛选试验

高加速应力筛选（highly accelerated stress screen，HASS）试验的目的是人为加大环境应力，辨识由高加速寿命试验过程发现的过程缺陷，暴露和剔除产品的制造和工艺缺陷，以确保产品质量和可靠性不因制造过程而降低。

正确的高加速应力筛选过程要求把产品潜在的缺陷转化为显性缺陷，对显性缺陷进行改正。

高加速应力筛选试验的作用包括：

1）检测和纠正产品设计和流程的改变；

2）降低生产时间和费用；

3）提高产品质量与可靠性；

4）降低维修和保障费用；

5）降低产品的早期故障率。

高加速应力筛选试验是利用高机械应力与高变温率来实现高加速的。该试验要求产品具有高于正常使用环境下的足够的强度余量，试验中采用高于正常水平的温度、振动、电压和其他应力，快速激发暴露缺陷，以便使筛选过程更加经济。采用高加速应力筛选试验不仅可确定在加大环境应力情况下产品的能力，还可分析研究产品的失效机理，通过其设计和过程更改提高产品耐破坏能力，以确保较大的设计和过程余量，从而确保产品的质量与可靠性。

7.2.4　发动机的环境应力筛选试验

根据液体火箭发动机研制的实际情况，有必要也适合开展以混合比和推力为应力的定性加速寿命试验，以此提高发动机的固有可靠性以及发动机参数的健壮性。

加速寿命试验和高加速寿命试验一般对电子类产品具有较强的针对性，对诸如液体火箭发动机这样复杂的热力工作组件不一定合适，工程上要对其实现温度循环也很难。剔除早期的故障以及不合格，甚至包括部组件的设计更改，主要还是靠可行性验证试验、例行试验和典型试验来进行。

液体火箭发动机在试样开始时要进行长程、高工况试车考核，这是一种加速寿命试验。

液体火箭发动机的电缆、传感器、驱动器等都要进行高、低温循环，力学环境振动筛选试验，例行试验，鉴定试验，从而完成环境应力筛选，只是不同试验所选用的应力水平有所差别。

7.3　可靠性增长试验

7.3.1　可靠性增长试验设计简介

7.3.1.1　可靠性增长试验的概念

（1）可靠性增长试验的定义

可靠性增长试验是指：用于暴露和激发设计、工艺潜在缺陷和薄弱环节的试验。可靠性增长试验通过故障分析采取纠正措施和充分的试验验证，确保纠正措施的有效性，使发动机可靠性得到增长，并达到预期增长目标值。

可靠性增长试验是一种在规定的环境应力下，为暴露产品薄弱环节，并证明改进措施能防止薄弱环节再现而进行的试验。规定的环境应力可以是产品工作的实际环境应力、模拟环境应力或加速变化的环境应力。

可靠性增长试验是通过发现故障、分析和纠正故障以及对纠正措施的有效性进行验证以提高产品可靠性水平的过程，一般称为试验—分析—改进过程。增长试验包含对产品性能的监测、故障检测、故障分析及对减少故障再现的设计改进措施的检验。

（2）可靠性增长研究现状

在进行可靠性增长试验评定时，为了运用系统的可靠性增长趋势预报系统新阶段试验后可靠性参数的分布、对系统的可靠性增长情况进行分析，本节对可靠性增长的研究现状进行了分析。在可靠性增长试验过程中，为了能对产品可靠性增长情况进行比较和监控，须将可靠性增长量化，建立可靠性增长的数学模型。国外在 20 世纪 50 年代末，就提出了可靠性增长的思想。1962 年，杜安（Duane）提出了一种有广泛应用价值的 Duane 模型，同时，Lloyd 等人在其专著中以专门的章节介绍可靠性增长相关的内容，此后可靠性增长引起了广泛的注意。40 多年来，可靠性增长的研究方兴未艾，涌现了许多相关论文、报告，美国还召开了几次全国性的可靠性增长学术会议。国外还制定和出版了不少关于可靠性增长试验、管理及分析的标准和手册。在我国，钱学森分别于 1975 年、1977 年、1981 年三次提出搞变动统计学、小子样变动统计学的研究，并指出可靠性增长是可靠性理论研究的三大方向之一。从 1975 年开始，国内开始对国外可靠性增长的成果进行研究，例如 Gompertz 模型、Duane 模型及 AMSAA 模型等，并对上述模型进行验证，出版了有关可靠性增长的专著。目前，可靠性增长技术已开始在航空航天领域得到应用。

可靠性增长模型研究目前有两个方向，分别基于传统的统计估计方法和贝叶斯估计方法建立增长模型，评定、预测系统的可靠性。目前，这两个方向下的可靠性增长模型种类繁多。相比之下，经典可靠性增长模型比较成熟，例如 Duane 模型和 AMSAA 模型具有广泛的适用性。经典可靠性增长模型还有 Gompertz 模型、EDRIC 模型、指数可靠性增长模型等。贝叶斯可靠性增长模型有史密斯提出的二项可靠性增长的贝叶斯模型，温里克与格罗斯的三项可靠性模型，周源泉在相同框架下推导的指数可靠性增长的贝叶斯模型，约翰与埃玛基于方差传输不变理论推导出的可靠性增长模型等。

虽然可靠性增长模型多种多样，但都是针对不同的应用而建立的。较为通用的 Duane 和 AMSAA 模型均不能进行分阶段的可靠性增长估计，不能利用已有的试验信息和其他相关信息。目前的贝叶斯模型虽然可用于分阶段的可靠性增长，但这些模型常选取无信息先验分布，以避免对先验分布的争议，这样做事实上没有充分利用先验信息，没有发挥贝叶斯方法的优点。国外 S·卡普兰等人针对成败型系统提出了基于贝叶斯序贯方法的可靠性增长模型，但该模型主要适用于成败型系统。

（3）可靠性增长试验的一般过程

1）发动机在设定的环境条件与工况下，进行包含一次或多次工作循环（点火启动—主级—关机）的发动机地面热试车，以激发、暴露发动机潜在的故障或薄弱环节；

2）根据热试验中的故障检测、参数测量和试车后的分解检查，并在此基础上的周密的故障分析，查清故障模式与机理；

3）针对故障采取相应的纠正措施，在验证措施有效后，将其纳入相关设计、工艺文件，使发动机固有可靠性得到切实增长。

上述试验过程简称为试验—分析—改进（test，analysis and fix，TAAF）过程。

由于故障的暴露、分析及纠正措施的有效验证往往不可能通过一次试验就能完成，因此，可靠性增长试验可能需要经历多次试验与改进的迭代过程。

值得注意的是，有一种误解，认为发动机研制必须通过可靠性增长来达到预期目标，哪怕再差的设计水平只要后期不停地进行可靠性增长试验就可以解决。显然这种观点是不对的，在决定进行可靠性增长之前，必须对可靠性增长计划进行评审，得到各方认可才行，而低劣的设计水平是难以通过评审的。为了有效地进行可靠性增长，必须清楚发动机的薄弱环节所在，也就是如何识别可靠性增长的途径问题，一般的途径有：

1）外部经验；

2）分析；

3）试验；

4）生产经验；

5）使用经验。

（4）可靠性增长试验与其他相关试验的关系

发动机增长试验与 GJB 10A 规定的多项试验间既存在区别，更互相关联，应在实施中注意处理好以下各点：

1）GJB 10A 规定的组件试验是发动机可靠性增长试验的基础。一方面在可靠性增长试验之前，应尽可能利用组件试验考核和暴露组件的各种缺陷和薄弱环节，为整机可靠性增长试验打下基础。另一方面，在可靠性增长试验中，发动机若发生故障，经故障分析将故障定位在某个或某些组件时，一般应首先做好对该故障组件级的故障分析和故障机理及纠正措施的验证试验；其次在此验证试验取得良好结果的基础上，再开始发动机增长试验的后续试验。

2）GJB 10A 规定的研制试验，重点在于考核、改进发动机性能参数与结构功能，而可靠性增长试验重点是对发动机可靠性指标的定量考核与改进。因此后者是在前者基础上进行的，并且是前者的重要补充和完善。同时，研制试验中的某些试验，如发动机极限工况试验、发动机大推力长寿命试验，可作为可靠性增长试验的一部分列入可靠性增长试验计划。

3）GJB 10A 规定的鉴定试验，针对的是试样技术状态的发动机，包括可靠性指标在内的全面设计考核与鉴定。具有高可靠性要求的发动机，在有限次数的鉴定试验中，一般不容许试验出现故障和对产品作重要设计改进；否则将导致鉴定试验未获通过并因此而带来相关的损失。为保证鉴定试验获得成功，应在该试验前安排并完成可靠性增长试验。此外，成功的可靠性增长试验可以计入鉴定试验的样本。

判断发动机可靠性增长试验获得成功，至少要满足如下条件：

1）可靠性增长试验涵盖可靠性鉴定试验所规定的环境工作条件；

2）对可靠性增长试验过程的跟踪应该是严格的，而且增长之前的故障记录、定位、机理都非常清晰；

3）有完整的故障归零闭环，并对纠正过程有详尽的可追溯记录；

4）可靠性增长试验的最终结果评估是可信的，评估方法合理，置信水平符合要求，评估结果为产品可靠性高于或等于计划的可靠性增长目标。

（5）可靠性增长试验的前提条件

①产品的设计质量

1）产品设计是在规范化的质量管理下完成的，使设计质量得到保证。

2）对产品按照型号可靠性保证大纲要求，开展了可靠性设计与分析工作，按照 GJB 1391 完成 FMEA 工作，并落实了预防措施和补偿措施；对确定的产品设计结构，进行了可靠性预计，或定性的工程评价，产品的可靠性预计值达到或高于设计指标。

②产品的技术状态

1）发动机已完成了 GJB 10A 规定的发动机系统协调性试验、结构方案考核试验。发动机功能与性能参数已达到初步设计要求，产品已具有了一定的可靠性水平，产品设计状态已基本确定；发动机生产工艺稳定，生产过程受控。

2）发动机已完成模样研制，并已进入初样研制的后期或试样的初期。

对于发动机可靠性增长和发动机鉴定试验，根据工程实际有时将其合二为一，有时相互转化，这要视经费、进度和研制试验时间而定。

7.3.1.2　可靠性增长试验基本情况

为了对产品可靠性增长情况进行比较和监控，有必要把可靠性增长定量化，即建立可靠性增长模型。由于在增长试验过程中，对产品采取了工程改进措施，使产品故障逐步减少，产品的可靠性水平，如可靠度、故障率、平均无故障工作时间等，均随着试验时间或改进次数而改变。可以设法用试验时间和次数来反映和预测产品达到的可靠性水平，由产品改进的各次增长试验数据，拟合出能反映产品可靠性水平增长趋势的函数，用以预测产品可靠性。这种方法称为建立可靠性增长模型。

经过多年研究和工程实践，出现了多种可靠性增长模型。下文将介绍两种最常用的可靠性增长模型：Duane 模型和 AMSAA 模型。这是两种连续型增长模型。液体火箭发动机可靠性增长试验可选用这两种模型。新型号或改进型号研制期内，通过试验—分析—改进过程，可以系统地检测和消除设计和工艺薄弱环节，提高产品寿命和可靠性。

可靠性增长试验要求：

1）对于有可靠性增长模型的可靠性试验，应确定可靠性增长目标，参照相关标准制定可靠性增长试验计划、确定增长试验方案，明确试验产品数量、试验时间、试验应力、试验方法、故障处理原则与改进要求等。

2）可靠性增长试验应力应模拟实际使用工况，施加增长试验应力时，不应改变故障机理。

3）对高试验费用的航天产品，不能按照增长模型安排试验时，应采用强化应力水平的方法，拉偏某些工作参数、覆盖产品工作环境条件，以最小的代价发现薄弱环节、暴露薄弱环节，并采取设计或工艺改进措施，实现可靠性增长，提高产品固有可靠性。

可靠性增长试验相关标准：GJB 1407－92《可靠性增长试验》。

目前我国在液体火箭发动机的可靠性增长试验分析与评定技术中存在的主要问题如下：

1）受试验经费等因素的限制，发动机试车时间较少（国外相关产品的试车时间为我国的几倍甚至十几倍），整机或系统的试验样本量小。目前火箭发动机的可靠性评定基本上只利用了整机的试验信息，主要通过将每次试验不同的工作时间折合成为等效的成败次数，采用成败型模型进行评定。由于现场试验数据少，其评定结果难以反映系统的真实可靠性水平。

2）火箭发动机的加速寿命试验（高工况条件下的试验）通常是在多种应力综合作用下进行的，研制单位提出建立小子样条件下的加速寿命试验数据分析模型，这是火箭发动机可靠性分析需要解决的一个关键问题。

3）发动机研制过程是通过分批次分阶段的"试验—改进—再试验—再改进"等一系列的技术手段，不断使产品实现可靠性增长的过程，发动机经过几年的技术改进，其可靠性实现逐步增长。对火箭发动机进行可靠性增长试验评定，是一个动态统计母体下的试验数据分析问题，原有的系统可靠性评定模型和方法，如成败型模型和形状参数给定下的威布尔分布模型，都难以反映这种属于动态统计母体的系统可靠性增长试验的规律与真实情况。

4）尽管整个系统试验数据少，但仍有大量的相似系统可靠性数据、分系统或组件的试验数据可以利用，试验信息具有不完全性、不确定性和多源性。此时对多源先验信息的融合与稳健性分析，是对小子样系统试验条件下发动机可靠性评定的另一个关键问题。

5）火箭发动机的可靠性增长试验分析与评定，涉及复杂的理论与大量的数据处理，目前没有形成相应的规范和标准，也没有工程化的软件工具支持。

因此，型号研制部门迫切需要制定相应的火箭发动机可靠性增长试验评定标准以及研制相应的工程软件。

7.3.2　可靠性增长模型

7.3.2.1　Duane 模型

（1）Duane 模型简介

Duane 模型是一个应用广泛的可靠性增长模型，这个模型于 1978 年首次被美军标 MIL - STD - 1635（EC）采用，1978 年又被美军标 MIL - HDBK - 781 采用。J·T·杜安是美国通用电器公司发动机与电机部门的一位工程师，他在 1962 年发表了一篇文章，指出了许多产品的累积平均寿命与累积工作时间在双对数坐标纸上呈现很好的线性关系，因此得出累积平均寿命与累积工作时间有幂律关系。

产品的累积故障数与累积时间呈函数关系，其数学表达式为

$$\frac{E[N(t)]}{t} = a \cdot t^{-m} \qquad (7-1)$$

瞬时 t 的故障率 $\lambda(t)$ 为

$$\lambda(t) = \frac{\mathrm{d}}{\mathrm{d}t}E[N(t)] = a \cdot (1-m) \cdot t^{-m} \qquad (7-2)$$

式中　$N(t)$ ——到累积时间 t 时观察到的累积故障数；

　　　　$E[N(t)]$ —— $N(t)$ 的数学期望；

　　　　a ——尺度参数，$a>0$，它是 $t=1$ 时 Duane 曲线纵坐标值的倒数；

m ——增长率，可由 Duane 曲线斜率求出，$0 < m < 1$。

用平均故障间隔时间（mean time between failure，MTBF）表示的 Duane 模型，如图 7 - 2 所示。

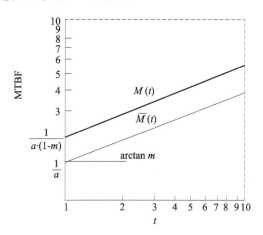

图 7 - 2　Duane 可靠性增长模型曲线

由式（7 - 1）和式（7 - 2）可得

$$\overline{M}(t) = \frac{t^m}{a} \qquad\qquad (7 - 3)$$

$$M(t) = \overline{M}(t)/(1 - m) \qquad\qquad (7 - 4)$$

式中　$\overline{M}(t)$ ——产品累积的 MTBF；

　　　$M(t)$ ——产品在瞬时 t 的 MTBF。

即

$$M(t) = t^m/[a \cdot (1 - m)] \qquad\qquad (7 - 5)$$

由于 $E[N(t)]$ 是未知的，所以可用 $t/N(t)$ 代替 $t/E[N(t)]$。一般情况下，产品的可靠性是以当前的 MTBF 表示的，但在试验中得到的只是用累积的 MTBF 表示的可靠性。为便于观察，对式（7 - 3）和式（7 - 4）取对数得到

$$\ln[\overline{M}(t)] = m\ln(t) + \ln(1/a)$$

$$\ln[M(t)] = \ln[\overline{M}(t)] + \ln[1/(1 - m)]$$

由此可以看出，在横坐标为累积试验时间，纵坐标为 MTBF 的双对数坐标线上，累积的 MTBF 线，即累积 MTBF 值与累积试验时间的关系曲线，是一条直线，且斜率为 m，该直线上横坐标等于 1 的点对应的纵坐标值为 $1/a$。当前的 MTBF 线，即当前 MTBF 值与累积试验时间的关系曲线，是一条平行于累积 MTBF 线，并向上移动 $1/(1-m)$ 的直线。图 $7-2$ 中 $\overline{M}(t)$ 为累积 MTBF 值与累积试验时间的关系曲线，在双对数坐标线上，平行于累积的 MTBF 线画出当前的 MTBF 线 $M(t)$，其值为累积的 MTBF$\times(1-m)$。

增长率 m 小于 0.3 时表明失效修正措施不太有力，$m=0.1$ 时，表明没有经过筹划的可靠性增长程序。$0.6 < m < 0.7$ 表明在结合试验程序的情况下，采取了强有力的失效分析和修正措施。m 越大表明可靠性增长越快。

（2）Duane 模型的统计分析

① a，m 的最小二乘估计

设产品可靠性增长数据为：累积故障数 N_i，累计工作时间 $t_i(i=1,2,\cdots,n)$。

令 $Y_i = \ln N_i$，$X_i = \ln t_i$，$\overline{Y} = \sum\limits_{i=1}^{n} Y_i$，$\overline{X} = \sum\limits_{i=1}^{n} X_i$，再计算

$$l_{XY} = \frac{1}{n} \cdot \sum_{i=1}^{n} (X_i - \overline{X}) \cdot (Y_i - \overline{Y})$$

$$l_{XX} = \frac{1}{n} \sum_{i=1}^{n} (X_i - \overline{X})^2$$

$$l_{YY} = \frac{1}{n} \cdot \sum_{i=1}^{n} (Y_i - \overline{Y})^2$$

由于 $E(N[t_i])$ 是未知的，用 $\dfrac{N_i}{t_i}$ 代替式 $(7-1)$ 中的 $\dfrac{E[N(t_i)]}{t_i}$，再取对数，则 a，m 的估计转化为求 $\min \sum\limits_{i=1}^{n} [Y_i - \ln a - (1-m) \cdot X_i]^2$，故 a，m 的最小二乘估计 $\hat{a}$，$\hat{m}$ 为

$$\hat{m} = 1 - l_{XY}/l_{XX} \tag{$7-6$}$$

$$\hat{a} = \exp[\overline{Y} - (1 - \hat{m}) \cdot \overline{X}] \qquad (7-7)$$

②相关性检验

为检验产品可靠性增长规律是否符合 Duane 模型，可进行相关系数检验。

相关系数

$$\rho = l_{XY} / \sqrt{l_{XX} \cdot l_{YY}} \qquad (7-8)$$

带入试验数据计算出 ρ，给定显著性水平 α 时，查 ρ 的临界值 ρ_0，并与计算出的相关系数 ρ 进行比较：当 $|\rho| > \rho_0$ 时，以显著性水平 α，接受 Duane 模型；$|\rho| \leqslant \rho_0$ 时，以显著性水平 α，拒绝 Duane 模型。

7.3.2.2　AMSAA 模型

(1) AMSAA 模型简介

AMSAA 模型是在 Duane 模型的基础上提出的一个改进模型，它是利用非齐次泊松过程建立的可靠性增长模型，可用于定时截尾试验，亦可用于定数截尾试验。

AMSAA 模型假设：在某个特定的试验阶段内，每次故障发生后都对产品进行改进，即找出故障原因，消除故障，然后再继续试验。那么累积故障数 $N(t)$ 服从非齐次泊松过程，并且瞬时强度，即当前故障率为

$$\lambda(t) = \frac{\mathrm{d}E[N(t)]}{\mathrm{d}t} = abt^{b-1} \qquad (7-9)$$

式中　$E[N(t)]$ —— $N(t)$ 的数学期望，且

$$E[N(t)] = at^b \qquad (7-10)$$

式中　a ——尺度参数，$a > 0$；

　　　b ——形状参数，$b = 1 - m$。

形状参数 b 决定瞬时强度的形状。当 $0 < b < 1$ 时，故障间隔时间 $t_i - t_{i-1}$（$i = 1, 2, \cdots, n$）随机地增加，$\lambda(t)$ 严格地单调下降，表示产品处于 MTBF 增长状态；当 $b > 1$ 时，故障间隔时间 $t_i - t_{i-1}$ 随机地减少，$\lambda(t)$ 严格地单调上升，表示产品处于 MTBF 下降状态；当

$b = 1$，$\lambda(t)$ 为常数，故障间隔时间服从指数分布，产品 MTBF 不变。

AMSAA 模型中瞬时强度的倒数称为瞬时 MTBF，即

$$M(t) = \frac{t^{1-b}}{ab} \qquad (7-11)$$

通常假设，如果在时间 T 之后，没有对产品采取改进措施，则继续再做试验时，认为产品的故障时间服从指数分布，产品的故障率是一个恒定值，为

$$\lambda(t) = abT^{b-1} \ , \ t \geqslant T \qquad (7-12)$$

MTBF 也是一个恒定值，为

$$M(t) = \frac{T^{1-b}}{ab} \ , \ t \geqslant T \qquad (7-13)$$

对试验（包括定时截尾试验和定数截尾试验）结果数据进行可靠性参数统计估计时，应按照 GJB 1407 附录 B 中给出的计算方法和步骤进行。

（2）AMSAA 模型的统计分析

①参数 a 和 b 的估计

定义如下参数：

N——观察到的总故障数；

$$M = \begin{cases} N（定时截尾） \\ N-1（定数截尾） \end{cases}$$

t_i——第 i 次关联故障发生时的累积试验时间，$i = 1,2,\cdots,N$。

对于定时截尾试验，记 $T = T_0$，其中 T_0 为定时截尾时间；对于定数截尾试验，记 $T = t_N$，其中 t_N 为定数截尾时的总试验时间。

最大似然估计

$$\hat{b} = \frac{N}{M\ln T - \sum_{i=1}^{M} \ln t_i} \qquad (7-14)$$

$$\hat{a} = N/T^{\hat{b}} \qquad (7-15)$$

无偏估计

$$\bar{b} = \frac{M-1}{N}\hat{b} \qquad (7-16)$$

$$\overline{a} = N/T^{\overline{b}} \qquad (7-17)$$

②增长趋势分析

将观察到的累积关联故障时间 t_i 从小到大依次排列，计算下列统计量

$$\mu = \left(\frac{\sum\limits_{i=1}^{N} t_i}{MT} - \frac{1}{2} \right) \cdot \sqrt{12M} \qquad (7-18)$$

然后，根据给定的显著性水平 α，从表 7-1 中查得临界值 $\mu_0 = \mu_{\frac{\alpha}{2}}$。

1）当 $\mu \leqslant -\mu_0$ 时，以显著性水平 $\alpha/2$ 表明有明显的可靠性增长趋势；

2）当 $\mu \geqslant \mu_0$ 时，以显著性水平 $\alpha/2$ 表明有明显的可靠性降低趋势；

3）当 $-\mu_0 < \mu < \mu_0$ 时，以显著性水平 $\alpha/2$ 表明可靠性无明显的变化趋势。

表 7-1　趋势检验统计量的临界值 μ_0

α	M					
	1	2	3	4	5	$\geqslant 6$
0.2%	0.499	0.955	2.637	2.782	2.859	3.090
1%	0.495	0.900	2.379	2.445	2.474	2.576
2%	0.490	0.859	2.217	2.252	2.266	2.326
5%	0.475	0.776	1.937	1.940	1.943	1.960
10%	0.450	0.684	1.661	1.651	1.650	1.645
20%	0.400	0.553	1.313	1.305	1.300	1.282
30%	0.350	0.452	1.069	1.064	1.058	1.036
40%	0.300	0.368	0.874	0.868	0.862	0.842
50%	0.250	0.293	0.706	0.698	0.692	0.674

③拟合优度检验

拟合优度检验采用 Cramer-Von Mises 检验方法，统计量为

$$C_M^2 = \frac{1}{12M} + \sum_{i=1}^{M}\left[(\frac{t_i}{T})^{\bar{b}} - \frac{2i-1}{2M}\right]^2 \qquad (7-19)$$

式中　　C_M^2 ——拟合优度检验统计量。

根据选定的拟合优度检验的显著性水平 α ，从表 7 - 2 中查出与 M 和 α 对应的临界值 $C_{M,\alpha}^2$ 。

若 $C_M^2 \leqslant C_{M,\alpha}^2$ ，则接受 AMSAA 模型；

若 $C_M^2 > C_{M,\alpha}^2$ ，则拒绝 AMSAA 模型。

④MTBF 的估计

（a）点估计

1）当前故障率的点估计为：

当故障个数为小样本（$N \leqslant 20$）时

$$\bar{\lambda} = \overline{ab}T^{\bar{b}-1} \qquad (7-20)$$

当故障个数为大样本（$N > 20$）时

$$\hat{\lambda} = \hat{a}\hat{b}T^{b-1} \qquad (7-21)$$

2）当前 MTBF 的点估计为：

当故障个数为小样本（$N \leqslant 20$）时

$$\overline{M}(T) = (\overline{ab}T^{\bar{b}-1})^{-1} \qquad (7-22)$$

当故障个数为大样本（$N > 20$）时

$$\hat{M}(T) = (\hat{a}\hat{b}T^{b-1})^{-1} \qquad (7-23)$$

（b）区间估计

首先计算出 MTBF 的点估计值 $\hat{M}(T)$ ，然后查表 7 - 3（当 T 为定时截尾时间）或表 7 - 4（当 T 为定数截尾时间），得出关联故障数 N 及置信水平 γ 的置信上限系数 $K_U(N,\gamma)$ 和置信下限系数 $K_L(N,\gamma)$

$$\hat{M}(T)K_L(N,\gamma) \leqslant M(T) \leqslant \hat{M}(T)K_U(N,\gamma) \qquad (7-24)$$

表 7 - 2　拟合优度检验统计量 C_M^2 的临界值 $C_{M,\alpha}^2$

M	α				
	0.20	0.15	0.10	0.05	0.01
2	0.138	0.149	0.162	0.175	0.186
3	0.121	0.135	0.154	0.184	0.231
4	0.121	0.136	0.155	0.191	0.279
5	0.121	0.137	0.160	0.199	0.295
6	0.123	0.139	0.162	0.204	0.307
7	0.124	0.140	0.165	0.208	0.316
8	0.124	0.141	0.165	0.210	0.319
9	0.125	0.142	0.167	0.212	0.323
10	0.125	0.142	0.167	0.212	0.324
15	0.126	0.144	0.169	0.215	0.327
20	0.128	0.146	0.172	0.217	0.333
30	0.128	0.146	0.172	0.218	0.333
60	0.128	0.147	0.173	0.221	0.333
100	0.129	0.147	0.173	0.221	0.336

表 7 - 3　定时截尾 MTBF 置信区间系数表

N	γ							
	0.20		0.40		0.50		0.60	
	K_L	K_U	K_L	K_U	K_L	K_U	K_L	K_U
2	0.606	3.608	0.480	5.294	0.424	6.634	0.368	8.642
3	0.679	2.169	0.559	2.823	0.502	3.285	0.447	3.906
4	0.727	1.781	0.611	2.215	0.556	2.505	0.501	2.884
5	0.760	1.596	0.649	1.930	0.595	2.149	0.542	2.428
6	0.784	1.487	0.678	1.764	0.626	1.942	0.574	2.167
7	0.803	1.415	0.701	1.654	0.651	1.807	0.600	1.996
8	0.818	1.363	0.720	1.576	0.671	1.710	0.622	1.875
9	0.830	1.324	0.736	1.516	0.688	1.641	0.640	1.785

续表

N	γ							
	0.20		0.40		0.50		0.60	
	K_L	K_U	K_L	K_U	K_L	K_U	K_L	K_U
10	0.840	1.294	0.749	1.471	0.703	1.581	0.656	1.716
11	0.849	1.269	0.761	1.434	0.716	1.535	0.670	1.658
12	0.857	1.249	0.771	1.403	0.728	1.498	0.683	1.612
13	0.864	1.232	0.780	1.377	0.738	1.466	0.694	1.573
14	0.870	1.218	0.788	1.355	0.747	1.439	0.704	1.540
15	0.875	1.205	0.795	1.336	0.755	1.416	0.713	1.511
16	0.880	1.194	0.802	1.321	0.763	1.395	0.721	1.486
17	0.884	1.185	0.808	1.305	0.769	1.377	0.729	1.464
18	0.888	1.176	0.814	1.292	0.776	1.361	0.736	1.444
19	0.891	1.168	0.819	1.280	0.781	1.347	0.742	1.427
20	0.895	1.162	0.823	1.269	0.787	1.334	0.748	1.411
21	0.898	1.156	0.828	1.260	0.792	1.322	0.754	1.396
22	0.900	1.150	0.832	1.251	0.796	1.312	0.760	1.383
23	0.903	1.145	0.836	1.243	0.801	1.302	0.764	1.371
24	0.905	1.139	0.839	1.235	0.805	1.293	0.769	1.360
25	0.908	1.136	0.842	1.229	0.809	1.284	0.773	1.350
26	0.910	1.132	0.846	1.223	0.812	1.277	0.777	1.340
27	0.912	1.128	0.849	1.217	0.816	1.269	0.781	1.331
28	0.914	1.124	0.851	1.211	0.819	1.266	0.785	1.323
29	0.915	1.121	0.854	1.206	0.822	1.256	0.788	1.315
30	0.917	1.118	0.857	1.201	0.826	1.250	0.792	1.308
35	0.924	1.105	0.868	1.181	0.838	1.225	0.806	1.278
40	0.930	1.095	0.876	1.165	0.848	1.206	0.818	1.254
45	0.935	1.088	0.884	1.153	0.857	1.191	0.828	1.235
50	0.939	1.081	0.890	1.143	0.864	1.178	0.837	1.220
60	0.945	1.071	0.900	1.127	0.876	1.159	0.850	1.196

续表

N	γ							
	0.20		0.40		0.50		0.60	
	K_L	K_U	K_L	K_U	K_L	K_U	K_L	K_U
70	0.949	1.064	0.907	1.115	0.885	1.144	0.861	1.178
80	0.953	1.059	0.914	1.106	0.893	1.133	0.870	1.164
100	0.959	1.051	0.923	1.092	0.904	1.116	0.883	1.143

N	γ							
	0.80		0.90		0.95		0.98	
	K_L	K_U	K_L	K_U	K_L	K_U	K_L	K_U
2	0.261	18.66	0.200	38.66	0.159	78.66	0.124	198.7
3	0.333	6.326	0.263	9.736	0.217	14.55	0.174	24.10
4	0.385	4.243	0.312	5.947	0.262	8.093	0.215	11.81
5	0.426	3.386	0.352	4.517	0.300	5.862	0.250	8.043
6	0.459	2.915	0.385	3.764	0.331	4.738	0.280	6.254
7	0.487	2.616	0.412	3.298	0.358	4.061	0.305	5.216
8	0.511	2.407	0.436	2.981	0.382	3.609	0.328	4.539
9	0.531	2.254	0.457	2.750	0.403	3.285	0.349	4.064
10	0.549	2.136	0.476	2.575	0.421	3.042	0.367	3.712
11	0.565	2.041	0.492	2.436	0.438	2.852	0.384	3.441
12	0.579	1.965	0.507	2.324	0.453	2.699	0.399	3.226
13	0.592	1.901	0.521	2.232	0.467	2.574	0.413	3.050
14	0.604	1.846	0.533	2.153	0.480	2.469	0.426	2.904
15	0.614	1.800	0.545	2.087	0.492	2.379	0.438	2.781
16	0.624	1.759	0.556	2.029	0.503	2.302	0.449	2.675
17	0.633	1.723	0.565	1.978	0.513	2.235	0.460	2.584
18	0.642	1.692	0.575	1.933	0.523	2.176	0.470	2.503
19	0.650	1.663	0.583	1.893	0.532	2.123	0.479	2.432
20	0.657	1.638	0.591	1.858	0.540	2.076	0.488	2.369
21	0.664	1.615	0.599	1.825	0.548	2.034	0.496	2.313

续表

N	γ							
	0.80		0.90		0.95		0.98	
	K_L	K_U	K_L	K_U	K_L	K_U	K_L	K_U
22	0.670	1.594	0.606	1.796	0.556	1.996	0.504	2.261
23	0.676	1.574	0.613	1.769	0.563	1.961	0.511	2.215
24	0.682	1.557	0.619	1.745	0.570	1.929	0.518	2.173
25	0.687	1.540	0.625	1.722	0.576	1.900	0.525	2.134
26	0.692	1.525	0.631	1.701	0.582	1.873	0.531	2.098
27	0.697	1.511	0.636	1.682	0.588	1.848	0.537	2.068
28	0.702	1.498	0.641	1.664	0.594	1.825	0.543	2.035
29	0.706	1.486	0.646	1.647	0.599	1.803	0.549	2.006
30	0.711	1.475	0.651	1.631	0.604	1.783	0.554	1.980
35	0.729	1.427	0.672	1.565	0.627	1.699	0.579	1.870
40	0.745	1.390	0.690	1.515	0.646	1.635	0.599	1.788
45	0.758	1.361	0.705	1.476	0.662	1.585	0.617	1.723
50	0.769	1.337	0.718	1.443	0.676	1.544	0.632	1.671
60	0.787	1.300	0.739	1.393	0.700	1.481	0.657	1.591
70	0.801	1.272	0.756	1.356	0.718	1.435	0.678	1.533
80	0.813	1.251	0.769	1.328	0.734	1.399	0.695	1.488
100	0.831	1.219	0.791	1.286	0.758	1.347	0.722	1.423

表 7-4 定数截尾 MTBF 置信区间系数表

N	γ							
	0.20		0.40		0.50		0.60	
	K_L	K_U	K_L	K_U	K_L	K_U	K_L	K_U
3	0.843	1.392	0.655	1.854	0.572	2.186	0.494	2.640
4	0.934	1.407	0.758	1.772	0.678	2.023	0.600	2.351
5	0.954	1.360	0.795	1.660	0.721	1.859	0.648	2.113
6	0.959	1.319	0.814	1.573	0.745	1.740	0.676	1.950

续表

N	γ							
	0.20		0.40		0.50		0.60	
	K_L	K_U	K_L	K_U	K_L	K_U	K_L	K_U
7	0.960	1.284	0.827	1.510	0.762	1.653	0.697	1.833
8	0.960	1.257	0.836	1.458	0.775	1.587	0.713	1.745
9	0.960	1.235	0.843	1.420	0.785	0.411	0.726	1.678
10	0.960	1.217	0.848	1.388	0.793	1.494	0.737	1.624
11	0.959	1.202	0.853	1.362	0.800	1.460	0.746	1.580
12	0.959	1.190	0.858	1.340	0.807	1.431	0.754	1.543
13	0.959	1.179	0.861	1.320	0.812	1.406	0.762	1.510
14	0.959	1.170	0.865	1.303	0.817	1.386	0.768	1.483
15	0.959	1.160	0.868	1.289	0.822	1.367	0.774	1.459
16	0.959	1.153	0.871	1.276	0.826	1.350	0.780	1.439
17	0.959	1.146	0.874	1.264	0.830	1.336	0.785	1.421
18	0.959	1.140	0.876	1.255	0.834	1.322	0.789	1.404
19	0.960	1.135	0.879	1.245	0.837	1.311	0.794	1.389
20	0.960	1.131	0.881	1.236	0.840	1.300	0.798	1.376
21	0.959	1.126	0.883	1.230	0.843	1.290	0.801	1.363
22	0.960	1.122	0.885	1.222	0.846	1.282	0.805	1.352
23	0.960	1.119	0.886	1.215	0.848	1.273	0.808	1.341
24	0.960	1.115	0.888	1.209	0.851	1.266	0.812	1.331
25	0.960	1.111	0.890	1.204	0.853	1.258	0.814	1.323
26	0.961	1.109	0.891	1.198	0.856	1.252	0.817	1.315
27	0.961	1.106	0.893	1.193	0.857	1.246	0.820	1.306
28	0.961	1.103	0.894	1.189	0.859	1.240	0.823	1.300
29	0.962	1.101	0.896	1.185	0.861	1.235	0.825	1.294
30	0.962	1.099	0.897	1.180	0.863	1.229	0.827	1.286
35	0.963	1.089	0.903	1.163	0.871	1.209	0.838	1.260
40	0.964	1.081	0.908	1.151	0.878	1.192	0.846	1.238

续表

N	γ							
	0.20		0.40		0.50		0.60	
	K_L	K_U	K_L	K_U	K_L	K_U	K_L	K_U
45	0.965	1.075	0.912	1.139	0.884	1.177	0.854	1.221
50	0.966	1.069	0.915	1.132	0.889	1.166	0.860	1.208
60	0.968	1.063	0.921	1.118	0.897	1.149	0.870	1.186
70	0.969	1.056	0.926	1.107	0.903	1.136	0.878	1.170
80	0.971	1.052	0.930	1.099	0.909	1.126	0.885	1.157
100	0.973	1.045	0.936	1.087	0.917	1.111	0.896	1.137

N	γ							
	0.80		0.90		0.95		0.98	
	K_L	K_U	K_L	K_U	K_L	K_U	K_L	K_U
2	0.806 5	33.76	0.555 2	72.67	0.409 9	151.5	0.294 4	389.9
3	0.684 0	8.927	0.513 7	14.24	0.405 4	21.96	0.311 9	37.60
4	0.660 1	5.328	0.517 4	7.651	0.422 5	10.65	0.336 8	15.96
5	0.656 8	4.000	0.529 0	5.424	0.441 5	7.147	0.360 3	9.995
6	0.660 0	3.321	0.542 1	4.339	0.459 5	5.521	0.381 5	7.388
7	0.665 6	2.910	0.554 8	3.702	0.476 0	4.595	0.400 3	5.963
8	0.672 0	2.634	0.566 8	3.284	0.491 0	4.002	0.417 3	5.074
9	0.678 7	2.436	0.578 0	2.989	0.504 6	3.589	0.432 7	4.469
10	0.685 2	2.287	0.588 3	2.770	0.517 1	3.286	0.446 7	4.032
11	0.691 5	2.170	0.597 9	2.600	0.528 5	3.054	0.459 5	3.702
12	0.697 5	2.076	0.606 7	2.464	0.539 1	2.870	0.471 2	3.443
13	0.703 3	1.998	0.615 0	2.353	0.548 8	2.721	0.482 1	3.235
14	0.708 7	1.933	0.622 7	2.260	0.557 9	2.597	0.492 3	3.064
15	0.713 9	1.877	0.629 9	2.182	0.566 4	2.493	0.501 7	2.921
16	0.718 8	1.829	0.636 7	2.114	0.574 3	2.404	0.510 6	2.800
17	0.723 4	1.788	0.643 1	2.056	0.581 8	2.327	0.518 9	2.695
18	0.727 8	1.751	0.649 1	2.004	0.588 8	2.259	0.526 7	2.604

续表

N	γ							
	0.80		0.90		0.95		0.98	
	K_L	K_U	K_L	K_U	K_L	K_U	K_L	K_U
19	0.732 0	1.718	0.654 7	1.959	0.595 4	2.200	0.534 1	2.524
20	0.736 0	1.688	0.660 1	1.918	0.601 6	2.147	0.541 1	2.453
21	0.739 8	1.662	0.665 2	1.881	0.607 6	2.099	0.547 8	2.390
22	0.743 4	1.638	0.670 1	1.848	0.613 2	2.056	0.554 1	2.333
23	0.746 9	1.616	0.674 7	1.818	0.618 6	2.017	0.560 1	2.281
24	0.750 2	1.596	0.679 1	1.790	0.623 7	1.982	0.565 9	2.235
25	0.753 4	1.578	0.683 3	1.765	0.628 6	1.949	0.571 4	2.192
26	0.756 5	1.561	0.687 3	1.742	0.633 3	1.919	0.576 6	2.153
27	0.759 4	1.545	0.691 2	1.720	0.637 8	1.892	0.581 7	2.116
28	0.762 2	1.530	0.694 9	1.700	0.642 1	1.866	0.586 5	2.083
29	0.764 9	1.516	0.698 5	1.682	0.646 2	1.842	0.591 2	2.052
30	0.767 6	1.504	0.701 9	1.664	0.650 2	1.820	0.595 7	2.023
35	0.779 4	1.450	0.717 3	1.592	0.668 1	1.729	0.615 8	1.905
40	0.789 4	1.410	0.730 3	1.538	0.683 2	1.660	0.632 8	1.816
45	0.798 1	1.378	0.741 5	1.495	0.696 2	1.606	0.647 6	1.747
50	0.805 7	1.352	0.751 3	1.460	0.707 6	1.562	0.660 5	1.692
60	0.818 4	1.312	0.767 8	1.407	0.726 7	1.496	0.682 3	1.607
70	0.828 8	1.282	0.781 1	1.367	0.742 3	1.447	0.700 0	1.546
80	0.837 5	1.259	0.792 2	1.337	0.755 3	1.409	0.714 8	1.499
100	0.851 4	1.225	0.810 0	1.293	0.775 9	1.355	0.738 4	1.431

AMSAA 模型的参数估计、拟合优度检验、增长趋势检验亦可参考文献 [12]。

7.3.3　发动机可靠性增长试验分析

7.3.3.1　发动机可靠性增长试验简介

发动机可靠性增长试验的目的在于有计划地主动暴露设计、工艺、材料等系统性因素所造成的发动机故障，继而分析每个故障的原因，从设计、工艺等方面采取纠正措施，并验证纠正措施的有效性，使发动机可靠性得以逐步增长，最终达到可靠性设计要求。

发动机的可靠性增长试验，应在发动机完成了初步研制试验的基础上进行。初步研制试验，可以是发动机模样试验，或是发动机初样试验的早期试验。通过这些试验使得发动机具备了正常点火、启动能力，发动机主要组件结构状态基本明确，发动机已通过整机协调性、短程试车考核，并具备了一定工作可靠性。发动机可靠性增长试验前，发动机试验总的次数和试验数据虽然很少，但在增长试验方案设计时，应充分利用这些信息。

新设计的发动机，其各个组件在参加发动机整机试验前，均应进行一定数量的地面工艺性检验试验，其中包括液压、气密、液流试验，强度试验，以及某些组件（如阀门类）的功能试验，对于推力室（包括燃气发生器）还应进行挤压式热试验，涡轮泵真实的介质试验等。

一般情况下，对于发动机组件，很难模拟整机工作状态下的恶劣条件（冷、热环境条件，剧烈振动条件等），因此，组件单独的可靠性试验量较少，各组件的可靠性考核试验与可靠性增长试验，主要通过整机试验方式进行。当然不排除对某些组件，需要进行专门研究，组织改进试验。由于当前国内发动机的研制试验条件、经费与进度等限制，其最终的可靠性鉴定、考核与增长，是通过整机试验完成的。

我国在液体火箭发动机可靠性增长方面经过长期的实践，形成了具有一定特色工程上较为实用的工作思路。概括来说就是：

1）组合件级试验和整机级试验相结合。

对发动机各个组合件开展足够的可靠性增长试验，为整机的可靠性打下良好基础。通过整机级的可靠性增长试验，在结构、环境条件、载荷模拟更加真实的情况下考核系统的协调性、匹配性，并进一步验证组合件的可靠性。例如在载人航天发动机研制中，就对涡轮泵、阀门、总装管路、燃烧稳定性进行了大量试验，充分暴露和改进薄弱环节，再通过边缘工况试车法进行整机试验，最终使我国第一种载人航天发动机的可靠性、安全性达到了令人满意的水平。

2）初样阶段和试样阶段试验相结合。

在发动机初样阶段，采取鉴定试验方案，根据给出的产品阶段可靠性目标值，以鉴定试验方式、确定试验时间。试验完成后，对产品的可靠性进行评估。这种做法的优点是：避免由于可靠性预计不准确使有模型增长试验不成功或无法完成；产品试验时间相对确定，有利于对可靠性增长试验进行总体把握，有利于控制周期和成本。

试样研制阶段中（有时甚至从模样阶段就开始考虑），均进行组合件、整机级可靠性增长试验。这样，可以使产品设计、生产过程中的薄弱环节尽早暴露，并将改进措施纳入研制计划，适应发动机研制阶段需求。另外，分阶段可靠性试验还有一个优点，就是前一阶段遗留的问题在后续阶段解决，为产品设计改进留有余地。

3）增长试验和鉴定试验相结合。

采取鉴定试验方案，根据给出的产品阶段可靠性目标值，以鉴定试验方式、确定试验时间。试验完成后，对产品的可靠性进行评估。这种做法的优点是：避免由于可靠性预计不准确使有模型增长试验不成功或无法完成；产品试验时间相对确定，有利于对可靠性增长试验进行总体把握，有利于控制周期和成本。

7.3.3.2　寿命为威布尔分布下的发动机可靠性增长试验模型

当要求发动机可靠性增长目标为点估计值时，将发动机平均寿命作为可靠性增长目标，下面给出一种幂律可靠性增长试验模型（它是一种 Duane 模型）。

（1）有关假定

假定研究的发动机的寿命服从两参数威布尔分布，且该发动机的结构、性能一致性具有保证，威布尔分布中的形状参数为 m_0，是已知常数，则发动机寿命的可靠性函数为

$$R(t) = \exp\left[-\left(\frac{t}{\eta}\right)^{m_0}\right] \qquad (7-25)$$

式中　$R(t)$——给定工作时间 t 时的发动机可靠性；

　　　　η——尺度参数，或称特征寿命，为未知常数。

则发动机的 MTBF 可表示为

$$\text{MTBF} = \eta \cdot \Gamma(1+1/m_0) \qquad (7-26)$$

式中　$\Gamma(1+1/m_0)$——伽马函数。

由式（7-26）可以看出，发动机的 MTBF 由 m_0 和 η 决定。

假定某参考发动机的寿命服从上述威布尔分布，参考发动机与研究的发动机同类（或同系列），且获得了参考发动机整机研制试验数据，如表 7-5 所示。

表 7-5　参考发动机整机研制试验数据

实际试验顺序 i	1	2	⋯
每台发动机累积试验时间 t_i	t_1	t_2	⋯
试验结果（成功记为 0，失败记为 1）k_i	k_1	k_2	⋯
累积试验时间 $T_i = \sum\limits_{j=1}^{i} t_j$	t_1	t_1+t_2	⋯
累积试验失败数 $n_i = \sum\limits_{j=1}^{i} k_j$	k_1	k_1+k_2	⋯

（2）构建可靠性增长试验模型

根据上述给出的参考发动机试验数据，构建研究的发动机的幂律可靠性增长试验模型

$$\text{MTBF}(t_\Sigma) = A \cdot t_\Sigma{}^p \qquad (7-27)$$

式中　t_Σ——累积试验时间；

　　　$\text{MTBF}(t_\Sigma)$——累积试验时间 t_Σ 下，发动机的瞬时 MTBF；

　　　A——$t_\Sigma=1$（单位时间）时，发动机的平均寿命 MTBF(1)，

$A>0$；

p ——可靠性增长模型中的增长率。

① 增长模型的形成

累积试验时间 T_i 时，参考发动机平均寿命估计值 MTBF_i 为

$$\mathrm{MTBF}_i = \Gamma(1 + 1/m_0) \cdot \left(\frac{\sum\limits_{j=1}^{i} t_j^{m_0}}{n_i} \right)^{\frac{1}{m_0}} \qquad (7-28)$$

可靠性增长试验目标值为

$$\mathrm{MTBF}(R) = \Gamma(1 + 1/m_0) \cdot \frac{t_0}{\{-\log[R(t_0)]\}^{\frac{1}{m_0}}} \qquad (7-29)$$

式中　t_0 ——发动机设计任务时间；

　　　$R(t_0)$ ——当任务时间为 t_0 时，可靠性增长试验的目标值。

② 可靠性增长试验模型参数的估计

根据最小二乘法得到参数 A ，p 的估计 $\hat{a}$ ，$\hat{p}$ 。将参考发动机平均寿命估计值 MTBF_i 作为研究的发动机在瞬时 T_i 的 MTBF。根据一系列点 $t_{\Sigma,i} = T_i$ ，$\mathrm{MTBF}(t_{\Sigma,i}) = \mathrm{MTBF}_i$ ，即（T_i，MTBF_i），$i = 1, 2, \cdots, N$ ，在双对数坐标系中可拟合出一条直线

$$\log[\mathrm{MTBF}(t_\Sigma)] = \hat{p} \cdot \log(t_\Sigma) + \log(\hat{A}) \qquad (7-30)$$

式（7-30）可以作为产品寿命是威布尔分布下的可靠性增长试验模型。

③ 模型的相关性检验

参见 Duane 模型的相关性检验。

④ 可靠性增长试验模型的利用

利用式（7-30）所示的可靠性增长模型，根据增长试验目标 $R(t_0)$ ，有

$$\Gamma(1 + 1/m_0) \cdot \frac{t_0}{\{-\log[R(t_0)]\}^{\frac{1}{m_0}}} = \mathrm{MTBF}(R)$$
$$= \mathrm{MTBF}(t_\Sigma) = \hat{A} \cdot t_\Sigma^{\hat{p}}$$
$$(7-31)$$

可得计划增长试验时间 t_Σ ，并监控可靠性增长试验的进程。

7.3.3.3　某发动机可靠性增长试验设计与分析示例

（1）发动机简介

某型号发动机为运载火箭一级四机并联的单机。该发动机主要特点为：采用液氢、液氧为推进剂，燃气发生器动力循环，单台富氢燃气发生器并联驱动氢涡轮泵、氧涡轮泵，燃气发生器、推力室均采用火药点火器点火，两涡轮泵启动能源为固体火药启动器，发动机系统工作程序采用电、气动活门控制。该发动机工作时间：500 s；可靠性指标：0.995。

研制中按照型号可靠性保证大纲要求，完成了可靠性设计分析，其中包括可靠性建模、预计、分配及 FMEA 工作。可靠性预计结果满足设计要求，FMEA 提出的各种设计、补偿措施已落实到设计中。

通过模样、初样研制试验，表明发动机预冷、点火启动、主级、关机程序及各组件间工作协调，各组件性能、结构方案已得到初步考核，基本符合设计要求，并取得发动机可靠性初步估计值。此时，发动机各组件与总体设计状态及其制造工艺状态基本确定，产品物理特性符合设计要求，产品质量受控。总之产品研制已基本结束初样研制并将转入试样研制。

（2）增长试验方案设计与分析

①方案设计总要求

采用无模型增长试验类别的增长试验，即采用工程分析方法来制定增长试验方案。力求该方案充分利用类似发动机研制经验并结合参试发动机设计特点与研制实际情况，进行详尽的工程技术分析，合理地确定试验工况、试验总时间、计划安排，以经济、高效地完成可靠性增长的目标值。

②可靠性增长目标、可靠性特征量及分布的确定

根据总体部门对发动机试样或飞行试验前可靠性鉴定试验的可靠性指标要求 $R_s = 0.97$，考虑到成功增长试验的子样可作为鉴定试验的子样，故可靠性增长试验目标值可以略低于试样可靠性鉴定值，

先取为 $R_g = 0.96$。

参试发动机主要故障类别为长程工作下的疲劳破坏，故其寿命分布可取为形状参数 m 大于或等于某一常数下的威布尔分布，m 的具体取值可参照类似发动机研制试验结果。

③可靠性增长试验工况参数

根据发动机设计任务书要求，发动机增长试验工况任务剖面下的额定工况和考虑各种偏差与设计余量后确定的极限工况，主要体现在发动机推力、混合比等参数要求。

④发动机增长试验起点

发动机增长试验起点，即确定增长试验开始点的可靠性水平，为此应收集参试发动机模样、初样期间的试验信息，包括已经试验过的发动机试验时间，失败、成功记录，利用这些信息可以由下式求得发动机可靠性水平

$$\hat{\eta} = \sqrt[m]{\frac{\sum_{i=1}^{n} t_i^m}{r}} \tag{7 - 32}$$

式中　t_i —— 第 i 次发动机试验时间；

　　　n —— 发动机已试验的总次数；

　　　r —— 发动机已试验中累积失败次数；

　　　m —— 威布尔分布的形状参数，为已知常数。

相应的可靠性估计值为

$$\hat{R}(t_0) = \exp\left[-\left(\frac{t_0}{\hat{\eta}}\right)^m\right] \tag{7 - 33}$$

由假设试验数据可得

$$m = 1.5$$

$$\hat{\eta} = 889.44 \text{ s}$$

当任务时间为 $t_0 = 500$ s，则 $\hat{R}(t_0) = \hat{R}(500) = 0.666$。

⑤利用类似发动机研制试验信息，确定增长试验风险率与参试发动机相似的发动机信息

1）相似发动机推进剂、发动机系统组成、主要组件结构形式相同；

2）相似发动机模样、初样试验中试车故障率 $P_f = 10/77 \approx 1/8$；

3）相似发动机试验结束时，可靠性评估结果：发动机寿命服从威布尔分布，所得形状参数 $m \geqslant 2.0$。

参照上述信息与工程分析，可对参试发动机增长试验作如下假设：考虑到发动机研制、生产一致性和质量稳定性较相似发动机有差距，故取形状参数 $m = 1.5$，且考虑到参试发动机推力水平远大于相似发动机，故可靠性增长难度、试验中故障率会增大，因此取增长试验过程试车故障率 $P_f = 2 \times 1/8 = 1/4$。

⑥发动机增长试验计划安排与预想

增长试验计划投入的发动机台数、试验时间、工况、试验结果的预想具体如表 7-6 所示。表 7-6 说明：

1）试验中故障出现的概率为 1/4，并假设均匀分布在顺序试验中；

2）每台参试发动机每次试验时间为任务时间，总试验时间应为 2～5 倍任务时间；

3）计算累积总试验时间时，出现故障的试车时间，均取为试车时间的一半；

4）增长试验累积总时间在增长目标值和假定条件 1）、2）、3）下，由增长试验计划预案确定；

5）增长试验中，发动机可靠性估计值按每台发动机累积试验时间计算；

6）试验中发动机发生故障后，立即采取纠正措施，并假定纠正措施有效，故评估发动机可靠性时，将剔除该次试车时间；

7）在上述假定下，参试发动机可靠性估计值，则采用无失效样本时的估计公式计算，并取置信度 $\gamma = 0.5$，具体如下

$$\hat{\eta}_{0.5}^m = \frac{\sum_{i=1}^n t_i^m}{-\ln(1-\gamma)} \qquad (7-34)$$

$$\hat{R}(t_0) = \exp\left[-\left(\frac{t_0}{\hat{\eta}_{0.5}}\right)^m\right] \qquad (7-35)$$

式中 t_i——第 i 台参试发动机累积试验时间；

t_0——任务时间，$t_0 = 500\ \text{s}$；

m——形状参数，$m = 1.5$；

γ——置信度，$\gamma = 0.5$。

由表 7-6 可得，投入试验发动机总数 5 台，试验总次数 15 次，总累积试验时间 7 000 s，发动机增长试验可靠性预计结果 $R = 0.964$。

表 7-6 增长试验计划预案

序号	试验代号	产品技术状态/序号	试车工况	试车预计时间/s	试验成败（故障时间/s）	累积试验总时间/s	瞬时 η/可靠性 $R(t_0)$
1	1	初样末/1#	A0	500	成	500	
2	2	/1#	A0	500	成	1 000	1 277/0.782 7
3	3	/1#	A5	500	败（250 s）	1 250	
4	4	改 1/2#	A5	500	成	1 750	
5	5	改 1/2#	A6	500	成	2 250	
6	6	改 1/2#	A6	500	成	2 750	2 559.2/0.917 2
7	7	改 1/2#	A7	500	败（250 s）	3 000	
8	8	改 2/3#	A7	500	成	3 500	
9	9	改 2/3#	A7	500	成	4 000	3 129.8/0.938 0
10	10	改 2/3#	A7	500	败（250 s）	4 250	
11	11	改 3/4#	A7	500	成	4 750	
12	12	改 3/4#	A8	500	成	5 250	3 652.3/0.950 6
13	13	改 3/4#	A8	500	败（250 s）	5 500	
14	14	改 4/5#	A8	500	成	6 000	
15	15	改 4/5#	A8	500	成	6 500	
16	16	改 4/5#	A8	500	成	7 000	4 526.7/0.964

需要说明的是，可靠性增长是有计划的增长，有一个合理的上限，满足目标要求即可，受经济、周期等原因的影响，存在一个可靠性要求的最佳点，可靠性与费用的关系如图 7 - 3 所示。

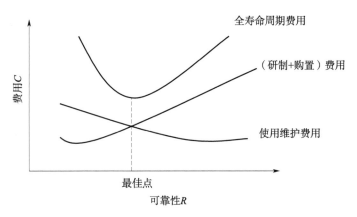

图 7 - 3　可靠性与寿命周期费用的关系

7.4　液体火箭发动机可靠性鉴定验收试验

7.4.1　简述

7.4.1.1　可靠性鉴定试验

（1）鉴定试验

鉴定试验（qualification test）：证明设计与制造过程能生产出满足设计任务书或相关规范要求的产品，并验证产品的设计裕度的试验。

鉴定试验包括下列项目：发动机额定工况试验；发动机大推力长程试验；发动机性能样本试验；发动机鉴定性飞行试验。

（2）可靠性鉴定试验

可靠性鉴定试验：通过试验验证产品设计是否达到了规定的可靠性水平。

可靠性鉴定试验要求：

1）可靠性鉴定试验前，应制定鉴定试验方案，并经合同双方认可。

2）鉴定试验方案包括：受试产品的技术状态；试验方式、试验应力水平、持续时间；试验产品数量；试验结果成败型数据处理原则；试验评定的置信水平。

发动机可靠性鉴定应遵循以下原则：

1）地面试验从严从难，充分考虑可能遇到的恶劣工况和环境，并适当加严。

2）按照相似准则，模拟飞行条件，包括启动程序、启动过程、稳定段、关机过程、过载、摇摆、推进剂温度等。

3）改变各内外因素及针对可能遇到的组合进行试验，考核发动机在偏离额定条件后是否存在振动加剧、燃烧不稳定和热交换能力变差等方面的问题，寻找可靠工作的边界。

值得注意的是：极限工况的范围要宽于发动机必须可靠工作的参数范围，但要防止过考核和灾难性事件的发生。

7.4.1.2　可靠性验收试验

（1）验收试验

验收试验（acceptance test）：证明交付的产品满足设计文件或规范要求且可以交付使用的试验。

（2）发动机可靠性验收试验

发动机可靠性验收试验：用于考核飞行试验用的发动机（批、组）性能、结构与生产质量的试验，验证产品的可靠性不随生产工艺、工装、生产流程及零部件质量的变化而降低，并要对发动机能否交付参加飞行试验作出结论。

可靠性验收试验要求：验收试验方案由合同双方认可；验收方案可参照鉴定试验方案制定；验收试验可按产品的额定工况水平进行试验；验收试验产品数量与交付批量大小、批产品合格判据及处理原则等应由专门的批产品验收试验文件规定；产品可靠性验收可与产品性能、质量一致性试验相结合，一并进行。

发动机可靠性验收试验如无特殊要求，一般可抽取 1～3 台发动机进行额定工况的试验，试验时间可为额定时间的 1.0～2.0 倍。

若交付发动机与鉴定试验用发动机属同批产品，在征得验收方同意时，可以不做验收试验。

7.4.1.3　可靠性鉴定验收试验

由于液体火箭发动机试验费用昂贵，首飞时的可靠性验收一般是和鉴定试验一起完成的，所以将液体火箭发动机的首飞可靠性鉴定试验或验收试验统称为鉴定验收试验。

本节从要求满足液体火箭发动机可靠性定量指标方面进行鉴定验收试验方案的设计；应用无失效场合的液体火箭发动机可靠性评估方法，进行发动机可靠性鉴定验证试验方案设计。

对于液体火箭发动机，通常都有地面校准试车，以进行性能校准，检查发动机的工作协调性及发现早期故障，并核定最终飞行时采用的调控元件。以前我国的液体火箭发动机采取的方式是校准试车后分解重装，再参加飞行。近年来随着航天技术水平的提高，液体火箭发动机采取的方式是校准试车后不分解，直接参加飞行，有利于提高发动机可靠性。针对这一情况，我们有必要研究地面校准试车影响下的液体火箭发动机飞行任务可靠性问题。

如果校准试车中发动机本身出现故障，就不允许这台发动机参加火箭飞行。液体火箭发动机飞行任务可靠性应当指液体火箭发动机在完成地面校准试车条件下，再参加火箭飞行并成功完成飞行任务要求的可靠性。

液体火箭发动机飞行任务可靠性定义为：发动机在规定条件下，成功完成地面校准试车，并且成功完成从点火启动、主级工作到正常关机的飞行任务全过程的概率。

国内外以前对液体火箭发动机可靠性的分析，都忽略了地面校准试车对发动机可靠性的影响；另外对于火箭飞行任务要求发动机多次关机启动，在可靠性分析中也未体现。因此需要考虑地面校准试车以及发动机多次启动关机的可靠性及其评估。

相关标准：GJB 899 - 29《可靠性鉴定与验收试验》；GJB 10A—2004《可贮存推进剂液体火箭发动机试验项目和要求》。

发动机鉴定试验、验收试验的例子参见 7.4.4.4 节及 7.5.4 节。

7.4.2　液体火箭发动机工作寿命及其可靠性

设产品（液体火箭发动机）的工作寿命为 τ，它是一个随机变量。在规定条件下，要求产品成功工作 t 秒的概率为 $P(\tau > t)$，其中 $P(\tau > t)$ 是随机事件" $\tau > t$ "实现的概率。将 $P(\tau > t)$ 记为 $R(t)$，即 $R(t) \equiv P(\tau > t)$。$R(t)$ 就是产品工作寿命 τ 的可靠性度量，$R(t)$ 也称为产品（或随机变量 τ）的可靠度函数。

根据国内外发动机可靠性研究经验，认为液体火箭发动机的工作寿命服从威布尔分布，则工作寿命 τ 这个随机变量具有如下概率分布密度函数

$$f(t) = \frac{m \cdot t^{m-1}}{\eta^m} \cdot \exp\left[-\left(\frac{t}{\eta}\right)^m\right] \qquad (7-36)$$

式中，$t > 0$；m，η 为参数，$m > 0$，$\eta > 0$。

τ 的可靠度函数 $R(t)$、失效率 $\lambda(t)$ 如下

$$R(t) = \exp\left[-\left(\frac{t}{\eta}\right)^m\right] \qquad (7-37)$$

$$\lambda(t) = \frac{m \cdot t^{m-1}}{\eta^m} \qquad (7-38)$$

式中　m——威布尔分布形状参数，决定了威布尔分布密度函数的形状；

η——威布尔分布的尺度参数，也称为特征寿命。

7.4.3　校准试车不分解情况下液体火箭发动机的飞行任务可靠性

设液体火箭发动机的工作寿命为 τ。按照发动机工作过程分析，可以将发动机可靠性视为完成启动关机瞬态过程与主级持续工作稳态过程组成的随机独立事件的概率。发动机一次启动关机和主级工

作的可靠性，用工作寿命 τ 的可靠度函数 $R(t)$ 描述是合适的。我们将发动机工作寿命与多次启动关机当做随机独立来处理。

校准试车不分解情况下，发动机完成飞行任务的可靠性 R_{fly} 是一个条件概率，用数学式求出为

$$R_{\text{fly}} = P(\tau > t_{0\text{A}} + t_{0\text{B}}；启动关机 n + n_0 次)/P(\tau > t_{0\text{A}}；启动关机 n_0 次)$$

$$= R(t_{0\text{A}} + t_{0\text{B}})/R(t_{0\text{A}}) \cdot (R_{\text{ignitor}})^{(n + n_0 - 1) - (n_0 - 1)}$$

$$= (R_{\text{ignitor}})^n \cdot \exp\left[-\left(\frac{t'_0}{\eta}\right)^m\right]$$

$$= (R_{\text{ignitor}})^n \cdot R(t'_0)$$

$$\approx R(t'_0) \quad \left[当 (R_{\text{ignitor}})^n 远大于 R(t'_0)\right] \quad (7-39)$$

其中

$$t'_0 = \left[(t_{0\text{A}} + t_{0\text{B}})^m - (t_{0\text{A}})^m\right]^{\frac{1}{m}} \quad (7-40)$$

式中　$R(\cdot)$ ——发动机工作寿命可靠度函数；

　　　R_{fly} ——校准试车不分解情况下液体火箭发动机飞行任务的可靠性；

　　　$t_{0\text{A}}$ ——校准试车时间；

　　　$t_{0\text{B}}$ ——发动机参加火箭飞行工作时间（多次启动时，试车时间叠加）；

　　　n ——飞行要求发动机启动关机次数；

　　　n_0 ——地面校准试车启动关机次数；

　　　R_{ignitor} ——发动机的启动关机可靠性。

$R(t'_0)$ 含有这样的意义：发动机完成一次启动且成功工作 t'_0 秒。因此 R_{ignitor} 一定大于 $R(t'_0)$。一般液体火箭发动机的可靠性要求都很高，当 $(R_{\text{ignitor}})^n$ 远大于 $R(t'_0)$（实际上是指高 1 个数量级）时，$(R_{\text{ignitor}})^n \cdot R(t'_0) \approx R(t'_0)$。当飞行要求发动机 n 次启动情况下，$(R_{\text{ignitor}})^n$ 不大于 $R(t'_0)$ 或两者相当时，R_{fly} 不能近似为 $R(t'_0)$，而是要计入 R_{ignitor} 的影响。

7.4.4 基于可靠性目标的鉴定验收试验方案的确定

目前我国液体火箭发动机的可靠性鉴定验收试验是以整机进行的，其组件的试验数据也不多，且分成了不同类别的试验。因此，可靠性评估方法适合采用单元可靠性评估方法。因试验无失败（出现故障必归零，剔除故障），可靠性评估要采用零失效场合的可靠性评估方法。下面分别就产品（液体火箭发动机）的不同可靠性概率模型（成败型二项分布、寿命型指数分布、寿命型威布尔分布），给出零失效场合的可靠性评估公式。

7.4.4.1 任务可靠性由二项分布描述

设产品进行 n 次随机独立试验，无失败出现，给定置信度 γ，产品任务可靠性置信下限 R_L 由下式计算

$$R_L = (1-\gamma)^{\frac{1}{n}} \qquad (7-41)$$

应用式（7-41）时要求发动机试车可折合成成功完成 n 次飞行任务。

7.4.4.2 任务可靠性由工作寿命的指数分布描述

设产品总试验时间为 T，给定任务时间 t_0，无失败出现，产品任务可靠性置信下限 R_L 由下式计算

$$R_L = (1-\gamma)^{\frac{t_0}{T}} \qquad (7-42)$$

式（7-42）适合发动机一次启动关机和主级工作的可靠性。

7.4.4.3 任务可靠性由威布尔分布描述

（1）形状参数 m 已知

①工作寿命服从威布尔分布的产品可靠性置信下限

根据陈家鼎《关于无失效数据情况下的置信限》一文，对可靠性评估方法推导如下。

设产品工作寿命服从威布尔分布，形状参数 m 已知，给定任务时间 t_0 和置信度 γ。有 n 台产品进行独立试验，皆为零失效，其中第 i 台产品有累积试验时间 t_i（$i=1, 2, \cdots, n$），则

$$R_L(t_0) = (1 - \gamma)^{\frac{1}{\sum\limits_{i=1}^{n}(\frac{t_i}{t_0})^m}} \qquad (7-43)$$

m 的取值需预先由统计分析或工程经验确定。$R_L(t_0)$ 是产品可靠性在经典意义下的置信下限。

②液体火箭发动机飞行任务可靠性置信下限

设校准试车工作时间为 t_{0A}，发动机参加飞行工作时间为 t_{0B}（假设启动可靠性可省略），则液体火箭发动机飞行任务可靠性 R_{fly} 的置信下限记为 $R_L(t_0')$，由下式给出

$$R_L(t_0') = (1 - \gamma)^{\frac{1}{\sum\limits_{i=1}^{n}(\frac{t_i}{t_0'})^m}} \qquad (7-44)$$

$R_L(t_0')$ 是经典意义上的置信下限，t_0' 由式（7-40）给出。

（2）形状参数 m 未知

① 工作寿命服从威布尔分布的产品可靠性置信下限

设产品工作寿命服从威布尔分布。要求工作时间 t_0，进行了截尾时间为 t_1，t_2，$\cdots$，t_n 的零失效试验。当形状参数 m 在一个已知的区间之中，根据产品零失效的若干次截尾试验时间（或工作时间），求取产品可靠性置信下限（贝叶斯意义下）的公式如下

$$\int_{m_1}^{m_2} R_L^{\sum\limits_{i=1}^{n}(\frac{t_i}{t_0})^m} \cdot \pi_0(m) \mathrm{d}m = 1 - \gamma \qquad (7-45)$$

式中　R_L ——要求工作时间 t_0 时的产品任务可靠性置信下限；

　　　γ ——置信水平（贝叶斯水平）；

　　　m_1，m_2 ——产品工作寿命威布尔分布中形状参数 m 的取值范围，即 $m_1 \leqslant m \leqslant m_2$；

　　　$\pi_0(m)$ ——形状参数 m 的先验分布密度函数，它是区间 $[m_1, m_2]$ 上的概率分布密度函数。

当认为形状参数 m 在区间 $[m_1, m_2]$ 均匀分布时，式（7-45）简化为

$$\frac{1}{m_2 - m_1} \cdot \int_{m_1}^{m_2} R_L^{\sum\limits_{i=1}^{n}(\frac{t_i}{t_0})^m} \cdot \mathrm{d}m = 1 - \gamma \qquad (7-46)$$

上述可靠性置信下限公式是采用贝叶斯方法推导出来的，R_L 是产品可靠性置信下限（贝叶斯意义下的），可以采用计算机编程数值求解。

② 液体火箭发动机飞行任务可靠性置信下限

类似于形状参数 m 已知的情况，求液体火箭发动机任务可靠性置信下限，将式（7 - 45）中的 t_0 用 $t_0' = [(t_{0A} + t_{0B})^m - (t_{0A})^m]^{\frac{1}{m}}$ 代替，求解 R_L 如下

$$\int_{m_1}^{m_2} R_L^{\sum\limits_{i=1}^{n}(\frac{t_i}{t_0'})^m} \cdot \pi_0(m)\mathrm{d}m = 1 - \gamma \qquad (7 - 47)$$

当认为形状参数 m 在 $[m_1, m_2]$ 上均匀分布时

$$\frac{1}{m_2 - m_1} \cdot \int_{m_1}^{m_2} R_L^{\sum\limits_{i=1}^{n}(\frac{t_i}{t_0'})^m} \cdot \mathrm{d}m = 1 - \gamma \qquad (7 - 48)$$

R_L 就是液体火箭发动机飞行任务可靠性置信下限。

当形状参数 m 已知时，可将公式（7 - 47）中的 $\pi_0(\cdot)$ 看成集中于已知的 m 值 δ 函数，经过积分，式（7 - 44）就成为式（7 - 47）的特例。

③关于威布尔分布形状参数 m 的讨论

根据工程研究经验，全弹（箭）飞行、固体火箭发动机、火工品可靠性适合采用二项分布方法进行评估；控制系统、遥测系统、外测安全系统的电子设备等的可靠性适合采用指数分布进行评估；液体火箭发动机、惯性器件、伺服机构、各类活门等的可靠性适合采用威布尔分布进行评估。整机产品试验量不充分时，产品的可靠性评估亦可采用系统可靠性评估方法。

液体火箭发动机试验量有限，因此不采用二项分布和指数分布来进行可靠性评估，而是采用寿命可靠性的威布尔分布进行评估。威布尔分布中的形状参数 m，影响着可靠性评估计算，有必要对其进行讨论。

威布尔分布的形状参数 m 反映分布的散度，m 越大，分布越集中；m 越小，分布越分散。

要取 m 的值作可靠性评估时，需根据经验或统计分析确定，也可通过对相近或相似发动机的可靠性历史数据进行统计分析，来估计 m 的值。

选定 m 的变动范围，作 m 未知情况下的可靠性评估时，对研制定型的液体火箭发动机而言，m 大于 1、小于 m_{max} 是明显的。将 m 看成 $[1, m_{max}]$ 范围内的未知参数，m_{max} 由工程经验或历史数据统计分析确定。

7.4.4.4　某发动机可靠性验证试验方案

（1）达到首飞可靠性 0.975 时的某发动机可靠性验证试验方案

设发动机的寿命服从威布尔分布。根据某相似型号发动机的历史信息，经统计分析和工程经验判断，首飞时威布尔分布中的形状参数 $m \approx 1.5$。额定工作时间 t_0 取 520 s，校准试车时间为 2 个 100 s。

进行可靠性验证试验时，发动机的试验工况和环境条件必须覆盖发动机的飞行工况，由发动机可靠性验证试验大纲或试验任务书具体规定。

进行发动机可靠性增长试验时要考虑各种可能的最恶劣工况。

首飞前累计时间为 31 815 s（由工程研制试验时间和鉴定试验时间组成）。

1）假定鉴定试验前的工程研制试验累计试车时间 22 455 s 中，55% 是成功试车时间，且由 7 台发动机完成。

2）鉴定试验为 3 台发动机各试验 4，5，6 个 520 s 的循环。

根据给出的可靠性评估方法，试验数据按上述 1）、2）两项相加，发动机（首飞）可靠性下限 $R_L = 0.975$，置信度为 0.7。

（2）发动机可靠性鉴定验收试验方案的注意事项

1）一个循环是指发动机（单机）工作 520 s。

2）分阶段达到分档可靠性指标时，会进行分阶段分批次发动机试验，如果出现故障，就归零，且发动机状态可能会随阶段有所变化，因此累计以前试验量时，要考虑这种情况。反映在当前阶段可靠性评估时，前些阶段的试验量就要打一定的折扣。这里形状参数的逐步增大，也是变通地对前些阶段的试验量打一部分折扣。按分档可靠性指标 0.985，0.99，0.995，0.998，0.999 划分试验阶段，前阶段试验量打折扣的系数为 90%，有多个阶段时，打复合折扣。

3）可靠性验证试验方案中要求的试验必须无故障，若有故障必须归零，且方案中的试验量不加故障发动机的试验时间。

4）发动机的试验状态应当覆盖要求母体的发动机的工作状态。因此在研制、鉴定或抽检试验中要考虑进行极限工况或参数拉偏试验。

5）这里的可靠性评估方法所适合的试验时间，理论上应满足独立同母体要求。可靠性试验的子样发动机，其试验状态理论上也应当为同母体。但实际上，发动机的状态在研制、试验、改进过程中是变化的，发动机试验是变动母体。但工程上认为：改进状态后的发动机，其可靠性不低于原状态发动机；发动机设计状态改进后更好；原状态发动机具有的成功样本，对于新状态发动机也当成其具有的成功样本。按照国外可靠性增长的经验，产品故障改进成功度约 0.75%。因此在考虑发动机分档达到不同可靠性目标的试验方案时，对前阶段的试验量打折扣 90%，以及 m 值的逐渐变化，正是兼顾了发动机试验是变动母体这个事实。

6）在具有较充分和可借鉴的其他型号发动机可靠性试验历史数据时，在研型号发动机的可靠性评估及其可靠性试验方案，可按照可靠性增长评估及其可靠性试验方案进行。

7.5　昂贵、高可靠性产品批抽检验收的理论基础

7.5.1　简述

昂贵、高可靠性产品，例如航空、航天等领域中的产品，在投入批生产前，产品可靠性得到了鉴定，其高可靠性指标（等价的可靠性置信下限）也已经得到了鉴定和评估。长久以来，国内外在进行这些产品的批抽检验收时，批抽检量都是很小的，一般是数件产

品，如两、三件，或批量的 1%，甚至更少。通常，经过覆盖使用环境、工作时间完成规定功能的试验，无故障发生，则接收这批产品。然而按照产品通常的批抽检统计抽样方案，要控制使用方风险不超过 0.3，需要的样本量是非常大的。

采用贝叶斯分析方法，考虑高可靠性产品批生产前可靠性得到鉴定和评估的事实，将产品可靠性作为验前信息，推导出了批抽检验收方案的两类后验风险（生产方风险、使用方风险）基本公式，建立了高可靠性产品批抽检验收的理论基础。经过更多的计算表明，产品高可靠性得到鉴定和评估后，在正常情况下，只需很少的批抽检量（如只需随机抽取一、两件产品），作正常抽检验收试验，无故障发生，就接收这批产品，应用适当的使用方可接受的可靠性下限、生产方可忍受的可靠性上限，可保证使用方风险、生产方风险控制在 0.2 以内。这将为高可靠性产品批抽检样本量很小的做法奠定理论基础。

7.5.2　产品批抽检验收试验方案

7.5.2.1　抽样验收的原理

设计一个抽样方案，要从验收的这批产品中抽取一个容量为 n 的样本，进行试验，根据其中失效数 r 和规定的合格判定数 c 的比较结果，来判断这批产品是否合格。例如确定了一个合格判定数 c，如果抽验试验中的 $r \leqslant c$，则接收这批产品为合格品；如果 $r > c$，则拒绝接收这批产品为合格品。

可靠性验收自然的想法是：对一个给定的可靠性要求值 R_0，当产品的可靠度 $R \geqslant R_0$ 时，判定该产品合格，否则不合格。当 $R \geqslant R_0$ 时尽量接收这批产品，不然就伤害了生产方的利益。当 $R < R_0$ 时尽量拒收这批产品，不然也就伤害了使用方的利益。当然逐件进行检验是对双方利益的最好保护，但是这样做太耗资、费时、费力，而且当检验方法具有破坏性时，还不能采用逐个检验的方法。因此就要从这批样品中随机抽取一些样本进行检验，从这些样本的检验结果来判断是否接收这批产品。在验收一批产品时，这批产品的（母

体）可靠性（可靠度）是未知的，只能从试验抽取的样本及其检验的失效数来判断是否接收或拒收这批产品，这种判断当然会冒判错的风险。需要设计一个验收方案来解决这个问题，并兼顾生产方和使用方双方的利益。

可靠性验收试验抽样方案，理论上是这样描述的：设某批产品（母体）可靠性为 R（未知），接收该批产品的概率为

$$L(R) = P(r \leqslant c \mid R) \tag{7-49}$$

拒收这批产品的概率为 $1 - L(R)$。$L(R)$ 称为抽样特性函数（operating characteristic function of sampling plan），或称为 OC 函数。抽样检验中的失效数为 r，合格判定数为 c。由使用方和生产方共同商议两组数：生产方可忍受的可靠性最大值（可靠性上限值）R_0，使用方可接受的可靠性最低值（可靠性下限值）R_1；以及生产方愿承受的风险概率值 α（$R \geqslant R_0$，而拒收了这批产品的概率），称为生产方风险；使用方愿承受的风险 β（$R < R_1$，而接收了这批产品的概率），称为使用方风险。这就是要保证

$$1 - L(R_0) = 1 - P(r \leqslant c \mid R = R_0) \leqslant \alpha \tag{7-50}$$

且

$$L(R_1) = P(r \leqslant c \mid R = R_1) \leqslant \beta \tag{7-51}$$

上述就是抽样方案的原理。

制定一个可靠性抽样方案，就是在给定的 α, β, R_0, R_1 下，求解满足下述方程的抽样样本量 n 和失效控制数 c

$$L(R_0) = 1 - \alpha \tag{7-52}$$

$$L(R_1) = \beta \tag{7-53}$$

该抽样方案记为 (n, c)。

7.5.2.2　抽样方案分类

抽样方案可以分为两大类：计数型抽样方案与计量型抽样方案。如果产品抽样试验中考察产品质量指标的特征量是不合格品数，就称为计数型；如果产品抽样试验中考察产品质量指标的特征量是连续变量，就称为计量型。

无论计数型还是计量型抽样方案,按抽样方式可分为:

1)一次抽样方案,最多抽取一组样本;

2)二次抽样方案,最多抽取两组样本;

3)多次抽样方案,可以抽取两组以上样本;

4)序贯抽样方案,不规定抽取多少组样本,每次抽一个样本,边试边看。

无论计数型还是计量型抽样方案,可分为以下几种。

(1)标准型抽样方案

同时控制生产方与使用方利益,对双方同时提供保护。适用于缺乏历史资料的孤立批,或要求较严的场合。

(2)LTPD 抽样方案

首先保证使用方利益,注意的是极限质量(LTPD)与使用方风险,即要求

$$L(R_1) = \beta \qquad\qquad (7-54)$$

解出抽样方案 (n,c)。适用于小批量、孤立批、设计鉴定场合。

(3)AQL 抽样方案

首先照顾生产方利益,注意的是合格质量水平(AQL)与生产方风险,即要求

$$L(R_0) = 1 - \alpha \qquad\qquad (7-55)$$

解出抽样方案 (n,c)。适用于大批量且稳定的连续批场合。

(4)调整型抽样方案

随着批产品质量发生变化,随时调整抽样方案,当批质量正常时,采用正常的 AQL 方案;当批质量变坏时,采用加严的 AQL 方案;当批质量变好时,采用放宽的 AQL 方案。并用一套转换规则把三个方案联系起来。它适用于连续批的逐批抽检。

(5)挑选型抽样方案

按某种抽样方案检验后对不合格批进行 100% 挑选,以合格品替换不合格品,补足到原批量,再次抽样,但不调整抽样方案,适用于非破坏性试验场合。

　　产品的种类很多，根据所要考察的可靠性特征量的分布类型可将抽样方案分为成败型、指数寿命型、威布尔寿命型、正态参数型抽样方案等。下面介绍成败型抽样方案的计数型一次抽样方案和威布尔型寿命抽样方案。

7.5.2.3　计数型一次抽样方案

　　（1）有限母体

　　设产品批量为 N，批产品可靠性为 R，样本容量为 n，样本中的失败数为 r，根据概率论，失败数 r 服从超几何分布，则抽样特性函数为

$$L\ (R) = \sum_{r=0}^{c} \frac{C_{N \cdot (1-R)}^{r} \cdot C_{N \cdot R}^{n-r}}{C_N^n} \qquad (7-56)$$

　　当给定 α，β，R_0，R_1 之后，求解方程组

$$\begin{cases} L\ (R_0) = 1-\alpha \\ L\ (R_1) = \beta \end{cases}$$

求得该抽样方案 (n, c)。上述为两个超越方程，采用非线性方程求根法，求出 (n, c) 的近似整数解。

　　（2）无限母体

　　当样本量 n 相对批量 N 非常小时（一般当 $n/N \leqslant 0.1$ 时），可近似认为是无限母体；另外当抽取的样本是要代表某一类产品时，相当于认为该类产品为无限母体，此时 n 个样品中失败数服从二项分布，抽样特性函数为

$$L\ (R) = \sum_{r=0}^{c} C_n^r \cdot R^{n-r} \cdot (1-R)^r \qquad (7-57)$$

　　当给定 α，β，R_0，R_1 之后，求解方程组

$$\begin{cases} L\ (R_0) = 1-\alpha \\ L\ (R_1) = \beta \end{cases}$$

求得该抽样方案 (n, c)。采用非线性方程求根法求得近似数值解。

7.5.3　高可靠性产品批抽检验收理论基础和验收方案风险分析

（1）前提

按照统计抽样理论，在作批抽检验收试验时，随机抽取的受试产品，其状态应当是产品使用时要求的状态。抽检试验时产品的工作条件、工作时间、工作程序应当和产品最终使用时的条件、要求保持一致。我们将这种情况称为正常抽检验收。

设高可靠性产品 A 的可靠性已得到鉴定和评估，产品的可靠性下限为 R_L，置信水平 γ。批抽检验收时产品批量若干件，因为与批量相比，抽检量是非常小的（可以认为不超过批量的 1/10），所以采用无限母体计数型一次抽样方案。批抽检验收方案为：随机抽取 n 件，合格判定数为 c。设生产方可忍受的可靠性最大值（可靠性上限值）为 R_0，使用方可接受的可靠性最低值（可靠性下限值）为 R_1，生产方风险为 α，使用方风险为 β〔在求方案 (n,c) 时，可选择为 $R_1 = R_L$，$\beta = 1 - \gamma$〕。

产品 A 的可靠性用二项分布反映，则 A 的可靠性 R 的共轭先验分布为贝塔分布，表示为：$\pi(R) = \mathrm{betapdf}(R, n_0 - f_0, f_0 + 1)$，它代表贝塔分布的概率分布密度函数

$$\mathrm{betapdf}(R, n_0 - f_0, f_0 + 1) = \frac{R^{(n_0 - f_0) - 1}(1 - R)^{(f_0 + 1) - 1}}{\mathrm{B}(n_0 - f_0, f_0 + 1)}$$

$$(7 - 58)$$

贝塔分布的累积概率分布函数为 $\mathrm{betacdf}(R, n_0 - f_0, f_0 + 1)$

$$\mathrm{betacdf}(R, n_0 - f_0, f_0 + 1)$$
$$= \frac{1}{\mathrm{B}(n_0 - f_0, f_0 + 1)} \int_0^R t^{(n_0 - f_0) - 1}(1 - t)^{(f_0 + 1) - 1} \, \mathrm{d}t$$

$$(7 - 59)$$

这里要求：$0 \leqslant R \leqslant 1$，$0 \leqslant f_0 \leqslant n_0$。$\mathrm{B}(\cdot, \cdot)$ 代表贝塔函数，n_0，f_0 代表产品 A 的先验信息中的等效任务试验数和等效失败数。

设可靠性评估时，得到了两个不同置信水平要求下的两个可靠性置信下限（或得到了产品可靠性的一个点估计和一个置信下限），采用贝塔分布拟合计算方法，可以求出产品 A 的可靠性 R 的先验分

布中的超参数 n_0，f_0。

因此在高可靠性产品 A 的批抽检验收时，就可以得到其可靠性 R 的先验分布概率密度函数

$$\text{betapdf}(R, n_0 - f_0, f_0 + 1) \tag{7-60}$$

（2）批抽检验收（后验）风险基本公式

采用抽检方案 (n, c)，产品可靠性低于下限 R_1 的条件概率为 β，产品可靠性高于上限 R_0 的条件概率为 α。采用抽检方案 (n, c) 情况下，α 和 β 分别称为生产方、使用方的（后验）风险。

在产品的高可靠性得到评估情况下，形成先验分布 $\text{betapdf}(R, n_0 - f_0, f_0 + 1)$，按贝叶斯方法，可得到使用方（后验）风险 β。（后验）风险 β 的解释：按抽检方案 (n, c)，如果不合格品数没有超过合格判定数 c，但产品的可靠性却低于使用方可接受的可靠性下限 R_1，此情况的条件概率为 β。（能通过验收条件，但可靠性不够，此时的概率为 β。）

α，β，R_0，R_1 与 (n, c) 的关系如下

$$\beta = P(R < R_1 \mid r \leqslant c)$$

$$= \frac{\displaystyle\int_{R < R_1} P(r \leqslant c \mid R) \pi(R) \mathrm{d}R}{\displaystyle\int_0^1 P(r \leqslant c \mid R) \pi(R) \mathrm{d}R}$$

$$= \frac{\displaystyle\int_{R < R_1} \left[\sum_{r=0}^{c} \mathrm{C}_n^r \cdot R^{n-r} \cdot (1-R)^r \right] \cdot \text{betapdf}(R, n_0 - f_0, f_0 + 1) \mathrm{d}R}{\displaystyle\int_0^1 \left[\sum_{r=0}^{c} \mathrm{C}_n^r \cdot R^{n-r} \cdot (1-R)^r \right] \cdot \text{betapdf}(R, n_0 - f_0, f_0 + 1) \mathrm{d}R}$$

$$\tag{7-61}$$

利用先验分布，按贝叶斯方法，可得到生产方（后验）风险 α。（后验）风险 α 的解释：按抽检方案 (n, c)，如果不合格品数超过了合格判定数 c，但产品的可靠性仍高于生产方可忍受的可靠性上限 R_0，此情况的条件概率为 α（未通过验收条件，但可靠性是高的，此时的概率为 α）

$$\alpha = P(R \geqslant R_0 \mid r > c)$$

$$= \frac{\displaystyle\int_{R \geqslant R_0} P(r > c \mid R)\pi(R)\,\mathrm{d}R}{\displaystyle\int_0^1 P(r > c \mid R)\pi(R)\,\mathrm{d}R}$$

$$= \frac{\displaystyle\int_{R \geqslant R_0} \left[1 - \sum_{r=0}^c C_n^r \cdot R^{n-r} \cdot (1-R)^r\right] \cdot \mathrm{betapdf}(R, n_0 - f_0, f_0 + 1)\,\mathrm{d}R}{\displaystyle\int_0^1 \left[1 - \sum_{r=0}^c C_n^r \cdot R^{n-r} \cdot (1-R)^r\right] \cdot \mathrm{betapdf}(R, n_0 - f_0, f_0 + 1)\,\mathrm{d}R}$$

$$(7-62)$$

（3）批抽检验收（先验）风险计算基本公式

计算抽检方案 (n, c) 的使用方、生产方的（先验）风险。

α_0，β_0，R_0，R_1 与 (n, c) 的关系给出如下。

若有某先验分布 $\mathrm{betapdf}(R, n_0 - f_0, f_0 + 1)$，按贝叶斯方法，可得到使用方（先验）风险 β_0。（先验）风险 β_0 的解释：如果产品的可靠性实际上低于使用方可接受的可靠性下限 R_1，但不合格品数不超过合格判定数 c，从而错误地接收了这批产品，此情况的条件概率为 β_0（可靠性不够，但通过了验收条件，此时的概率为 β_0）

$$\beta_0 = P(r \leqslant c \mid R < R_1)$$

$$= \frac{\displaystyle\int_{R < R_1} P(r \leqslant c \mid R)\pi(R)\,\mathrm{d}R}{\displaystyle\int_{R < R_1} \pi(R)\,\mathrm{d}R}$$

$$= \frac{\displaystyle\int_{R < R_1} \left[\sum_{r=0}^c C_n^r \cdot R^{n-r} \cdot (1-R)^r\right] \cdot \mathrm{betapdf}(R, n_0 - f_0, f_0 + 1)\,\mathrm{d}R}{\displaystyle\int_{R < R_1} \mathrm{betapdf}(R, n_0 - f_0, f_0 + 1)\,\mathrm{d}R}$$

$$= \frac{\displaystyle\int_{R < R_1} \left[\sum_{r=0}^c C_n^r \cdot R^{n-r} \cdot (1-R)^r\right] \cdot \mathrm{betapdf}(R, n_0 - f_0, f_0 + 1)\,\mathrm{d}R}{\mathrm{betacdf}(R_1, n_0 - f_0, f_0 + 1)}$$

$$(7-63)$$

利用先验分布，按贝叶斯方法，可得到生产方（先验）风险 α_0。（先验）风险 α_0 的解释：如果产品的可靠性实际上高于生产方可忍受的可靠性上限 R_0，但不合格品数却超过了合格判定数 c，从而拒收了这批产品，此情况的条件概率为 α_0（可靠性是高的，但未通过验收条件，此时的概率为 α_0）

$$\alpha_0 = P(r > c \mid R \geqslant R_0)$$

$$= \frac{\displaystyle\int_{R \geqslant R_0} P(r > c \mid R)\pi(R)\mathrm{d}R}{\displaystyle\int_{R \geqslant R_0} \pi(R)\mathrm{d}R}$$

$$= \frac{\displaystyle\int_{R \geqslant R_0} \left[1 - \sum_{r=0}^{c} C_n^r \cdot R^{n-r} \cdot (1-R)^r\right] \cdot \mathrm{betapdf}(R, n_0 - f_0, f_0 + 1)\mathrm{d}R}{\displaystyle\int_{R \geqslant R_0} \mathrm{betapdf}(R, n_0 - f_0, f_0 + 1)\mathrm{d}R}$$

$$= \frac{\displaystyle\int_{R \geqslant R_0} \left[1 - \sum_{r=0}^{c} C_n^r \cdot R^{n-r} \cdot (1-R)^r\right] \cdot \mathrm{betapdf}(R, n_0 - f_0, f_0 + 1)\mathrm{d}R}{1 - \mathrm{betacdf}(R_0, n_0 - f_0, f_0 + 1)}$$

$$(7-64)$$

7.5.4　高可靠性产品批抽检验收方案风险算例

例 1：已知某发动机已作可靠性评估，产品可靠性下限 $R_L = 0.982\,7$，置信水平 $\gamma = 0.8$，产品可靠性点估计 $\hat{R} = 0.994\,2$。现有该发动机若干台，需作批抽检验收，使用方可接受的可靠性下限 $R_1 = 0.982\,7$，生产方可忍受的可靠性上限 $R_0 = 0.991\,2$，现有三个方案：1）从该批发动机中随机抽取 1 台，做正常验收试验，若无故障，则接收这批产品；2）从该批发动机中随机抽取 2 台，做正常验收试验，若都无故障，则接收这批发动机；3）从该批发动机中随机抽取 3 台，做正常验收试验，若皆无故障，则接收这批发动机。就这三种方案求使用方风险 β、生产方风险 α。

解：根据产品可靠性下限 $R_L = 0.982\ 7$，置信水平 $\gamma = 0.8$，发动机可靠性点估计 $\hat{R} = 0.994\ 2$，可拟合出发动机可靠性 R 的先验分布（为贝塔分布），其中的超参数 $n_0 = 172$，$f_0 = 1$。

1）将已知数据 $R_L = 0.982\ 7$，$n = 1$，$c = 0$，n_0，f_0，代入式 (7-61)，编程进行数值计算，并保证至少 4 位精度，可求出使用方风险 $\beta = 0.197\ 6$；将 $R_0 = 0.991\ 2$，$n = 1$，$c = 0$，n_0，f_0，代入式 (7-62)，编程进行数值计算，可求得生产方风险 $\alpha = 0.196\ 3$。

2）将已知数据 $R_L = 0.982\ 7$，$n = 2$，$c = 0$，n_0，f_0，代入式 (7-61)，编程进行数值计算，并保证至少 4 位精度，可求出使用方风险 $\beta = 0.195\ 0$；将 $R_0 = 0.991\ 2$，$n = 2$，$c = 0$，n_0，f_0，代入式 (7-62)，编程进行数值计算，可求得生产方风险 $\alpha = 0.197\ 4$。

3）将已知数据 $R_L = 0.982\ 7$，$n = 3$，$c = 0$，$n_0 = 172$，$f_0 = 1$，代入式 (7-61)，编程进行数值计算，并保证至少 4 位精度，可求出使用方风险 $\beta = 0.192\ 5$；将 $R_0 = 0.991\ 2$，$n = 3$，$c = 0$，$n_0 = 172$，$f_0 = 1$，代入式 (7-62)，编程进行数值计算，求得生产方风险 $\alpha = 0.198\ 5$。

例 2：已知某发动机已作可靠性评估，当置信水平 $\gamma = 0.8$ 时，产品可靠性下限 $R_L = 0.977\ 0$，当置信水平 $\gamma = 0.9$ 时，发动机可靠性下限 $R_L = 0.969\ 2$。现有该发动机若干台，需作批抽检验收，使用方可接受的可靠性下限 $R_L = 0.977\ 2$，生产方可忍受的可靠性上限 $R_0 = 0.988\ 5$，现有三个方案：1）从该批发动机中随机抽取 1 台，做正常验收试验，若无故障，则接收这批发动机；2）从该批发动机中随机抽取 2 台，做正常验收试验，若都无故障，则接收这批发动机；3）从该批发动机中随机抽取 3 台，做正常验收试验，若皆无故障，则接收这批发动机。就以上三种方案求使用方风险 β、生产方风险 α。

解：根据已知的两个产品可靠性下限，可拟合出产品可靠性 R 的先验分布（为贝塔分布），其中的超参数 $n_0 = 100$，$f_0 = 0.5$。

1）将已知数据 $R_L = 0.977\ 2$，$c = 0$，n_0，f_0，代入式

（7-61），编程进行数值计算，并保证至少 4 位精度，可求出使用方风险 $\beta=0.199\,5$；将 $R_0=0.988\,5$，$n=1$，$c=0$，n_0，f_0，代入式（7-62），编程进行数值计算，求得生产方风险 $\alpha=0.196\,5$。

2）将已知数据 $R_L=0.977\,2$，$n=2$，$c=0$，n_0，f_0，代入式（7-61），编程进行数值计算，并保证至少 4 位精度，可求出使用方风险 $\beta=0.195\,7$；将 $R_0=0.988\,5$，$n=2$，$c=0$，n_0，f_0，代入式（7-62），编程进行数值计算，求得生产方风险 $\alpha=0.198\,2$。

3）将已知数据 $R_L=0.977\,2$，$n=3$，$c=0$，n_0，f_0，代入式（7-61），编程进行数值计算，并保证至少 4 位精度，可求出使用方风险 $\beta=0.191\,9$；将 $R_0=0.988\,5$，$n=3$，$c=0$，n_0，f_0，代入式（7-62），编程进行数值计算，求得生产方风险 $\alpha=0.199\,9$。

7.5.5　小结

本节给出了高可靠性产品批抽检验收计数型方案，验收（后验）风险基本公式，高可靠性产品批抽检验收方案风险计算算例。

7.5.4 节的算例，以及更多的计算表明，考虑到造价昂贵、高可靠性产品，批生产前可靠性已得到鉴定和评估的事实，在作批抽检验收时，只需抽取很少的样品（如 3 件以下），进行正常抽检验收试验，样件试验都成功时，则可接收这批产品。选择适当的使用方可接受的可靠性下限、生产方可忍受的可靠性上限，可保证使用方风险、生产方风险皆不超过 0.2。

高可靠性产品批抽检验收计数抽检方案 (n,c) 的风险计算，采用式（7-61）、式（7-62）进行。两个公式中需要已知：共轭先验分布 $\pi(R)$［即贝塔分布函数：$\mathrm{betapdf}(R,n_0-f_0,f_0+1)$］、使用方可接受的可靠性下限 R_L、生产方可忍受的可靠性上限 R_0。有关计算可以利用成熟的计算机程序进行。

参 考 文 献

[1]   GJB 813—1990 可靠性模型的建立和可靠性预计 [S]，1990.

[2]   GJB 450A—2004 装备可靠性工作通用要求 [S]，2004.

[3]   GJB/Z 108A—2006 电子设备非工作状态可靠性预计手册 [S]，2006.

[4]   GJB/Z 299 电子设备可靠性预计手册 [S].

[5]   周炽久，李宝盛．液体火箭发动机两类试验的比较和改进 [J]．航天推进与动力，2005（3）.

[6]   李宝盛，周炽九．液体火箭发动机可靠性试验与可靠性指标验证 [C] //一院科技委发动机技术专业组第四届学术研讨会论文集，2005.

[7]   李宝盛，沈凤贤，刘中祥．液体火箭发动机可靠性指标试验验证 [C] //中国航空学会航空动力分会火箭发动机专业委员会 2009 年火箭推进技术学术年会，2009.

[8]   李宝盛，谭松林，沈凤贤．昂贵、高可靠产品批抽检验收的理论基础 [J]．质量与可靠性，2010.

[9]   李宝盛，沈凤贤．液体火箭发动机可靠性增长试验技术 [C] //2011 年航天可靠性学术交流会，2011.

[10]   李金国，等．高可靠性航空产品试验技术 [M]．北京：国防工业出版社，2011.

[11]   周源泉，翁朝曦．可靠性增长 [M]．北京：科学出版社，1992.

[12]   周源泉．质量可靠性增长与评定方法 [M]．北京：北京航空航天大学出版社，1997.

[13]   陈家鼎，等．关于无失效数据情形下的置信限 [J]．应用数学学报，1995，18（1）.

第 8 章　可靠性评定

8.1　可靠性评定的概念

可靠性评定是根据产品的可靠性结构（即系统与单元的可靠性关系）、可靠性模型及试验信息，利用概率统计方法，给出产品可靠性特征量的区间估计，如产品可靠性的下限、上限等。笼统地说，可靠性评定就是根据可能收集到的有关试验数据与信息对母体指标作出估计，并给出对于母体指标的符合程度。可靠性评定工作只要条件具备，可在产品的任何研制阶段进行，因此能及时地为产品研制阶段的转样提供依据。在产品定型时进行可靠性评定，是可靠性工作中不可缺少的环节。

可靠性评定有着重要的意义：

1）科学而先进的可靠性评定方法，为充分利用各种试验信息奠定了理论基础，有助于减少试验经费，缩短研制周期，合理安排试验项目，协调系统中各单元的试验量等。

2）通过评定可以检验产品是否达到了可靠性要求，可以指出产品的薄弱环节，为改进设计和制造工艺指明方向。通过评定，确定有关元器件、原材料、整机乃至系统的可靠性水平，为制定新产品的可靠性计划提供依据。

可靠性评定方法分为单元可靠性评定方法与系统可靠性评定方法。实际上航天产品按照系统可靠性进行评估当然是最符合实际的，但这受到有关试验数据是否具备、可靠性信息是否充分的限制。由于进度等要求，许多航天产品的可靠性评定实际上简化成了按单元可靠性进行评定。

在考虑液体火箭发动机可靠性评定或发动机组件（如涡轮泵、推力室、发声器、阀门、总装组件）可靠性评定时，如果将这些对象按系统对待，这些对象的主要失效模式情况的可靠性就是该对象各组成单元可靠性。先评定各单元的可靠性，再按本章的系统可靠性综合评定方法得到液体火箭发动机或其组件的可靠性评定。本章将对单元可靠性评估方法、系统可靠性综合评定方法进行较为详尽的描述。

在考虑液体火箭发动机可靠性或发动机组件可靠性评估时，其组成单元的可靠性由于其可靠性信息和（或）试验数据缺乏，工程上往往将液体火箭发动机可靠性或发动机组件可靠性本身用寿命特征量来反映，从而按照寿命单元可靠性来评估。由于航天产品可靠性要求的特点，常采用零失效场合的 Weibayes 评估方法。

发动机可靠性评估可充分利用可靠性增长、鉴定、验收、飞行试验信息的数据。同时，数据处理时需要注意外部干扰因素的影响和工况调整计算模式的差别带来的影响。

液体火箭发动机的性能误差包括试车测量误差、调整方法误差和发动机系统性能的固有误差，这些误差对发动机性能参数的精度及可靠性的影响程度是不同的。为了有效提高发动机性能参数的可靠性，有必要对性能参数的各种误差进行分离和分析，明确性能误差形成原因，以便采取措施，提高性能可靠性。

8.2 单元可靠性评定方法

8.2.1 成败型单元可靠性评定

有些产品只要求试验结果取两种对立状态，例如成功与失败、合格与不合格、好与坏等，且各次试验彼此独立，这样的试验称为成败型试验，属于这一类型的有全弹（箭）飞行试验、固体火箭发动机试车、火工品试验等。

设成败型产品可靠性为 R，n 个产品试验出现失败数为 ξ，它服从二项分布，即

$$P(\xi = r) = \begin{bmatrix} n \\ r \end{bmatrix} \cdot R^{n-r} \cdot (1-R)^r \tag{8-1}$$

（1）成败型产品可靠性点估计

由最大似然估计法可得 R 的点估计 $\hat{R}$ 为

$$\hat{R} = \frac{n-F}{n} \tag{8-2}$$

式中　F——产品 n 次试验中的失败数。

（2）成败型产品可靠性区间估计

单侧置信下限估计 R_L 由下式求得

$$\sum_{r=0}^{F} \begin{bmatrix} n \\ r \end{bmatrix} \cdot R_L^{n-r} \cdot (1-R_L)^r = 1 - \gamma \tag{8-3}$$

式中　F——产品 n 次试验中的失败数；

　　　γ——置信水平。

给定置信水平 γ，由试验结果 (n, F) 求解上式即得 R_L。在常用参数范围内，AD696967，GB 4087.3—85 提供了参数表，因此可通过查表直接得到结果；也可采用非线性方程求根法进行数值求解。

双侧置信区间估计 (R_1, R_2) 按下面方程求得

$$\begin{cases} \sum_{r=0}^{F} \begin{bmatrix} n \\ r \end{bmatrix} \cdot R_1^{n-r} \cdot (1-R_1)^r = \dfrac{1}{2}(1-\gamma) \\ \sum_{r=F}^{n} \begin{bmatrix} n \\ r \end{bmatrix} \cdot R_2^{n-r} \cdot (1-R_2)^r = \dfrac{1}{2}(1-\gamma) \end{cases} \tag{8-4}$$

对于给定的 γ，由试验结果 (n, F)，求解上述联立方程即得双侧置信区间 (R_1, R_2)。

（3）二项分布零失效场合的可靠性置信下限

设投试 n 个产品，无失败出现，给定置信水平 γ，产品可靠性置信下限 R_L 由下式计算

$$R_L = (1-\gamma)^{\frac{1}{n}} \tag{8-5}$$

8.2.2　寿命型单元可靠性评定

8.2.2.1　寿命试验数据类型

一般情况下，寿命试验不是等到全部投试样品失效就结束试验，而结束试验的方式不同，就有不同类型的寿命试验。

（1）无替换定数截尾寿命试验

在 n 个样品寿命试验中，失效时间 t_1，$\cdots$，t_n 相互独立，且同为指数分布，若预定在第 r 个发生失效时停止试验，$t_{(r)}$ 为随机变量。这种试验称为无替换定数截尾试验，总试验时间为

$$T = \sum_{i=1}^{r} t_{(i)} + (n-r) \cdot t_{(r)} \qquad (8-6)$$

（2）有替换定数截尾寿命试验

如果在定数截尾寿命试验中，把发生失效的样件更换（或修复），继续试验到 $t_{(r)}$。这种试验称为有替换定数截尾试验，总试验时间为

$$T = n \cdot t_{(r)}$$

（3）无替换定时截尾寿命试验

在 n 个样品寿命试验中，失效时间 t_1，$\cdots$，t_n 相互独立，且同为指数分布，若预定在瞬时 τ 停止试验，则失效数 r 为随机变量。这种试验称为无替换定时截尾试验，总试验时间为

$$T = \sum_{i=1}^{r} t_i + (n-r) \cdot \tau \qquad (8-7)$$

（4）有替换定时截尾寿命试验

如果在定时截尾寿命试验中，把发生失效的样件更换（或修复），继续试验到瞬时 τ，这种试验称为有替换定时截尾试验，总试验时间为

$$T = n \cdot \tau \qquad (8-8)$$

8.2.2.2　指数寿命型单元可靠性评定

某些产品（如电子产品）的试验结果为何时失效、失效多少的寿命数据，且寿命符合指数分布，即失效分布密度函数为

$$f(t) = \lambda \cdot e^{-\lambda t} = \theta^{-1} \cdot \exp(-\frac{t}{\theta}) \qquad (8-9)$$

式中　θ——平均寿命；

　　　λ——失效率。

（1）指数寿命型产品可靠性点估计

按照最大似然估计法，求得 θ，λ，$R(t)$ 的点估计为

$$\hat{\theta} = \frac{T}{r} \qquad (8-10)$$

$$\hat{\lambda} = \frac{1}{\hat{\theta}} = \frac{r}{T} \qquad (8-11)$$

$$\hat{R}(t_0) = \exp(-\frac{t_0}{\hat{\theta}}) \qquad (8-12)$$

式中　t_0——规定的任务时间。

以上各式中的 T 须分清是哪一种寿命试验类型，不同类型 T 的计算公式不一样。

（2）指数寿命型产品可靠性区间估计

①定数截尾寿命试验

定数截尾寿命试验无论有无替换，可以证明统计量 $2r \cdot \dfrac{\hat{\theta}}{\theta}$ 符合 $\chi^2(2r)$ 分布，借助它可得到各种可靠性参数的区间估计，下面给出 θ 和 $R(t_0)$ 的置信估计。θ 的置信下限

$$\theta_{\mathrm{L}} = \frac{2T}{\chi^2_{1-\alpha}(2r)} \qquad (8-13)$$

$R(t_0)$ 的置信下限

$$R_{\mathrm{L}}(t_0) = \exp\left[-\frac{t_0 \cdot \chi^2_{1-\alpha}(2r)}{2T}\right] \qquad (8-14)$$

式中　γ——置信水平，$\alpha = 1 - \gamma$。

以上各式中，$\chi^2_p(2r)$ 指自由度 $2r$ 的 χ^2 分布 p 分位数，$p = 1 - \alpha$，其值可查表或调用计算程序得到。

②定时截尾寿命试验

求待估参数的严格置信区间有困难，可以给出近似的置信区间。

对于定时截尾有两种情况：一种是失效时间可以测得；另一种是失效时间不能测得，只知道在时间 τ 以前有 r 个样品发生失效。

失效时间可以测得时，θ 的近似置信下限

$$\theta_L = \frac{2T}{\chi^2_{1-\alpha}(2r+2)} \tag{8-15}$$

$R(t_0)$ 的近似置信下限

$$R_L(t_0) = \exp\left[-\frac{t_0 \cdot \chi^2_{1-\alpha}(2r+2)}{2T}\right] \tag{8-16}$$

失效时间不能测得时，n 件随机抽取的试样进行无替换寿命试验，只知道在 τ 以前失效数为 r，此时参数估计为非参数统计问题。首先估计 $R(\tau) = \exp(-\frac{\tau}{\theta})$，得到 θ 的估计，进而得到其他参数的估计。

θ 的近似置信下限

$$\theta_L = \frac{\tau}{\ln\left[1 + \dfrac{r+1}{n-r} \cdot F_{\alpha/2}(2r+2, 2n-2r)\right]} \tag{8-17}$$

$R(t_0)$ 的近似置信下限

$$R_L(t_0) = \left[1 + \frac{r+1}{n-r} \cdot F_{1-\alpha}(2r+2, 2n-2r)\right]^{-\frac{t_0}{\tau}} \tag{8-18}$$

式中　　$F_p(f_1, f_2)$ ——自由度 (f_1, f_2) 的 F 分布 p 分位数，可查表求得。

（3）指数分布无失效场合的可靠性置信限

设产品总试验时间为 T，给定任务时间 t_0，无失败出现，产品置信下限 R_L 由下式计算

$$R_L = (1-\gamma)^{\frac{t_0}{T}} \tag{8-19}$$

8.2.2.3　威布尔寿命型单元可靠性评定

威布尔分布密度函数为

$$f(t) = \frac{m}{\eta} \cdot \left(\frac{t}{\eta}\right)^{m-1} \cdot \exp\left[-\left(\frac{t}{\eta}\right)^m\right] \tag{8-20}$$

式中　m——形状参数；

　　　η——尺度参数，又称特征寿命。

（1）点估计

设从某批产品中随机地抽取 n 件，进行定时截尾寿命试验，试验截止时间为 τ，其间共有 r 个失效，失效时间按顺序排列为

$$t_{(1)} \leqslant t_{(2)} \leqslant \cdots \leqslant t_{(r)} \leqslant \tau$$

对于这样的截尾数据，要估计可靠性参数，首先要估计威布尔分布的参数 m 和 η。根据最大似然估计法，$\hat{m}$ 和 $\hat{\eta}$ 是下述方程的解

$$\frac{\sum\limits_{i=1}^{r} t_{(i)}^{m} \cdot \ln t_{(i)} + (n-r) \cdot \tau^{m} \cdot \ln \tau}{\sum\limits_{i=1}^{r} t_{(i)}^{m} + (n-r) \cdot \tau^{m}} - \frac{1}{m} = \frac{1}{r} \cdot \sum_{i=1}^{r} \ln t_{(i)}$$

$$(8-21)$$

$$\eta^{m} = \frac{1}{r} \cdot \left[\sum_{i=1}^{r} t_{(i)}^{m} + (n-r) \cdot \tau^{m} \right] \qquad (8-22)$$

于是得到可靠性的点估计

$$\hat{R}(t) = \exp\left[-\left(\frac{t}{\hat{\eta}} \right)^{\hat{m}} \right] \qquad (8-23)$$

（2）区间估计

①m 已知

当试验以可靠寿命为截尾试验时间时，产品可靠性置信下限由下式求得

$$\sum_{r=0}^{F} \binom{n}{r} \cdot \left[R_{\mathrm{L}}(t_0)^{(\frac{t_R}{t_0})^m} \right]^{n-r} \cdot \left[1 - R_{\mathrm{L}}(t_0)^{(\frac{t_R}{t_0})^m} \right]^{r} = 1 - \gamma$$

$$(8-24)$$

式中　γ——置信水平；

　　　n——投试样件数；

　　　F——试验中总失败数；

　　　t_0——规定任务时间；

　　　t_R——试验截止时间，即可靠寿命。

②m 未知

对于定时或定数截尾数据，首先求得 m，η 的点估计 $\hat{m}$，$\hat{\eta}$，然后由下式求得产品可靠性置信下限

$$R_{\mathrm{L}}(t) = \exp[-\exp(-C_t + u_\gamma \cdot \sqrt{A_0/r})] \qquad (8-25)$$

其中

$$C_t = \hat{m} \cdot \ln(\frac{\hat{\eta}}{t})$$

$$A_0 = A_4 + C_t^2 \cdot A_5 - 2C_t \cdot A_6$$

$$A_4 = 0.40q - 0.134 + 0.622q^{-1}$$

$$A_5 = 0.244\,5(1.78-q)(2.25+q)$$

$$A_6 = 0.029 - 1.083\ln(1.325q)$$

$$q = r/n$$

式中　t——任务时间；

　　　n——投试样件数；

　　　r——试验中出现的失效数；

　　　u_γ——正态分布 γ 分位数；

　　　γ——置信水平，本方法对 $r=0$ 的情况无效。

（3）威布尔分布无失效场合的可靠性置信限

无故障数据的可靠性分析，可靠性评定方法如下：设产品寿命服从威布尔分布，形状参数 m 已知，给定任务时间 t_0 和置信度 γ。有 n 台产品进行独立试验，皆为零失效，其中第 i 台产品有累积试验时间 t_i（$i=1$，2，$\cdots$，n），则

$$R_{\mathrm{L}}(t_0) = (1-\gamma)^{\frac{1}{\sum\limits_{i=1}^{n}(\frac{t_i}{t_0})^m}} \qquad (8-26)$$

$R_{\mathrm{L}}(t_0)$ 是产品可靠性在经典意义下的置信下限，也是一种贝叶斯意义下的可靠性下限。如果有失效数据，则国际上将这种可靠性评定方法称为 Weibayes 方法。Weibayes 方法在零失效数据场合与上面的公式重合。

形状参数 m 是衡量寿命分散性的尺度，一般 $m>1$，具体值须预

先由统计推断和工程经验确定。

8.2.3　正态分布强度-应力型模型可靠性评估

（1）已知条件

设强度 $X \sim N(\mu, \sigma)$ ，应力 $Y \sim N(\mu_1, \sigma_1)$ 。对 X 取得了大小为 n 的完全样本，其观测值为 $x_1, x_2, \cdots, x_n$ 。对 Y 取得了大小为 n_1 的完全样本，其观测值为 $y_1, y_2, \cdots, y_{n_1}$ 。

X 的样本均值与样本方差分别为 $\overline{X}$ 与 $W_x = S_x^2$ ，Y 的样本均值与样本方差分别为 $\overline{Y}$ 与 $W_y = S_y^2$ 。按照正态分布强度－应力型模型定义，可靠性 R 为

$$R = P(X \geqslant Y) = \Phi\left(\frac{\mu - \mu_1}{\sqrt{\sigma^2 + \sigma_1^2}}\right) \qquad (8-27)$$

（2）可靠性 R 的点估计

$$\hat{R} = \Phi\left(\frac{\overline{X} - \overline{Y}}{\sqrt{S_x^2 + S_y^2}}\right) \qquad (8-28)$$

（3）可靠性 R 的置信下限

根据对 X, Y 的测试数据，求 R 的置信下限是人们感兴趣的重要问题，通常可分为以下三种情况：

1）对 X 取得了大小为 n 的完全样本，其样本均值、样本方差分别为 $\overline{X}$ 与 $W_x = S_x^2$ ，已知 (μ_1, σ_1) 。

2）而对 Y 取得了大小为 n_1 的完全样本，其样本均值、样本方差分别为 $\overline{Y}$ 与 $W_y = S_y^2$ ，(μ, σ) 已知。

3）(μ, σ) ，(μ_1, σ_1) 均未知，但对 X, Y 取得了大小分别为 n, n_1 的完全样本且其样本均值、样本方差分别为 $\overline{X}$ ，$W_x = S_x^2$ ，$\overline{Y}$ ，$W_y = S_y^2$ 。这种情况是最常见和最重要的。

1）、2）两种情况可转化为通常的正态分布单侧可靠性评估。

下面给出第 3）种情况下，R 的（Frequentist，Bayes 与 Fiducial）精确下限。

置信水平为 γ 时，R 的精确下限 R_L 由下面的方程求解得出

$$\int_0^\infty \int_0^\infty \Phi\left(u_{R_L} \sqrt{\frac{nn_1(h+h_1)}{nh+n_1h_1}} - (\overline{X}-\overline{Y})\sqrt{\frac{nn_1hh_1}{nh+n_1h_1}}\right)\Gamma_x(h\mid\nu,w)\Gamma_y(h_1\mid\nu_1,$$

$$w_1)dhdh_1 = 1-\gamma \tag{8-29}$$

式中　u_{R_L} ——标准正态分布的 R_L 分位数;

$\qquad\quad \Gamma_x(h\mid\nu,w)$, $\Gamma_y(h_1\mid\nu_1,w_1)$ ——参数为 ν,w 和参数为 ν_1,w_1 的

$\qquad\qquad\qquad\qquad\qquad\qquad$ Γ 分布概率密度函数, $\nu = n -$

$\qquad\qquad\qquad\qquad\qquad\qquad$ 1, $\nu_1 = n_1 - 1$, $w = W_x$,

$\qquad\qquad\qquad\qquad\qquad\qquad$ $w_1 = W_y$

$$\Gamma_x(h\mid\nu,w) = \frac{\left(\frac{1}{2}\nu w\right)^{\frac{\nu}{2}}}{\Gamma(\nu/2)}h^{\frac{\nu}{2}-1}e^{-\frac{1}{2}\nu wh} \tag{8-30}$$

$$\Gamma_y(h_1\mid\nu_1,w_1) = \frac{\left(\frac{1}{2}\nu_1 w_1\right)^{\frac{\nu_1}{2}}}{\Gamma(\nu_1/2)}h_1^{\frac{\nu_1}{2}-1}e^{-\frac{1}{2}\nu_1 w_1 h_1} \tag{8-31}$$

(4) 非完全样本时的可靠性 R 的置信下限

给出一种情况的可靠性评估, X 取得了如下 n 个的随机截尾样本。

r 个正常样本: $\boldsymbol{x}_{1\_r} = [x_1,x_2,\cdots,x_r]$;

$n-r$ 个右截尾样本: $\boldsymbol{x}_{r\_n} = [x_{c_1},\cdots,x_{c_{n-r}}]$。

且已知 Y 是常值 x_L, $\boldsymbol{x}_{1\_r}$ 的均值为 $\overline{x}$, $\boldsymbol{x}_{1\_r}$ 的样本方差 $W_x = S_x^2$, 令: $\nu = r-1$, $w = W_x$。

置信水平为 γ 时, 可靠性 $R = P(X \geqslant Y)$ 的精确置信下限由下面的方程求出

$$1 - \gamma = \frac{1}{A}\int_0^\infty \int_{-\infty}^{x_L - u_{R_L}/\sqrt{h}} N\Gamma_2(\mu,h\mid r,\overline{x},\nu,w)\mathrm{prod}\{\Phi[\sqrt{h}(\mu -$$

$$x_{r\_n})]\}d\mu dh \tag{8-32}$$

式中　$N\Gamma_2(\mu,h\mid r,\overline{x},\nu,w) = \phi[\sqrt{rh}(\mu-\overline{x})]\dfrac{\left(\frac{1}{2}\nu w\right)^{\frac{\nu}{2}}}{\Gamma(\nu/2)}h^{\frac{\nu}{2}-1}e^{-\frac{1}{2}\nu wh}$

$\qquad\quad \phi(\cdot)$ ——标准正态分布的概率密度函数;

$prod\{\Phi[\sqrt{h}(\mu - x_{r\_n})]\}$ ——各自变量元素 $\Phi[\sqrt{h}(\mu - x_{c_1})]$，

$\cdots$，$\Phi[\sqrt{h}(\mu - x_{c_{n-r}})]$ 的乘积；

$\Phi(\cdot)$ ——标准正态分布的概率分布函数；

$u_{R_L} = \Phi^{-1}(R_L)$ ——R_L 为欲求解的 R 的精确置信下限；

$$A = \int_0^\infty \int_{-\infty}^\infty \int_{-\infty}^\infty N\Gamma_2(\mu, h \mid r, \overline{x}, \nu, w) prod\{\Phi[\sqrt{h}(\mu - x_{r\_n})]\}\} d\mu dh$$

例 1：设某型液体火箭发动机的某涡轮泵壳体强度 $X \sim N(\mu, \sigma)$ 与应力 $Y \sim N(\mu_1, \sigma_1)$ 相互独立。对 X 取得了大小为 n 的完全样本，对 Y 取得了大小为 n_l 的完全样本，其样本均值、样本标准差分别为 $\overline{X}$，$W_x = S_x^2$，$\overline{Y}$，$W_y = S_y^2$，且

$(\overline{X}, S_x; \overline{Y}, S_y) = (5.037, 0.37; 3.627, 0.181\ 5)$

求置信水平 γ 下的涡轮泵壳体强度可靠性下限 R_L。

解：将 γ，$\nu = n - 1$，$\nu_1 = n_1 - 1$，$w = W_x$，$w_1 = W_y$ 代入式（8-32），编制数值积分程序，可计算得到下列情况时的壳体强度可靠性下限。

1）当 $n = n_1 = 7$，$\gamma = 0.8$ 时，$R_L = 0.982\ 591$。

2）当 $n = 5$，$n_1 = 10$，$\gamma = 0.8$ 时，$R_L = 0.992\ 192$。

3）当 $n = 10$，$n_1 = 20$，$\gamma = 0.9$ 时，$R_L = 0.988\ 110$。

例 2：某型发电机的轴承失效数据为 $n = 22$，$\textbf{X} = $ [8.00，8.83，9.50，10.75，11.75，11.83，11.92，12.67，12.83，13.08，13.50，13.91，14.08，14.75，15.00，15.75，16.50，17.60，17.83，18.83，19.17，20.08]（年），经分布拟合优度检验与分布鉴别，认为此完全样本数据服从正态分布。

求任务时间 $X = 5$ 时，$\gamma = 0.9$ 的可靠性精确置信下限 R_L。

解：先求样本均值与样本标准差，得 $\overline{X} = 14.01$ 年，$S = 3.38$ 年。本例是计算 $R = P(X \geqslant 5)$ 的精确置信下限，利用正态分布单侧可靠性置信下限的求解方程，编程计算，可得到

$$R_L = 0.980\ 368$$

例 3：$X \sim N(\mu, \sigma)$ 其上下公差限为 $U = 2\ 030$，$L = 1\ 970$，对 X

取得大小为 $n=15$ 的完全样本，其 $\overline{X}=1995$，$S=8$，求 $\gamma=0.9$ 时的双侧可靠性下限。

解：

（1）查表法

先用双侧容许限系数表（可参考 QJ 1384—88）求近似下限，求出：$K_1=\dfrac{U-\overline{X}}{S}=4.375$，$K_2=\dfrac{\overline{X}-L}{S}=3.125$。

利用双侧容许限系数表，中转插值计算得到 p_1,p_2，求得双侧可靠性的近似下限

$$R_L=1-(p_1+p_2)=0.980\ 8$$

（2）精确解

根据正态分布双侧可靠性置信下限的求解方程（8‑32），编制数值积分程序，可计算得到精确下限

$$R_L=0.987\ 0$$

对比精确解可看出查表这种近似算法的误差比较大。

对于服从对数分布的随机变量，其单、双侧可靠性精确下限，可以简单地转化成正态分布的情况进行求解。

例 4：Y 服从对数正态分布，Y 的上、下允许限为 $U=75.556\ 9$，$L=44.928\ 3$，Y 的完全样本大小为 $n=15$，对数样本均值 $\overline{ly}=4.00$，对数样本标准差为 $lS_y=0.1$，求 $\gamma=0.8$ 时的双侧可靠性下限。

解：

（1）查表法

$$K_1=\frac{\ln U-\overline{ly}}{lS_y}=3.848\ 86,\quad K_2=\frac{\overline{ly}-\ln L}{lS_y}=1.949\ 32$$

利用例 3 中的查表插值计算方法，求出 p_1，p_2 分别为 0.007 294 与 0.084 773，故近似下限

$$R_L=1-(p_1+p_2)=0.928\ 0$$

（2）精确解

将 Y 变换为 $X=\ln\ (Y)$，则 X 的样本均值为 $\overline{X}=\overline{ly}=4.00$，$X$

的样本标准差为 $S = lS_y = 0.1$，按照正态分布 X 的双侧可靠性置信下限的求解方程（8 - 32），编制数值积分程序，由程序可算得精确下限

$$R_L = 0.932\ 1$$

大量算例表明，近似下限误差大且较为保守。

例 5：某发动机用滚珠轴承疲劳失效的完全样本数据为：$n = 22$，

$$\boldsymbol{X} = [17.88,\ 28.92,\ 33.00,\ 41.52,\ 42.12,\ 45.60,\ 48.48,$$
$$51.84,\ 51.96,\ 54.12,\ 55.56,\ 67.80,\ 68.64,\ 68.88,\ 84.12,$$
$$93.12,\ 98.64,\ 105.12,\ 105.84,\ 127.92,\ 128.01,\ 173.40]$$（单位：10^6 转）。

经拟合优度检验与分布鉴别，认为该组数据服从对数正态分布。

1）截取前 $r = 19$ 个失效数据，组成样本量为 22 的随机截尾样本如下

$$\boldsymbol{x}_{1\_r} = [17.88,\ 28.92,\ 33.00,\ 41.52,\ 42.12,\ 45.60,\ 48.48,$$
$$51.84,\ 51.96,\ 54.12,\ 55.56,\ 67.80,\ 68.64,\ 68.88,$$
$$84.12,\ 93.12,\ 98.64,\ 105.12,\ 105.84]$$
$$\boldsymbol{x}_{r\_n} = [105.84,\ 105.84,\ 105.84]$$

求置信度 $\gamma = 0.9$ 时，X 的允许下限 $x_L = 15$，求可靠性 $R = P(X \geqslant 15)$ 的精确置信下限 R_L。

2）取全部 22 个完全样本 X，将其转化为正态样本数据，允许下限 $x_L = 15$，求置信度 $\gamma = 0.9$ 时，可靠性 $R = P(X \geqslant 15)$ 的精确置信下限 R_{1L}。

解：

1）将对数正态分布样本数据转换为正态分布样本数据，根据求解方程（8 - 32），编制数值积分程序，可计算得到精确下限

$$R_L = 0.975\ 2$$

2）将对数正态分布样本数据转化为正态样本数据，允许下限 $x_L = 15$，按照正态分布完全样本单侧可靠性评估方法，可计算得到精确下限

$$R_{1L} = 0.978\ 6$$

由计算结果可以看出，随机截尾场合的可靠性评估也是可信的。

8.3　系统可靠性评定方法

8.3.1　系统可靠性评定方法简介

当产品系统具有较多的各单元可靠性信息时，可采用系统可靠性评定方法。下面对系统可靠性评定方法进行简要介绍。

对系统可靠性，当然可以像单元产品一样，根据系统的试验信息来对系统可靠性进行评定。但是我们知道，系统试验一般符合金字塔程序，如图 8-1 所示，一般"级"越高，试验数量越少，系统级的试验数量更少，要评定系统可靠性，必然存在着信息量不足的问题。这就需要在评定系统可靠性时，充分利用系统以下各级的可靠性信息，以扩大信息量。为了解决这样的问题，提出了系统可靠性综合评定的概念。它实际上是根据已知的系统的结构函数（如串联、并联、混联、表决以及既非串联也非并联的复杂网络等），利用系统以下各级的试验信息（如成败型试验、指数寿命型试验等），自下而上直到全系统，逐级确定可靠性置信下限。金字塔式可靠性综合评定近似方法的核心是数据折合，即把单元的试验数据折算成系统的等效试验数据。由于这种方法具有金字塔式逐级综合的特点，因此又被称为金字塔式可靠性综合评定。

8.3.2　系统可靠性信息的综合方法

系统可靠性信息的综合是指由属于系统的各组成单元可靠性信息，向上折合成上级系统的可靠性信息，同时系统不同阶段的可靠性信息也需要综合成当前的可靠性信息。一般在系统可靠性信息综合的基础上才能实现对系统可靠性的综合评定。

图 8 - 1　可靠性试验金字塔图

（1）单元产品规范化可靠性信息

以下信息的任意一种可被称为单元产品规范化可靠性信息：

1）单元产品可靠性的二阶矩；

2）单元产品可靠性点估计和某一个置信度下的置信下限估计；

3）单元产品可靠性某两个不同置信度下的置信下限估计。

（2）各单元规范化可靠性信息向等效成败型试验数据的转换

当系统的组成单元为非成败型试验数据，但已知该单元的规范化可靠性的：1）前二阶矩；2）点估计和某一个置信度下的置信下限估计；3）某两个不同置信度下的置信下限估计中的任意信息时，可将该单元的规范化可靠性信息转换为成败型等效试验数据。转换的方法是二阶矩法、点估计下限法和两点法。

①二阶矩法

假定已知单元可靠度 R（按贝叶斯观点，看成随机变量）的均值及方差的估值为 μ 及 ν，设 $n = s + f$ 代表该单元的等效成败型试验数，s 代表该单元的等效成败型试验中的成功次数，f 代表该单元的等效成败型试验中的失败次数，它们是待定参数。通过与二项分布的概率匹配，得到二阶矩法求解单元成败型等效试验数据（f, s, n）的方程如下

$$\frac{n-f}{n} = \frac{s}{s+f} = \mu \qquad (8-33)$$

$$\frac{(n-f) \cdot f}{n^3} = \frac{sf}{(s+f)^3} = \nu \qquad (8-34)$$

②点估计下限法

假定单元可靠度 R 的均值估值 μ 及置信下限的估值 R_1（置信度为 γ_1）已知，设待定参数 n，s，f 的意义同二阶矩法。通过与二项分布的概率匹配，得到点估计下限法求解单元成败型等效试验数据 (f, s, n) 的方程如下

$$\frac{n-f}{n} = \frac{s}{s+f} = \mu \qquad (8-35)$$

$$\int_{R_1}^{1} \mathrm{d}\beta(R \mid s, f+1) = 1 - \mathrm{betacdf}(R_1, n-f, f+1) = \gamma_1$$

$$(8-36)$$

式中　$\int_{R_1}^{1} \mathrm{d}\beta(R \mid s, f+1)$ ——斯蒂尔吉斯（Stieltjies）积分，$\beta(R \mid s, f+1)$ 为贝塔分布的累积概率分布函数，在 Matlab 程序语言中调用的计算函数是 betacdf（R，$n-f$，$f+1$）。

③两点法

单元可靠度 R 的一个置信下限的估值 R_1（置信度 γ_1）和另一个置信下限的估值 R_2（置信度 γ_2）已知，设待定参数 n，s，f 的意义同二阶矩法。两点法求解单元成败型等效试验数据 (f, s, n) 的方程如下

$$\int_{R_1}^{1} \mathrm{d}\beta(R \mid s, f+1) = 1 - \mathrm{betacdf}(R_1, n-f, f+1) = \gamma_1$$

$$(8-37)$$

$$\int_{R_2}^{1} \mathrm{d}\beta(R \mid s, f+1) = 1 - \mathrm{betacdf}(R_2, n-f, f+1) = \gamma_2$$

$$(8-38)$$

8.3.3　系统可靠性综合评定

最简单、常用的系统可靠性模型是串、并联系统。此时，在系

统各单元可靠性信息折合为成败型等效试验数据的基础上，可采用 L－M 法完成系统可靠性综合，求得系统成败型等效试验数 (f,n)，再采用二项分布可靠性评定方法，完成系统可靠综合评定。

　　另外尚有可靠性综合的 MML 法、LR 法、AWI 法、Woods 法、AO 法可供参考。本节重点介绍简单、易行的 L－M 法，这也是航天工程中最常用和实用的方法，但该方法比较保守，使用中要引起注意。

　　系统可靠性模型为复杂模型时，需要根据描述系统可靠性的数学模型以及单元可靠性信息，进行系统可靠性计算，推荐采用系统可靠性随机模拟，完成系统可靠性的综合评定。

8.3.3.1　具有不同试验阶段可靠性信息时的单元可靠性信息综合

　　设单元不同阶段的可靠性信息化是成败型等效独立试验数据 (f_i,s_i,n_i)，$i=1,2,\cdots,K$。用贝塔分布反映单元可靠性 R 的先验分布，在无先验分布信息条件下，进行单元可靠性综合，有几种先验分布可供选择：$\beta(0,0)$（reformulation 方法），$\beta(1/2,1/2)$（Box－Tiao 方法），$\beta(1,1)$（贝叶斯假设），$\beta(1,0)$、$\beta(0,1)$（概率匹配方法）。其中 $\beta(a,b)$ 指参数为 a,b 的贝塔分布。$\beta(0,0)$ 作为先验分布时，单元不同试验阶段可靠性信息综合是这样的：单元最终的成败型等效试验数 $N=\sum\limits_{i=1}^{K}(f_i+s_i)$，等效成功数 $S=\sum\limits_{i=1}^{K}s_i$，等效失败数 $F=\sum\limits_{i=1}^{K}f_i$。

　　各阶段可靠性信息综合后的该单元可靠性的点估计

$$\hat{R}=S/N$$

可靠性的置信下限估计（置信度 γ）

$$R_{\rm L}=\beta_{1-\gamma}(S,F+1)=\left[1+\frac{F+1}{S}FC_\gamma(2F+2,2S)\right]^{-1}$$

$$(8-39)$$

式中　$\beta_{1-\gamma}(S,F+1)$ ——贝塔分布的 $1-\gamma$ 分位数；

　　　　$FC_\gamma(2F+2,2S)$ ——F 分布的 γ 分位数。

8.3.3.2　串联系统

针对串联系统，本节介绍 L - M（Lindstrom - Maddens）法。该方法适用于成败型相互独立单元组成的串联系统的可靠性综合评定。它基于串联系统可靠性取决于组成系统的最薄弱环节的事实，利用各组成单元的成败型试验数据，折合成串联系统的成败型等效试验数据，从而求取系统的可靠性点估计和置信下限估计。

设串联系统 S 各独立组成单元成败型试验数据为 (n_i, F_i)，$i=1, \cdots, k$，折合出系统等效的试验数 N 与失败数 F

$$N = \min (n_1, n_2, \cdots, n_k) \qquad (8-40)$$

$$F = N \cdot (1 - \prod_{i=1}^{k} \frac{n_i - F_i}{n_i}) \qquad (8-41)$$

串联系统可靠性综合评定：按照由上面得到的系统 S 的成败型等效试验数据 (N, F)，采用二项分布可靠性评定方法，就能计算系统 S 的可靠性的点估计和置信下限估计。这就是系统可靠性评定的 L - M 法。

8.3.3.3　并联系统

设并联系统 SI 各独立组成单元成败型试验数据为 (n_i, F_i)，$i=1, \cdots, k$，并联系统 SI 的不可靠性是各组成单元不可靠性的乘积。

类似串联系统可靠性综合，折合出并联系统 SI 的等效试验数 N 与等效失败数 F_1

$$N = \min (n_1, n_2, \cdots, n_k)$$

$$F_1 = N \cdot \prod_{i=1}^{k} (1 - \frac{n_i - F_i}{n_i})$$

并联系统可靠性综合评定：按照由上面得到的并联系统 SI 的成败型等效试验数据 (N, F_1)，采用二项分布可靠性评定方法，就能计算并联系统 SI 的可靠性的点估计和置信下限估计。

8.3.3.4　一般系统

当系统可靠性模型为复杂模型时，需要根据描述系统可靠性的数学模型以及单元可靠性信息，进行系统可靠性综合评定。推荐采用修正极大似然法（MML）或采用蒙特卡罗随机模拟方法进行系统可靠性综合评定。

（1）MML 法系统可靠性综合评定

设系统可靠性数学模型已知

$$R = g(R_1, R_2, \cdots, R_n)$$

式中　R——系统可靠性；

　　　R_i——系统各单元可靠性，$i = 1, 2, \cdots, n$。

根据各单元可靠性的点估计 $\hat{R}_i$ 以及可靠性方差的点估计 $\hat{V}_{\mathrm{ar}}(R_i)$，按照可靠性数学模型，求得系统可靠性的点估计 $\hat{R}$ 以及系统可靠性方差的点估计 $\hat{V}_{\mathrm{ar}}(R)$。则采用成败型等效试验数据拟合的二阶矩法，求得系统等效试验数据，再采用二项分布可靠性评定方法，就能计算出系统可靠性的点估计和置信下限估计，完成一般系统的可靠性综合评定。

（2）随机模拟法系统可靠性综合评定

设系统可靠性数学模型同（1）。根据单元可靠性信息，确定各单元可靠性 R_i 的概率分布 $\hat{F}_i(x)$，按照这些概率分布，对各单元可靠性 R_i 进行随机抽样得到样本 $R_i(k)$，通过系统可靠性数学模型，计算系统可靠性 R 出现的样本 $R(k) = g[R_1(k), R_2(k), \cdots, R_n(k)]$，对样本 $R(k)$ 进行统计分析，求得系统可靠性 R 的点估计及置信下限估计。

8.3.4　某发动机可靠性综合评定案例

某发动机组件包括充气阀、气瓶、电爆阀、电爆管、减压阀、推力装置、传感器、电缆、组合推力支座及导管。整个系统可划分为高压氮气供应单元、压力调节单元、动力执行单元、气瓶压力测量单元和电缆五大部分，各单元间的功能关系如图 8-2 所示。

由各单元的组成及功能可以看出，系统中无冗余结构，只要系统中的任意一个组件发生故障，系统就不能正常工作，因此各单元

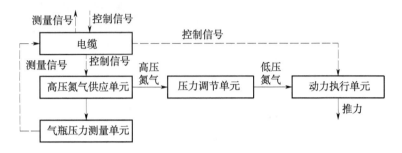

图 8 - 2　某发动机组成及功能框图

间的可靠性关系为串联，各单元内各组件的可靠性关系也为串联。根据对系统功能框图中各组件可靠性分析可以得出简化后的可靠性模型框图如图 8 - 3 所示。

图 8 - 3　某发动机可靠性模型框图

8.3.4.1　各组件失效判据及可靠性特征量

（1）气瓶

气瓶在装配前均经过液压强度、气密性等检查，并在同批中抽取产品进行疲劳、爆破等一系列试验，保证了产品质量，且气瓶在装配前后经高压气密性试验检查，泄漏的可能性极小；考虑到气瓶如若爆破将对整个系统产生严重危害，因此将爆破压力作为气瓶的可靠性特征量。

（2）减压阀

减压阀是一种压力自动调节器，可将出口气体压力降低并保持恒定。根据故障原理分析，减压阀结构破坏的主要故障模式是入口突然打开的瞬间，阀芯在高速、高压气流的冲击下而损坏，因此以高压冲击次数作为减压阀的可靠性特征量。

（3）电爆阀

电爆阀起爆前将氮气封闭在气瓶中，工作时利用电爆管内的火药起爆所产生的高温高压燃气，推动活塞，进而推动切刀剪切衬套，打开通道。从电爆阀的工作过程可以看出，衬套的剪切强度是电爆阀正常工作的关键，衬套如未切破，将导致动力装置不能工作，因此将衬套的液压切破压力作为电爆阀的可靠性特征量。

（4）推力装置

推力装置由电磁阀和喷嘴组成，推力装置生产后经过严格的检查试验和典型试验，对其在振动、高湿、高温、低温等各种恶劣条件下的工作情况进行考核。在飞行工作中，推力装置既有长程工作，又有多次脉冲工作，总之，工作次数是推力装置可靠工作的关键，因此，推力装置可靠性特征量可选择其正常工作次数。

（5）电爆管

电爆管的作用是按控制系统的指令起爆，给电爆阀切刀提供动力。若电爆管不能可靠起爆，将导致其自身不能工作。而电爆管能否正常工作则主要取决于其内部的电发火管是否正常起爆。因此电爆管的可靠性可认为等同于发火管的可靠性。

系统的可靠性数学模型可表示为

$$R = \prod_{j=1}^{5} R_j$$

式中　R——某发动机可靠性；

　　　R_j——第 j 个组成单元的可靠性（$j=1$，2，3，4，5）。

8.3.4.2　可靠性评定

可靠性评定方法由 3 个主要步骤组成：

1）将单元原始试验数据转换为成败型单元级试验数据；

2）将系统原始试验数据转换为成败型系统级试验数据；

3）利用 L—M 法，由成败型单元级试验数据确定折合的系统级试验数据，连同成败型系统级试验数据及系统级试验数据，求出置信度为 γ 时的系统可靠性置信下限 R_L。

（1）气瓶

已知：$L=35$，$n=5$，$\overline{X}=83$，$S_x=7.55$，得

$$\hat{R} = \Phi(\frac{\overline{X} - L}{S_x}) = 1 - 1.02 \times 10^{-10}$$

$$D = \phi^2(\frac{\overline{X} - L}{S_x}) \left[\frac{1}{n} + \frac{(\overline{X} - L)^2}{2S_x^2(n-1)} \right] = 2.25 \times 10^{-18}$$

$$n = \hat{R}(1 - \hat{R})/D = 4.56 \times 10^7$$

$$f = \hat{R}(1 - \hat{R})^2/D \approx 0$$

（2）电爆阀

已知：$L = 63$，$n = 20$，$\overline{X} = 37.6$，$S_x = 3.8$，得

$$\hat{R} = \Phi(\frac{\overline{X} - L}{S_x}) = 1.23 \times 10^{-11}$$

$$D = \phi^2(\frac{\overline{X} - L}{S_x}) \left[\frac{1}{n} + \frac{(\overline{X} - L)^2}{2S_x^2(n-1)} \right] = 8.19 \times 10^{-21}$$

$$n = \hat{R}(1 - \hat{R})/D = 1.50 \times 10^9$$

$$f = \hat{R}(1 - \hat{R})^2/D = 1.50 \times 10^9$$

由此可以看出衬套没被切破的可靠性近似为零，即电爆阀的可靠性可近似看为 1。

（3）减压阀

已知：$n = 6$，$N_0 = 1$，$N = 54$，$m = 3$，$\gamma = 0.7$，得

$$R_L(\gamma) = \left[(1 - \gamma)^{\frac{1}{n}} \right]^{(\frac{N_0}{N})^m} = 0.999\ 998\ 7$$

$$R_L(0.5) = \left[(1 - 0.5)^{\frac{1}{n}} \right]^{(\frac{N_0}{N})^m} = 0.999\ 999\ 3$$

将 $R_L(\gamma)$，$R_L(0.5)$ 的值代入下式

$$\begin{cases} n - f = nR_L(0.5) \\ R_L(\gamma) = (1 - \gamma)^{\frac{1}{n}} \end{cases} \tag{8-42}$$

$$\begin{cases} n = 944\ 784 \\ f = 1 \end{cases}$$

（4）推力装置

已知：$n = 30$，$N_0 = 100$，$N = 8\ 000$，$m = 3$，$\gamma = 0.7$，得

$$R_L(\gamma) = \left[(1 - \gamma)^{\frac{1}{n}} \right]^{(\frac{N_0}{N})^m} = 0.999\ 999\ 92$$

$$R_L(0.5) = \left[(1-0.5)^{\frac{1}{n}}\right]^{(\frac{N_0}{N})^m} = 0.999\ 999\ 95$$

将 $R_L(\gamma)$，$R_L(0.5)$ 的值代入下式

$$\begin{cases} n-f = nR_L(0.5) \\ R_L(\gamma) = (1-\gamma)^{\frac{1}{n}} \end{cases}$$

得　　　　$\begin{cases} n = 1.54 \times 10^7 \\ f = 1 \end{cases}$

（5）整机可靠性

已知：$n=1$，$t_0=64$，$t=540$，$m=3$，得

$$R_L(\gamma) = \left[(1-\gamma)^{\frac{1}{n}}\right]^{(\frac{t_0}{t})^m} = 0.997\ 998$$

$$R_L(0.5) = \left[(1-0.5)^{\frac{1}{n}}\right]^{(\frac{t_0}{t})^m} = 0.998\ 847$$

将 $R_L(\gamma)$、$R_L(0.5)$ 代入式（8-42），得

$$\begin{cases} n = 1\ 946 \\ f = 3 \end{cases}$$

发动机共进行了 5 次飞行试验，其中由于第 3 次飞行自毁，发动机未得到考核，其余 4 次飞行试验均圆满完成了任务，因此整机试验数为 1 950，失败数为 3，那么

$$N = n' + \min_{1 \leqslant j \leqslant k}(n_j) = 1\ 950 + 29\ 956 = 31\ 906$$

$$F = f' + \min_{1 \leqslant j \leqslant k}(n_j)(1 - \prod_{j=1}^{k} \frac{n_j - f_j}{n_j}) = 3 + 0.043 \approx 3$$

对于 $N=31\ 906$，$F=3$，$\gamma=0.7$，由计算得：$R_L=0.999\ 85$。评定结果表明，发动机可靠性满足总体任务书可靠度 0.999 0（置信度 0.7）的要求。

8.4　性能可靠性评定

液体火箭发动机的性能可靠性的评估是发动机研制的主要内容之一，是发动机在不出现结构功能故障（如起火、爆炸等）情况下的条件概率，其评估的主要参数是发动机的推力、混合比、比冲等，

其中对可靠性评估所需的试车数据进行处理是发动机性能可靠性评估的关键。对于单工况参数的发动机性能可靠性评估，参数服从正态分布，可直接对性能可靠性进行评估。但对于发动机在不同工况试车下获得的试车数据，则不能直接用于其性能可靠性的评估，需要进行适当的处理。另外每次试车发动机的外部条件与环境也不同，对发动机的性能影响也不相同，必须将在不同工况下获得的试车数据换算到标准工况下，以消除外界条件与环境对性能参数精度的影响。

对液体发动机的试车数据进行换算和分析，可分正态分布双侧容许限和单侧置信下限两种情况对发动机的推力、混合比、比冲等参数进行性能可靠性评估。

8.4.1　性能可靠性点估计

产品的性能一般可按服从正态分布对待。设产品的性能 $X \sim N(\mu,\sigma^2)$ ，其中 μ、σ 均未知，对 X 取得了容量为 n 的样本 x_1，x_2，$\cdots$，x_n ，通常要求产品的性能参数应保持在容许的偏差范围内

$$X = X_0 \pm \Delta X$$

式中　X_0——性能参数的额定值；

ΔX——性能参数容许的偏差范围。

于是有

$$X_U = X_0 + \Delta X$$

$$X_L = X_0 - \Delta X$$

式中　X_L——性能参数容许下限；

X_U——性能参数容许上限。

根据产品的功能，有的性能参数允许对下限提要求，即 $X \geqslant X_L$，这类性能参数称为单侧下限参数；有的性能参数允许对上限提要求，即 $X \leqslant X_U$，这类性能参数称为单侧上限参数；有的性能参数允许对上、下限同时提要求，即 $X_L \leqslant X \leqslant X_U$，这类参数称为双侧参数。

性能可靠性是指产品在规定工作条件下、规定工作时间内，其

性能参数 X 满足规定的容许限要求的概率。根据性能参数类型，性能可靠性可分为：

1）单侧下限性能可靠性

$$R（下）= P(X \geqslant X_L) = 1 - \varPhi(\frac{X_L - \mu}{\sigma}) \qquad (8-43)$$

2）单侧上限性能可靠性

$$R（上）= P(X \leqslant X_U) = \varPhi(\frac{X_U - \mu}{\sigma}) \qquad (8-44)$$

3）双侧性能可靠性

$$R（双）= P(X_L \leqslant X \leqslant X_U) = \varPhi(\frac{X_U - \mu}{\sigma}) - \varPhi(\frac{X_L - \mu}{\sigma})$$

$$(8-45)$$

一般情况下，只能通过产品有限次试验，得到性能 X 的样本均值 $\overline{X}$ 与样本标准差 S，若以 $\overline{X}$，S 分别代替 μ，σ，则得到性能可靠性的点估计

$$\hat{R}（下）= 1 - \varPhi(\frac{X_L - \overline{X}}{S}) \qquad (8-46)$$

$$\hat{R}（上）= \varPhi(\frac{X_U - \overline{X}}{S}) \qquad (8-47)$$

$$\hat{R}（双）= \varPhi(\frac{X_U - \overline{X}}{S}) - \varPhi(\frac{X_L - \overline{X}}{S}) \qquad (8-48)$$

8.4.2　性能可靠性置信下限估计

为了得到区间估计，进行以下推导。

不等式

$$P(X \geqslant X_L) = P(\frac{X - \mu}{\sigma} \geqslant \frac{X_L - \mu}{\sigma}) \geqslant R_L$$

等价于

$$\frac{X_L - \mu}{\sigma} \leqslant - \varPhi^{-1}(R_L)$$

如取

$$k=(\overline{X}-X_{\mathrm{L}})/S，且 \ k_R = \Phi^{-1}(R_{\mathrm{L}})$$

则

$$P(\overline{X}-k \cdot S \leqslant \mu - k_R \cdot \sigma) = P[P(X \geqslant X_{\mathrm{L}}) \geqslant R_{\mathrm{L}}]$$

经过适当变换，可得 $\overline{X}-k \cdot S \leqslant \mu - k_R \cdot \sigma$，等价于

$$\frac{\dfrac{\overline{X}-\mu}{\sigma/\sqrt{n}}+k_R\sqrt{n}}{\sqrt{S^2/\sigma^2}} \leqslant k\sqrt{n} \qquad (8-49)$$

$\dfrac{\dfrac{\overline{X}-\mu}{\sigma/\sqrt{n}}+k_R\sqrt{n}}{\sqrt{S^2/\sigma^2}}$ 服从自由度为 $n-1$、非中心度 $\delta = k_R\sqrt{n}$ 的非中

心 t 分布，记为 $T'(n-1,\delta)$。在置信水平 γ 下，要求满足 $P(\overline{X}-kS \leqslant \mu - k_R\sigma) = \gamma$，即要求

$$P[T'(n-1,\delta) \leqslant k\sqrt{n}] = \gamma$$

即

$$P[T'(n-1,k_R\sqrt{n}) \leqslant k\sqrt{n}] = \gamma \qquad (8-50)$$

则 k，n，γ，k_R 知道其中 3 个，就可以求另一个；当给定置信度要求 γ，并已知 k，n 时，可求出 k_R，从而求得性能可靠性单侧下限 $R_{\mathrm{L}} = \Phi(k_R)$。根据非中心 t 分布函数数值计算，利用数值求解即可得到 $P[T'(n-1，k_R\sqrt{n}) \leqslant k\sqrt{n}] = \gamma$。

另外有国标 GB 488 5－85《正态分布完全样本可靠度单侧置信下限》可查，方法是：计算出样本均值 $\overline{X}$ 与样本标准差 S，根据给定容许限 X_{L}（或 X_{U}），计算出 $k=（\overline{X}-X_{\mathrm{L}}）/S$［或 $k=（X_{\mathrm{U}}-\overline{X}）/S$］，按给定置信水平 γ、样本量 n 及 k 值，查出 k_R，从而可得置信下限可靠度 R_{L}（或置信上限可靠度 R_{U}），$R_{\mathrm{L}} = \Phi(k_R)$。

双侧置信下限估计，有类似单侧下限的计算过程，可通过 GB/T 14438—93《正态分布双侧统计允许限系数表》，查表求得相应近似解。

性能单、双侧可靠性置信限的计算可通过对非中心 t 分布函数的调用，编程求解满足给定置信度的方程来进行数值计算，求得一定精度的精确限。

8.4.3　性能可靠性评定案例

例：某发动机的额定推力为 1 000 kN，下限为 955 kN，上限为1 045 kN。

1）根据 5 个子样算得 $\bar{x} = 980$ kN，$s = 12$ kN；

2）改进了调整计算方法后，又根据 5 个新的子样算得 $\bar{x} = 998$ kN，$s = 12$ kN；

给定 $\gamma = 0.75$，评估这两种情况的推力可靠度。

解：情况 1），$k_1 = \dfrac{\bar{x} - l}{s} = 2.08, k_2 = \dfrac{u - \bar{x}}{s} = 5.42$，得可靠度估值

$$\hat{R} = \Phi\left(\frac{u - \bar{x}}{s}\right) - \Phi\left(\frac{l - \bar{x}}{s}\right) = \Phi(5.42) - \Phi(-2.08)$$
$$= 1 + 0.981 - 1 = 0.981$$

根据 n, γ, k_1, k_2 的值查《正态分布双侧容许限系数表》得 $p_1 = 0.145, p_2 = 0.000$，于是性能可靠度下限为 $R_L = 1 - (p_1 + p_2) = 0.855$。

情况 2），$k_1 = \dfrac{\bar{x} - l}{s} = 3.58, k_2 = \dfrac{u - \bar{x}}{s} = 3.92$，得可靠度估值

$$\hat{R} = \Phi\left(\frac{u - \bar{x}}{s}\right) - \Phi\left(\frac{l - \bar{x}}{s}\right) = \Phi(3.92) - \Phi(-3.58)$$
$$= 0.9\,999 + 0.999\,8 - 1 = 0.999\,7$$

根据 n, γ, k_1, k_2 的值查《正态分布双侧容许限系数表》得 $p_1 = 0.023, p_2 = 0.010\,0$，于是性能可靠度下限为 $R_l = 1 - (p_1 + p_2) = 0.967$。

该案例表明：如果 $\bar{x}$ 偏离额定值太远，则性能可靠度不会高，因此应设法使 $\bar{x}$ 接近额定值，可采用两种方法：

1）对某些性能可调整计算方法；

2）或与总体部协商，将额定值改为 $\bar{x}$。

8.5　贮存可靠性评定

　　发动机贮存试验研究采取加速老化和自然贮存相结合的方法进行；以贮存试验、平行贮存试验件自然贮存试验为主，非金属材料加速老化试验、部分组合件、部件老化试验等为辅的方法开展试验。

　　通过对发动机贮存期影响因素的分析，对以往型号贮存信息的收集，对贮存过程中常见问题的梳理，对贮存条件以及结构、材料的对比分析，确定发动机加速老化试验和自然贮存试验的研究内容；针对新非金属材料或者贮存信息不满足本型号的非金属材料，分析其失效机理、结构特点、具体工况和贮存环境，选择相应的老化试验方法，确定老化试验条件，开展加速老化试验，获得非金属材料和零件的贮存期；对部分组件、部件进行失效模式和失效机理分析，选择对加速应力最薄弱的非金属材料，以其对应的老化条件进行组件加速老化试验，按产品技术条件对组件进行各项性能检测，给出组件的贮存期。自然贮存试验主要针对研制阶段早期生产的产品，通过定期检测以及相关试验，获得有关性能数据，验证贮存期。

　　由于发动机贮存试验产品信息较少，因此发动机采用以工程评定为主，与统计分析相结合的综合评定方法，采用计数型（成败型）的评定方法进行评定。

　　从保守观点考虑，认为贮存寿命服从指数分布，发动机贮存件检测和飞行试验结果无失效，贮存期评定公式则为

$$t_\eta = \frac{\sum_{i=1}^{n} t_i}{\ln \dfrac{1-U}{1-\gamma}} \ln \frac{1}{p} \tag{8-51}$$

式中　t_η——贮存期；

　　　　t_i——贮存试验数据；

　　　　$\gamma = 0.7$——置信度；

　　　　p——概率，通常取 0.8；

　　U ——风险系数（贮存件数≤40 时，取 0.5；贮存件数＞40
时，取 0）。

8.6　可靠性评定最新进展

　　对于单元可靠性评估，本章给出了正态、对数正态分布情况下
的可靠性评定的单、双侧精确下限，同时是（经典）Frequentist、
Bayesian、Fiducial 意义下的精确下限，只适用于完全样本。到目前
为止，完全样本情况下 Frequentist、Bayesian、Fiducial 方法的指
数、正态、对数正态、威布尔、极值等分布的可靠性评定，已经可
以得到精确下限。未来对于非完全样本情况下，（双参数）指数、正
态、对数正态、威布尔、极值等分布的可靠性评定的研究，将会使
现有可靠性评定方法更加丰富和完备。

　　对于系统可靠性评估，目前工程实践中尚在使用 L - M 法、
MML 法等近似算法，对于系统的可靠性精确下限及其求解仍需要开
展深入的研究。

参 考 文 献

[1] 周源泉. 可靠性评定 [M]. 北京：科学出版社，1990.

[2] 周源泉. 质量可靠性增长与评定方法 [M]. 北京：北京航空航天大学出版社，1997.

[3] 李宝盛，雷春钢. 液体火箭发动机性能参数的贝叶斯评估方法 [J]. 中国空间科学技术，2005（3）.

[4] 李宝盛，杨莹. 液体火箭发动机性能可靠性评估 [C] //中国宇航学会第五届液体火箭推进专业委员会第一次会议暨集团公司科技委液体及特种推进专业组学术研讨会会议论文集，2005.

[5] 李宝盛. 正态分布双侧可靠性精确下限与 Odeh&Owen 近似下限 [J]. 质量与可靠性，2007（6）.

[6] 李宝盛. 正态分布双侧可靠性精确下限 [J]. 航天推进与动力，2009（3）.

[7] 李宝盛，郝京辉. 液体火箭发动机寿命可靠性的贝叶斯下限 [J]. 导弹与航天运载技术，2009（4）.

第9章 可靠性管理

9.1 一般要求

　　可靠性是产品在使用中显示出来的一种特性，要通过一系列诸如设计、工艺、制造和试验等工程活动落实到产品中去。有效开展这些关于产品可靠性的工程活动，需要科学、恰当的组织与管理。发动机是一个复杂的系统，具有整体性、关联性、目的性、层次性和环境适应性等多重属性，影响可靠性的各要素是相互联系并相互作用的。美国著名学者切纳斯指出：系统工程是按照各个目标进行权衡，全面求得最优解或满意解的方法，并使得各组成部分能够最大限度地相互适应。因此，发动机可靠性管理就是从系统工程的观点出发，通过制定和实施计划，对产品各项可靠性技术活动进行组织、计划、协调、监督与控制，以实现既定的可靠性目标，并使得产品全寿命周期费用最低。

　　发动机可靠性管理包括产品的研发、设计、工艺、生产、试验、交付、使用及维护过程中与可靠性有关的全部活动，其中有许多相互关联、彼此依赖的工作环节，但首先强调的是从源头抓起。所以，发动机可靠性管理的首要工作是做好可靠性工作的顶层策划。从某种程度上说，发动机可靠性受制于产品的"短板效应"，即设计、工艺和制造等过程的薄弱环节对发动机的可靠性有着明显的制约作用。探寻并采取有针对性的措施使发动机的薄弱环节得到加强，是提高和巩固发动机可靠性的重要途径。所以实施发动机可靠性管理必须抓住那些影响可靠性的决定性因素，将其作为管理的重点，这样可以提高可靠性工作的有效性和针对性，获取事半功倍之效。

可靠性管理包括计划、组织、监督、控制等四个环节的工作。

(1) 可靠性管理的计划

制定计划是可靠性管理的第一步，开展可靠性管理首先要分析并确定目标，选择达到可靠性要求必须进行的一组可靠性工作项目。表9-1给出了发动机在不同研制阶段的可靠性工作项目，针对不同的任务特点和不同的产品对象可以根据需要进行合适的剪裁。在制定可靠性工作计划时，必须制定每项工作的具体要求，知晓并协调完成这些工作所需要的资源。

表 9-1　可靠性工作项目实施表

工作项目	工作类别	工作项目代号	技术指标论证阶段	方案阶段	工程研制阶段 初样阶段	工程研制阶段 试样或正样阶段	生产阶段	应提供的资料项目（输出）
可靠性工作计划	管理	101	△	√	√	√	√	可靠性工作计划
对转承制方和供货方的监控	管理	102	△	△	√	√	√	可靠性工作计划
可靠性评审	管理	103	△	√	√	√	√	评审检查项目单、可靠性模型、预计与 FMECA 等资料
故障报告、分析和纠正措施系统（FRACAS）	工程	104	×	△	√	√	√	FRACAS 报告
故障审查组织	管理	105	×	△	√	√	√	故障审查组织活动记录
可靠性模型的建立	工程	201	△	√	√	○	×	可靠性框图和数学模型说明文件
可靠性分配	计算	202	△	√	√	○	○	可靠性分配报告
可靠性预计	计算	203	△	√	√	○	○	可靠性预计报告
可靠性设计准则	工程	204	△	△	√	√	○	产品可靠性设计准则
故障模式、影响和危害度分析（FMECA）	工程	205	△	△	√	○	○	FME(C)A 计划 FME(C)A 报告

续表

工作项目	工作类别	工作项目代号	技术指标论证阶段	方案阶段	工程研制阶段		生产阶段	应提供的资料项目（输出）
					初样阶段	试样或正样阶段		
可靠性关键项目	管理	206	×	△	√	√	√	可靠性关键项目清单
元器件的应力分析	工程	207	×	×	√	√	○	元器件应力分析报告
元器件、材料和工艺的控制	工程	208	△	△	√	√	√	元器件、材料和工艺选用控制报告
功能测试、贮存、装卸、包装、运输和维修的影响	工程	209	×	△	√	√	○	影响分析报告
环境应力筛选（ESS）	工程	301	×	×	√	√	√	ESS 计划、报告
可靠性研制与增长试验	工程	302	×	△	√	√	×	可靠性试验计划、报告
可靠性验证	计算	303	×	×	△	√	△	可靠性验证方案、报告

注：√—适用；○—仅设计更改时适用；△—可选用；×—不适用。

（2）可靠性管理的组织

可靠性管理的组织是指确定可靠性工作的总负责人和建立管理机构，通过组建机构和队伍来落实工作职责。发动机研制、生产、试验的责任单位应确定负责可靠性工作的技术领导，发动机研发团队应设有主管可靠性工作的主任设计师。除此之外，还必须有专职和兼职的可靠性工作人员，做到职责明确、权限合理，形成发动机可靠性工作的组织体系和工作体系，以保证可靠性管理计划确定的工作内容能够完成、目标能够实现。航天型号研制的实践经验表明，组建可靠性专业研究机构和设立型号可靠性队伍对保障和提升产品的可靠性都是有利、有效的，两者可以相辅相成、并行不悖。通过前者，可以对型号共性的可靠性问题进行深入研究，总结和提炼经验并形成规律性的要求，规范和指导型号队伍更有效地开展可靠性工作；通过后者，则可以将可靠性技术活动完全融于产品的设计、工艺、制造、试验全过程中，实现可靠性工作与型号研制工作的紧密结合，避免出现"两张皮"的问题。但是，设计人员、可靠性专职人员和型号管理人员在可靠性技术活动中的作用各有侧重，应明确不同的职责分工与对接关系。

可靠性工作需要全员参与，因此必须对各类人员进行可靠性知识的培训与考核，以使他们能完成所承担的职责。

（3）可靠性管理的监督

可靠性管理中的监督环节是对可靠性计划执行情况的检查与督促，也指产品实现过程中可靠性活动的有效展开，形成闭环管理。发动机可靠性工作监督有现场监督和依据可靠性信息监督两种形式，要重点监督可靠性改进提高的活动、故障原因分析与故障机理研究、最终技术状态基线的确定、外包产品中合同质量与可靠性管理。

（4）可靠性管理的控制

可靠性管理的控制环节主要包括以下内容：通过制定和建立可靠性工作范式，形成标准、规范与程序，用以指导可靠性工作的有序展开；设立一系列检查、控制点，使产品可靠性实现过程始终处于受控状态；建立可靠性信息系统，及时分析和评价产品的可靠性状况，制定改进策略。

9.2　可靠性管理工作计划

编制可靠性工作计划，使规定的可靠性工作项目能按大纲要求有计划地实施，以保证发动机可靠性能够满足任务书的要求。可靠性工作计划一般包括：

1）可靠性工作实施范围；

2）可靠性工作的分工；

3）可靠性工作项目的实施目的、方法和要求；

4）可靠性工作项目的进度和完成形式；

5）可靠性数据资料的提供和传递要求；

6）可靠性培训的安排。

可靠性管理工作贯穿于发动机型号研制的各个阶段，根据型号研制任务特点，每个阶段可靠性工作计划的要点是不同的。

（1）论证阶段

在论证阶段，可靠性计划应着重于可靠性指标要求、相应的依据、约束条件及指标考核方案设想等，工作项目主要包括如下内容：

1）系统可靠性指标要求及其选择和确定的依据确认；

2）国内外相似系统和产品的可靠性水平和使用与保障经验分析；

3）寿命剖面、任务剖面及其他约束条件（如初步维修保障要求等）确认；

4）可靠性指标验证方案设计；

5）可靠性经费需求分析。

（2）方案阶段

在方案阶段，可靠性计划的编制要以选择最好的系统方案、确定可达到的可靠性指标等为中心来进行，其主要的内容包括：

1）可达到的可靠性定性、定量要求，可靠性途径与方法的分析，系统权衡研究；

2）可靠性指标考核验证方法及故障判别准则；

3）采用的通用标准及其剪裁；

4）经过对通用准则和规范进行剪裁后编制本型号的可靠性设计准则和设计规范；

5）可靠性经费预算、初步维修保障方案。

（3）全面工程研制阶段

全面工程研制阶段包括初样阶段和试样（正样）阶段，这一阶段可靠性工作计划的内容包括：

1）可靠性设计、分析及相应的报告（含分配、预计、FMECA、FTA、元器件与材料控制、工艺控制、关键项目控制等）；

2）可靠性研制与可靠性增长试验、验证方案及试验报告；

3）试验后的分析、试验结果评定、试验结果对系统各部分的影响、可靠性变化趋势（试验包括飞行试验）；

4）维修、测试及保障要求及实施计划；

5）型号工作阶段评审（主要是可靠性评审）的安排；

6）检查关键项目、问题归零及风险评价报告；

7）在试验样机出图之前，检查型号风险的能见度；设计报告，分析报告，试验报告（含设计评审报告及可靠性分析评审报告）。

（4）定型、批生产阶段

在定型、批生产阶段，可靠性工作计划的要点包括：

1）规定定型批生产所有必需的资源和各种控制措施，发现并解决定型批生产中出现的工艺质量及元器件缺陷；

2）试验：环境应力筛选和必要的验证试验，以确定并改正生产中可靠性下降的问题；如有必要，可制订定型批飞行试验计划；

3）评定生产中提出的设计更改建议对可靠性的影响、工作计划实施结果分析评审等；

4）检查并提交合同规定的可靠性文档。

9.3　外协件、外购件的监控

外协件、外购件是发动机的组成部分，也需要对其进行可靠性管理。要通过研制任务书、设计技术要求或合同，向外协单位提出外协件明确的质量与可靠性要求（包括可靠性指标要求、质量控制要求、可靠性工作项目要求、可靠性验证要求、FRACAS要求和可靠性数据要求等），并严格评审和验收；外购件应向合格供方采购，并通过复验，保证外购件满足规定的质量与可靠性要求。可靠性工作的监控重点包括：

1）根据可靠性工作计划制定并实施产品可靠性工作计划要求；

2）合格供方产品的可靠性定性与定量要求；

3）对外协单位可靠性进行评审、检查的规定，参加主要评审的规定；

4）实施故障报告、分析和纠正措施的规定；

5）向委托方提供可靠性工作资料的规定。

9.4　可靠性会签及评审

可靠性设计、分析、试验、评估、管理等可靠性文件，由可靠性主管设计师或标准化部门进行可靠性会签。

不同研制阶段的可靠性工作项目及评审侧重点不一样，具体如图 9 - 1 所示。

模样阶段对设计方案满足可靠性要求的情况进行评审，以获得性能和可靠性良好结合的设计方案。初样、试样阶段，对可靠性大纲规定的工作项目及计划的实施和完成情况进行评审，评审可结合产品设计评审同时进行。

发动机及其组件的可靠性取决于许多因素。并行的设计方法加上定期的设计评审可以及早并有效地发现这些不可靠因素。在进行设计评审时，组织单位应该邀请火箭总体人员，可靠性专家，设计师，研制、试验和维护工程师，以及结构、材料、制造和质量控制等方面的专家。发动机组件及整机的设计至少应进行初步设计、关键设计和最终设计三个轮次的评审。

（1）初步设计评审

这是对工作报告、基本方案、原理图、布局和分析的初步评审。通过此评审确定研制要求，并对其后的设计阶段作出决策。对于早期设计阶段曾经出现的一些不正确的设计方案且不难进行修改的情况，不应包括在此设计评审中。

（2）关键设计评审

这对于决定和批准是最重要的评审。它包括布局、分析、计划的试验与验证和采购说明书的所有可靠性方面的正式评审。

（3）最后设计评审

这是在产品交付之前的最后评审，评审内容包括总体设计布局、

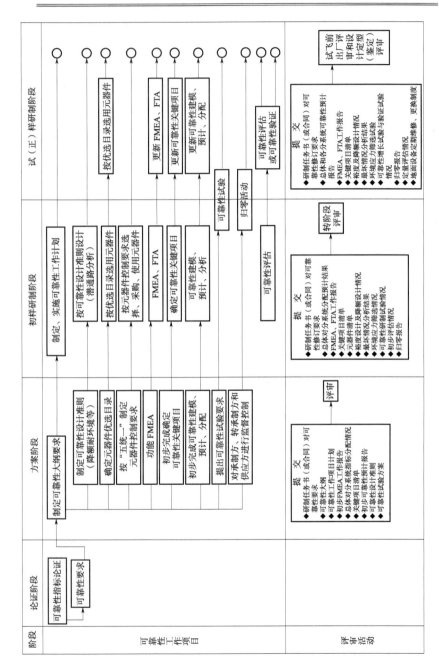

图 9 - 1　航天型号可靠性工作项目及评审项目

部件和总装图、分析、过程说明书以及研制试验结果。

所有这些评审应当强调以下几点：结构完整性、功能和性能、与运载器的连接和外廓尺寸材料相容性和组件连接面、可制造性和成本、可靠性和重复性、故障效应、环境和维护以及其他"特殊"要求。

所有参与评审的人员对赞同的设计布局应当进行认可签署。对于各项设计的可靠性核查清单可以作为不同的设计评审阶段的指南，如表 9 - 2 的设计检验单就可以作此用途。

表 9 - 2　发动机设计检验单

序号	检查内容
1	对以前类似的设计项目是否已进行详尽考察和了解
2	是否与那些设计项目的主要参与者已有接触？是否征求过他们意见
3	对以前有关设计项目曾经遇到的全部问题及其解决办法是否已制成清单
4	新发动机系统方案图是否已经审查
5	在不影响适应性和可维护性的情况下，是否已将组件数目及其复杂性减到最小，以达到最高的可靠性（特别是，是否已将活动部件减到最少）
6	是否进行过详细的故障分析（评估各组件的故障对所有其他部件和整个系统的影响，包括运载器和地面辅助设备）
7	是否已对所有现有的详细设计进行审查并可能将其用于新的设计
8	在可能、允许或者由运载器说明书上规定的情况下是否已采用标准件
9	是否已将运载器接合面保持最少了
10	与运载器连接的位置和形式是否根据运载器设计单位的要求进行选择？是否已与运载器设计单位磋商
11	对地面辅助设备在数目和复杂性方面的要求是否已减到最小
12	如果在研制期间所用的辅助设备与现场的不同，是否有充分理由
13	对所有的环境状态，包括那些不一定但可能发生的状况（盐雾、沙尘、霉菌、湿度、温度等）是否已经考虑
14	对于抗振动和冲击效应是否在各方面都已经考虑？是否包括不正确的操作
15	是否已在各方面考虑了加速度效应
16	对关键材料的使用是否已保持最少
17	是否肯定没有更廉价的材料可以使用

续表

序号	检查内容
18	是否能保证不同金属的连接不会发生电偶作用
19	发动机能否按照设计说明书要求进行摆动
20	如果需要，发动机能否并联组合
21	发动机能否安装到与现在设想不同的机架上
22	是否已证实所有部件可以制成
23	是否已证实没有更廉价的部件制造方法
24	能否用最少的专用工具容易地装配这些部件
25	是否已不可能发生不正确地组装和安装任何部件（或者在现场不正确地重新组装和安装这些部件）
26	需要维护的所有部件，在发动机与运载器连接之前和之后，是否能容易地接近
27	所有标记是否完全和正确
28	检验和质量控制说明书是否完备
29	是否已肯定在不受损失情况下此设计不可能进一步减小其质量
30	处廓尺寸是否尽可能最小
31	此系统能否容易和完全地排空（避免凹陷、低点等）
32	推力室和泵等供应系统组件是否已设计成使在关机后残留的推进剂最少（最小湿重）
33	采购部门是否已评价必须遵循的来源的重要性
34	发动机是否可以运输？是整体还是分成几件运输

设计评审是改进可靠性的有价值和节省经费的手段。应很好地组织和配备一批人员，保证有意义的评审并促使有效的推荐和工作。所有评审细节的完整文件将提供有价值的资料用做未来参考。

除设计评审外，工艺评审、产品质量评审、试验准备状态检查、生产准备状态检查也是保证可靠性实现的重要措施。

9.5　故障报告、分析和纠正措施

在初样阶段早期，应建立发动机故障报告、分析与纠正措施闭环管理系统（FRACS）。通过故障报告、分析和采取有效的纠正措施，避免故障重复发生。主要要求包括：

1）发生故障应及时报告；

2）按归零要求进行质量问题归零，编写归零报告；

3）故障归零必须经过审查并形成结论后方可开展后续工作。

FRACS 强调的是闭环管理，对可靠性改进与提高有重大帮助的是技术问题归零。技术问题归零强调五条标准，要求做到"定位准确、机理清楚、问题复现、措施有效、举一反三"。

9.6　可靠性信息管理

可靠性信息是有关产品可靠性指标要求、可靠性设计与分析、试验数据、现场故障和验证评估结果等可靠性相关数据、报告和资料的总称。掌握发动机质量与可靠性动态，建立质量与可靠性数据库，加强信息交流与共享，为发动机型号研制可靠性保证提供专业的数据支持，目的在于实现及时预警、过程监控、快速反应、充分共享。实施信息闭环管理是开展可靠性信息工作的基本原则，其中有两层含义：一是信息流程要闭环；二是信息系统要与有关工程系统相结合，不断利用信息解决实际问题，形成闭环控制。在实施信息闭环管理过程中，要根据信息需求，对信息流程中的每个环节进行有效管理，并对信息应用效果进行不断跟踪。

发动机承研、承制单位均应建立可靠性信息管理部门，明确职责，具体职责应该包括如下几个方面：

1）根据本单位特点，制定可靠性信息工作实施细则；

2）负责建立和运行质量与可靠性信息快报传递系统；

3）负责质量信息的采集、分析处理、储存、反馈和传递工作；

4）向上级或型号总体单位上报规定的信息；

5）对信息进行分析，定期或不定期编写质量可靠性问题综合分析报告。

可靠性数据是客观存在的，但只有将分散、随机产生的数据有意识地收集，并加以处理才能利用它。从可靠性信息管理全过程来看，数据收集是可靠性增长信息管理的起点。数据收集的基本要求体现在如下四点。

（1）及时性

及时性是由可靠性信息的时效性所决定的。信息价值往往随时间推移而降低，及时收集信息，能充分发挥信息应有的价值。特别是对于影响安全、可能造成重大后果的异常质量与可靠性信息，一经发现就应立即提出，以免造成重大损失。

（2）准确性

准确性是信息的生命。信息必须如实反映客观事实的特征及其变化情况，信息失真或畸形，不但没用，还会造成信息"污染"，导致错误结论。因此，对信息的描述要清晰明确，避免模棱两可。

（3）完整性

完整性是信息能全面、真实地反映客观事实全貌的必要条件。为保证信息的完整性，一是要按对信息的需求，内容要全，做到不缺项；二是要求信息数量完整，数量不足就难于找出事物规律，而且数量多也是弥补个别信息不准确的有效措施之一。

（4）连续性

连续性是保证信息流不中断及其有序性的重要条件。信息不连续或时断时续就难于找出变化的规律，同样会导致错误结论。

在可靠性增长信息收集中，特别强调对产品故障信息的收集。通过产品故障分析，可以掌握产品可靠性状况和故障规律，找出故障原因和薄弱环节，针对设计、生产和使用维修中存在的问题采取纠正措施，防止故障重复发生，提高产品可靠性水平。

按照可靠性信息管理的有关要求，参与研制的各单位应按可靠性大纲要求及时收集与本单位有关的可靠性数据和可靠性信息，填写可靠性信息采集表，作为验证和评估发动机可靠性的基础。可靠性信息的采集至少应包括表 9 - 3 所示内容。

表 9 - 3　可靠性信息采集格式

序号	质量问题名称	问题产品名称	设计单位	生产单位	研制阶段	发现日期	责任单位	发现地点	故障程度	问题发生阶段	问题概况	原因分析	一层原因	二层原因	管理因素	纠正措施

对表 9 - 3 中的一、二层次原因分类进行的说明见表 9 - 4。

表 9 - 4　质量可靠性问题原因分类表

一级原因	二级原因	说明
设计	设计输入问题	指由于任务书所提的指标等内容不全或有差错等原因导致的问题
	设计差错	由于设计过程中发生的错误导致的问题，包括设计方案、功能等方面的差错
	试验验证不充分	相关的试验设计不合理，或试验验证方案考虑不周等造成的质量问题
	设计可靠性欠缺	如冗余设计、降额设计、防电磁干扰设计等考虑欠缺造成的质量问题
	设计接口不协调	指总体与分系统、分系统之间、设备单机之间、软件与硬件之间的接口关系不协调、不匹配而造成的质量问题
	技术未吃透	缺少预研基础，现有技术无法实现；对新技术或新产品认知和研究不够
	测试覆盖性不全	指由于设计或技术、经费等因素的限制，产品测试工作没能覆盖所有工况，无法验证产品在各种条件下的性能，而最终引发的质量问题
工艺	工艺差错	指工艺方法差错、工艺流程差错、工艺参数不合理、工装设计差错等
	工艺方案考虑不周	工艺方案考虑不周，工艺文件不细不全，或工艺不稳定、人机料法环发生变化时对工艺过程产生影响造成的质量问题
	工艺技术未吃透	指对新工艺的认知和研究不够
操作	误操作	由于操作人员疏忽大意造成的质量问题
	违章操作	操作人员违反操作规章造成的质量问题

续表

一级原因	二级原因	说明
器材	固有质量问题	指器材类产品存在的固有质量问题
	使用质量问题	所有的器材类产品在使用过程中出现的质量问题，如器材选用或使用不当、性能退化和偶然因素等造成的质量问题
管理	无章可循	指制度缺项，工作人员没有可以遵循的制度或规范
	制度不完善	指在已有各项管理规章制度、管理规范的情况下，由于规章制度规范不完善造成质量问题的情况
	培训不到位	指虽有制度规范，但培训的内容、深度与力度不够，培训流于形式，造成工作人员不了解规章制度或岗位能力不足的情况
	执行不到位	包括责任制不落实，人员疏忽大意和把关不严等方面
	有章不循	相关人员违反规章制度，需要追究人为责任的质量问题
软件	需求缺陷	指需求描述不清、需求不完备等
	设计缺陷	指软件设计差错或编码差错，如算法错、条件转移错、计算精度不够、时序错等情况
	接口缺陷	指应用软件与系统软件之间、软件各模块之间的接口设计不当造成的质量问题
	健壮性设计不足	指软件容错、防错设计不足造成的软件质量问题
	测试缺陷	指由于测试覆盖性不足，未能及时发现软件差错而导致质量问题的情况
	配置管理差错	指由于版本控制或技术状态控制不当引起的质量问题
设备	设备能力不足	指购置的设备不可能达到规定的工艺工装要求，设备陈旧落后
	设备老化	指设备因使用时间较长，一些加工参数误差过大，精度缺失
	校验不到位	指设备未及时检验，造成误差累积，从而导致质量问题
环境		特指以现有技术条件或其他方面的原因无法达到的生产、试验和存储等方面的环境要求，或者是不可抗拒的自然和敌对事件造成的环境参数达不到规定要求
其他		以上分类无法覆盖的质量问题纳入此分类

除加强对发动机研制过程实际发生的质量与可靠性信息进行收集、处理、分析和管理外，还应该严格按照可靠性大纲的要求，对其他可靠性数据信息进行收集、处理、分析和管理，主要包括：

1）可靠性指标信息；

2）可靠性设计信息；

3）FMEA，FTA 等信息；

4）可靠性相关试验信息；

5）可靠性故障信息；

6）可靠性定量评估结果信息。

9.7　可靠性队伍和技术培训

（1）可靠性队伍

可靠性队伍是在单位和型号中从事可靠性工作的管理或技术人员，包括各类管理人员、设计工艺人员、型号质量主管、可靠性工程师等。

可靠性队伍的主要工作是：编制实施可靠性大纲及可靠性工作计划；研究各类产品的可靠性设计、分析、试验、评估方法，为在产品实现中应用可靠性技术方法提供支持；积累信息与数据，报告可靠性工作状况并提出建议；组织开展量化的可靠性分析与计算工作；组织开展技术评审，对可靠性工作进行把关；参加可靠性工作标准、规范的制定和修订工作；配合开展可靠性专业知识培训工作。

（2）可靠性技术培训的计划和要求

一般由人力资源部门、设计师系统、可靠性专业部门共同制定可靠性技术培训计划，对研制过程中需要的可靠性设计、分析、试验和管理等方面的知识进行培训，主要包括：

1）与发动机有关的质量与可靠性标准、规范；

2）FMECA，FTA，FRACS 技术；

3）发动机可靠性关键特性识别及控制方法；

4）发动机可靠性建模、分配、预计、验证、增长、鉴定、评估方法；

5）设计裕度分析、飞行时序分析、事件树分析、最坏情况分析、数据差异与包络分析技术；

6）失效物理分析技术、筛选与老炼；

7）发动机可靠性设计的准则与一般方法；

8）其他与发动机相关的可靠性知识。

值得一提的是，在发动机研制过程中，由于人为差错导致产品可靠性水平不满足要求、产品不合格的现象时有发生，人为差错主要包括设计差错、操作差错、装配差错和测试维修性差错等五种类型，必须通过培训和岗位锻炼大力提高水平与技能，靠人的工作质量保证产品质量。

9.8　不同人员可靠性职责

（1）单位技术领导人员职责

1）确定型号可靠性目标；

2）领导型号可靠性工作顶层策划；

3）监督可靠性工作计划实施的情况；

4）资源保障。

（2）可靠性主任设计师（含主任工艺师）职责

1）按照可靠性设计准则、规范进行产品和工艺设计，预防设计缺陷；

2）按可靠性工作计划的要求，负责完成好有关的可靠性指标分配、设计、分析和试验工作；

3）及时收集与呈报可靠性信息。

设计人员是产品可靠性工作的主体。

（3）可靠性专职人员职责

1）按型号总指挥和总设计师的要求，具体组织并进行型号可靠性总体技术策划；

2）提供型号的可靠性设计、分析、试验、评估、评价方法；

3）审查可靠性有关的技术文件；

4）向设计师提供可靠性技术支持（数据、工具、方法、规范）；

5）对可靠性信息进行分析、提炼、应用指导。

9.9　技术状态管理

质量管理体系标准要求十分强调技术状态管理，技术状态管理包括技术状态标识、技术状态控制、技术状态纪实和技术状态审核等活动。

技术状态标识包括确定产品的结构，选择技术状态项目，将技术状态的物理和功能特性以及接口和随后的更改形成文件，为技术状态项目及相应文件分配标识特征或编码。

技术状态文件正式确立后，就对技术状态项目更改进行控制。

技术状态纪实是对所建立的技术状态文件、建立的更改状况和已经更改执行状态所做的正式记录和报告。

技术状态审核是确定技术状态项目符合技术状态文件而进行的必要的检查，检查内容包括功能技术状态的审核和物理技术状态的审核。功能技术状态审核是为审核技术状态项目是否已经达到了技术状态文件中规定的性能与功能特性所进行的正式检查；物理技术状态审核是为了核实技术状态项目的建造是否符合其产品技术状态文件所进行的正式检查。

在技术状态管理中，核心是技术状态控制，技术状态基线一经确定，就不得随意更改，因为这是设计固有可靠性的基础，要谨防小改出大错。

对于确实是产品的薄弱环节或者后续研制试验过程中发现问题需要进行更改的，一定要遵守"论证充分、各方认可、试验验证、审批完备、落实到位"五项原则，确保技术状态更改在受控条件下进行并具备可追溯性。

技术状态更改应充分考虑更改带来的影响，确保更改内容的正确性、合理性、经济性和协调一致性。如表9-4所示，工程更改、偏离和超差，均应以书面形式提出，工程更改由技术状态文件形成单位实施更改。所有更改建议的提出、分析、验证、审批及执行过程，都要如实形成记录。对经正式批准的更改所涉及的技术文件、产品实物都应按更改文件要求执行。发动机研制单位应建立技术状态控制委员会（小组）。对涉及以下因素的偏离/超差，要对其必要性、正确性以及可靠性指标要求的满足情况进行审查：

1）人员健康状况；

2）性能指标；

3）产品的互换性、可靠性、安全性、保障性、维修性；

4）有效的使用性和可操作性；

5）质量和其他重要尺寸；

6）关键和重要特性。

表 9 - 4　航天产品工程更改类别和要求

类别	定义	范围界定	控制要求
1 类更改	不涉及产品实物状态变更的更改	指不涉及产品功能特性和物理特性的文件性更改。如：文字错误、增加视图、统一标注、改变阶段标记等	由设计者填写更改单进行更改
2 类更改	涉及产品技术状态变更的一般更改	指涉及产品功能特性和物理特性的一般更改。如：提高使用性能，改善表面状态，改变非协调尺寸，不涉及接口特性、电磁兼容性、可靠性、安全性、维修性和不影响相关产品正常工作的一般性更改	定型（鉴定）前的第 2 类更改，由设计者填写更改单实施更改；定型（鉴定）后的第 2 类更改，应提出《工程更改建议（申请）》，经批准后填写更改单实施更改；航天器正样阶段、运载火箭首飞成功后的第 2 类更改，应提出《工程更改建议（申请）》，经批准后填写更改单实施更改
3 类更改	涉及产品技术状态变更的重大更改，或对进度、经费有较大影响的更改	指涉及产品功能特性和物理特性的重大更改。如：任务书或合同要求的更改，设计方案、性能指标、接口特性、电磁兼容性、热特性、协调尺寸、外形尺寸、质量、重心、惯性矩、可靠性、安全性和维修性的更改	第 3 类更改应提出《工程更改建议（申请）》，经批准后填写更改单实施更改

参 考 文 献

[1] 谭松林，施琼，马良．质量与可靠性信息管理探析［J］．军民两用技术与产品，2002（11）．

[2] Q/QJA 11A 航天产品质量与可靠性管理要求［S］．

[3] GJB 9001B—2010 质量管理体系要求［S］．

附录 A 国外运载火箭液体型号发动机飞行故障汇总

序号	时间	国家	所属型号	质量问题名称	故障概述	原因分析	纠正措施
1	1990 年 2 月 22 日	欧洲	阿里安-44LP	碎布多余物造成火箭爆炸	当火箭升空飞行到 101 s 时发生爆炸，炸毁了火箭及其所携带的两颗美国制造的日本通信卫星乌-B 和 BS-X	这次火箭发射失败的原因并非是火箭本身的设计问题，而是人为错误造成的，是由于一块碎布残留在第一级发动机供水冷却管道内，堵住了一个供水阀门，致使水流不能到达第一级发动机，最后导致火箭爆炸。在故障调查中还发现一个助推器存在燃料渗漏现象	发射失败后，故障调查委员会共提出 44 项改进措施，全部被欧洲空间局和阿里安航天公司采纳。改进措施主要针对质量检验的程序和方法，包括对液体管道要进行残渣碎片的检查。对于燃料泄漏现象，则建议在助推器接头周围增设防护措施
2	1990 年 10 月 4 日	俄罗斯/乌克兰	天顶-2	一级发动机装配中多余物	火箭起飞几秒后即发生爆炸	爆炸是由工程技术人员在装配火箭一级 RD-170 发动机过程中带进了多余物造成的	

续表

序号	时间	国家	所属型号	质量问题名称	故障概述	原因分析	纠正措施
3	1991年4月18日	美国	宇宙神-1/半人马座	一台上面级发动机未能点火致火箭自毁	火箭一级飞行顺利，但飞行到284 s时，半人马座上面级的两台RL-10发动机中一台未能点火。由于只有一台发动机工作，不对称推力使火箭翻滚，半人马座在空中翻转了77 s，靶场安全指挥官发出炸毁指令。炸毁时，火箭高度175 km，距发射场390 km，爆炸后的火箭碎片落入距发射场1 450 km的大西洋	半人马座上面级的一台RL-10发动机中一止回阀失灵，未能在发动机起飞前闭合。在这种情况下，火箭起飞空气被吸进发动机中，氮在该吸进发动机的液氢泵中迅速冷凝，从而使涡轮泵无法转动，火箭发生故障	1) 设计了新的止回阀；2) 加装了电磁阀门作为冗余阀门，密封
4	1991年8月30日	俄罗斯/乌克兰	天顶-2	二级发动机爆炸	火箭起飞33 min后发动机爆炸	火箭二级发动机爆炸	
5	1992年2月4日	俄罗斯/乌克兰	天顶-2	二级发动机爆炸	第二级发动机爆炸，导致发射全失败	第二级一台发动机内的异物造成发动机推进剂喷射时阻塞，引起发动机爆炸	
6	1992年8月22日	美国	宇宙神-1/半人马座	一台上面级发动机未能达到推力	火箭正常飞行到287 s时，半人马座上面级的两台RL-10发动机中一台未能达到全推力，使上面级的卫星跌落下来。180 s后，当半人马座上面级重新点火，开始点火。其中一台发动机达到1 414 kg重的卫星轨道。偏离了正常轨道，当半人马座上面级面级到达165 km高，距发射场1 700 km近时，靶场安全指挥官发出自毁指令	半人马座上面级的一台RL-10发动机中一止回阀失灵，未能在发动机起飞前闭合。在这种情况下，火箭起飞空气被吸进发动机中，氮在该吸进发动机的液氢泵中迅速冷凝，从而使涡轮泵无法转动，致使火箭起飞后289 s发生故障	

续表

序号	时间	国家	所属型号	质量问题名称	故障概述	原因分析	纠正措施
7	1993 年 3 月 25 日	美国	宇宙神-1/ 半人马座	助推发动机推力降低致使卫星未能入轨	卫星未能进入预定轨道	火箭助推器发动机燃气发生器液氧流量控制器上的杆式调节螺钉松动，使出口压力降低，造成推力比额定值降低 66%，卫星被释放到低于要求的轨道	重新设计精确的杆式螺钉
8	1993 年 5 月 27 日	俄罗斯/ 乌克兰	质子- K/Blok-DM-2	二、三级燃料金属含量超标	火箭起飞后 205 s，二级发动机燃烧室冷却壁被烧穿，使燃料很快耗尽，三级过早点火工作，并耗尽燃料。572 s 时，火箭失控，地面控制人员随即用第四级的推力将火箭连同卫星一起导入大西洋	在火箭的液体燃料中发现了超过最大允许含量几倍的铜、铁、锌和铝。这次事故很可能是 "金属异物复杂作用" 导致第二、三级燃烧室冷却壁被烧穿。火箭第二、三级发动机的 5 个喷管被烧出 5 个洞	
9	1993 年 10 月 5 日	美国	大力神-2	变轨发动机异常	火箭变轨发动机出现异常，导致火箭发射失败		
10	1994 年 1 月 24 日	欧洲	阿里安-44LP	涡轮泵过热使三级发动机提前关机	当火箭飞行到 6 min47 s 时，涡轮泵过热，发动机提前关机。卫星双双坠入大西洋	三子级发动机涡轮泵一侧轴承故障	在轴窝内增加一抽气管进行散热，并对轴承涂润滑液

续表

序号	时间	国家	所属型号	质量问题名称	故障概述	原因分析	纠正措施
11	1994年12月1日	欧洲	阿里安-44LP	三级发生器压力降低	火箭升空后坠入大西洋，价值1.5亿美元的欧美卫星星-3被毁	这次故障的原因是通向燃气发生器的液体输送管道发生泄漏或阻塞，导致液氧供应短缺和燃气发生器压力降低约30%，从而使三子级发动机涡轮泵转速由62 000 r/min降低到50 000 r/min	1) 改进生产工艺，减少污染风险 2) 在液氧喷注入口安装400 μm的过滤器 3) 增加发动机试验，以验证飞行用的新过滤器和发动机
12	1997年5月20日	俄罗斯/乌克兰	天顶-2	一级发动机故障致火箭坠毁	火箭起飞48 s后，一级发动机发生故障，火箭坠毁	一子级发动机故障	
13	1997年10月30日	欧洲	阿里安-5G	芯级提前关机导致卫星没能入轨	芯级发动机在火箭飞行中产生了900 N·m的滚转力矩，滚转速率达5.5 r/min，提前触发了液氧耗尽信号，致使芯级发动机提前关机，模拟卫星未进入预定轨道	产生滚转的原因分析：1) 喷管内壁存在一定粗糙度，使喷管排气产生微弱的螺旋运动 2) 发动机重心偏移，造成推力不对称 3) 涡轮排气管支杆断裂	
14	1997年11月2日	巴西	卫星运载器	一助推器未能正常点火	火箭起飞后65 s，四个助推器中的一个未能正常点火，致使火箭严重偏离预定轨道，地面控制中心将火箭引爆，爆炸碎片落入大西洋中的安全区域，未造成人员伤亡和其他财产损失	四个助推器中的一个未能正常点火	

续表

序号	时间	国家	所属型号	质量问题名称	故障概述	原因分析	纠正措施
15	1997年12月24日	俄罗斯/乌克兰	质子-K/Blok-DM-3	DM-3上面级发动机提前关机	DM-3上面级发动机提前关机	不正确的涡轮泵涂层密封	除去不必要的涂层
16	1998年2月22日	日本	H-2	二级发动机故障使卫星进入无用的轨道	火箭二子级发动机LE-5A发动机出现故障，导致价值3.75亿美元的通信工程试验中继卫星被送入(COMETS)数据入一条无用的大椭圆轨道	二子级发动机LE-5A发动机焊接故障	
17	1999年5月4日	美国	德尔它-3	燃烧室出现裂缝导致卫星未能入轨	该火箭将Orion-3通信卫星送入低于预定轨道的轨道，发射失败。本次发射是该火箭第二次发射	燃烧室铜焊工艺存在缺陷使燃烧室出现裂缝，是本次发射失败的主要原因	1)改进铜焊工艺并进行验证 2)改进燃烧室生产工艺 3)实行超声波和X射线铜焊工艺检测技术和验收标准 4)焊接后对燃烧室铜接合处采用超声波检测等

续表

序号	时间	国家	所属型号	质量问题名称	故障概述	原因分析	纠正措施
18	1999年7月5日	俄罗斯/乌克兰	质子-K/微风-M	燃气涡轮泵内多余物	火箭起飞后不久出现故障，星箭坠毁于哈萨克斯坦境内的草原上	燃气涡轮泵内出现多余物质，导致使二子级发动机出现故障	1) 对火箭二三级发动机内部进行检查　2) 改进燃料系统地面部分过滤器设计
19	1999年10月27日	俄罗斯/乌克兰	质子-K/Blok-DM	二级发动机涡轮泵内多余物致使发动机故障和关机	火箭起飞后不久，二级发动机中的一台发生故障，接着其他七台发动机也自动关机	涡轮泵内出现多余物，从而导致涡轮泵发动机组件着火，而这些多余物能进入发动机内是发动机生产厂工作质量差所致	增加燃料系统，箭上部分过滤器，研制新涡轮泵
20	1999年11月15日	日本	H-2	一级发动机停止工作致火箭自毁	起飞 4 min 后，一级发动机 LE-7 停止工作，火箭偏离预定轨道，7 min 35 s 后地面接收不到遥测信号，随即发出自毁指令	推进剂管路破裂，推进剂泄漏，导致发动机停止工作	
21	2000年2月10日	日本	M-5	一级发动机喷管绝热层破裂脱落	火箭起飞正常，25 s 时，火箭产生振动，41 s 一级发动机喷管绝热层破裂脱落，55 s 时，火箭头部抬高超过预定姿态指令。地面控制中心发出一级与二级分离，75 s 二级发动机点火，218 s 三级分离，621 s 三级发动机点火，23 min 后卫星与三级分离，但进入了较低轨道	发动机喷管绝热层破裂脱落是火箭 M-5 火箭发射失败的主要原因。绝热层的脱落可能源于材料自身存在的缺陷	

续表

序号	时间	国家	所属型号	质量问题名称	故障概述	原因分析	纠正措施
22	2001年4月18日	印度	地球同步轨道运载火箭(GSLV)	上面级未充分燃烧致使卫星未送入轨道	火箭将GSAT-1送入略干预定高度的轨道	由于俄制低温上面级没有充分燃烧。按计划低温上面级KVD-1发动机应该持续燃烧710 s，然而它只燃烧了698 s	
23	2001年7月12日	欧洲	阿里安-5G	上面级Aestus发动机不稳定燃烧	火箭发射中在上面级Aestus发动机点火前，各子级工作正常。Aestus发动机点火燃烧过程中出现了不稳定燃烧现象，导致上面级未到达正常推力，推进剂过早耗尽，发动机提前关机	上面级发动机工作期间，在上面级推进剂输送系统和发动机燃烧室内部管路间出现了动态液压耦合现象，导致发动机燃烧不稳定	1) 改进上面级点火阶段，使之更加平稳 2) 鉴定标准化的点火阶段相适应 3) 飞行中操作余度应由发动机试验程序来验证 4) 根据新的标准接收下次发射任务中使用的发动机
24	2002年10月15日	俄罗斯/乌克兰	联盟-U	多余物导致一子级发动机推力偏低	火箭起飞后不久，一子级尾部喷出不正常尾焰。20 s时，火箭一子级捆绑助推器中的一个脱离箭体。火箭飞行姿态出现倾斜。29 s时，火箭坠入距普列茨科发射基地1 km的森林中爆炸，引起森林中起火。此次事故导致地面人员1死，8伤，发射的光子-M国际科研卫星被毁，发射台也受到部分损坏	在一子级D组RD-107发动机涡轮泵和输送过氧化氢燃气发生器产物到涡轮泵的蒸汽一燃气导管管路中存在外来多余物。发射后不久，D组发动机出现标称平均压力5~6倍。急剧的压力脉动引起管路泄漏或破裂，结果导致压力降低，推力减小	

续表

序号	时间	国家	所属型号	质量问题名称	故障概述	原因分析	纠正措施
25	2002年11月25日	俄罗斯/乌克兰	质子-K/Blok-DM3	上面级二次点火发动机毁坏	上面级发动机第二次点火时出现异常。主发动机内存在过多的燃料，导致温度升高，发动机毁坏	造成这种情况可能原因有两个：游离颗粒使集流腔堵塞；游离颗粒使燃气发生器喷注器燃料供给阀门的气密性被坏	重新鉴定Block-DM生产商方面的质量控制程序
26	2002年12月11日	欧洲	阿里安-5 ECA	发动机推力失衡导致火箭失控	火箭起飞96s出现异常；178s（固体助推器分离41s）时，火箭低温芯级上的火神2主发动机经受了"严重的扰动"，结果导致整个运载火箭的飞行控制不平稳；187s时，在不稳定的情况下，抛掉了整流罩，火箭完全失控，发控中心离飞行轨迹，455s时，火箭发出自毁指令，火箭在69km高空爆炸	在火神2主发动机喷管冷却回路上发现了裂隙，这使发动机损坏。严重的过热载荷而频坏。结果，火神2发动机推力失去去平衡，最终导致运载火箭失去控制	改进火神2主发动机喷管，对发动机喷管延伸段进行重新设计，增强了喷管机械结构并改善了管壁热环境。热环境的改善有两种途径是主要通过防冷却涂层，增加冷却剂流量，提高冷却能力
27	2003年8月22日	巴西	卫星运载器	二级发动机释放静电引燃燃料	火箭在阿尔坎塔拉航天中心内的发射台上进行发射前的最后测试时，意外爆炸，共造成23名科学家遇难，还有多人受伤，发射台和箭上两颗小卫星同时被毁	火箭二级发动机释放静电引燃了重达40t的火箭燃料	

续表

序号	时间	国家	所属型号	质量问题名称	故障概述	原因分析	纠正措施
28	2004年12月21日	美国	德尔它-4H	两助推器提前8s关机	火箭起飞4 min后，左右两个助推器关机、分离，但发动机关机及分离时间比预计延长了8 s，因此上面级被迫延长工作时间，以补偿性能不足。最终发动机因燃料耗尽关机，未能完成最后机动，载荷进入了较低的轨道，发射取得部分成功	根本原因是液氧输送系统中的流气穴，而气穴是由于气输送系统自身流量限制产生的。统管线内的气穴或气囊延伸至发动机关机控制传感器处，导致发动机关机。发	增加液氧储箱压力，补偿液氧输送管线内的压力限制条件件。根据大型积累的经验，德尔它-4以后每次飞行任务都要在最恶劣的工作条件下进行气穴测试
29	2004年12月24日	俄罗斯/乌克兰	旋风-3	三级发动机提前关机	三级发动机提前关机，将卫星留在大椭圆轨道1 300 km×1 900 km	发动机提前关机	
30	2005年6月21日	俄罗斯/乌克兰	波浪号	一子级发动机提前关机	一子级发动机提前关机（原定工作时间100 s，实际工作时间82.86 s），火箭飞行160 s后，箭上控制系统自动中止了飞行	发动机涡轮泵运作能力退化是导致一级发动机提前关机的主要原因	
31	2006年2月28日	俄罗斯/乌克兰	质子-M/微风-M	微风-M上面级发动机二次点火异常，提前关机	火箭发射后，微风-M上面级发动机在其第二次点火时发动机出现异常，提前3 min关机，而未能将阿拉伯-4A卫星送入预定轨道	微风-M上面级发动机提前关机是由于氧化剂输送系统内发生了异常导致的。而遥测系统氧化剂输送系统异常是由于能是杂质粒子阻塞了火箭助推器液压泵的喷嘴	

续表

序号	时间	国家	所属型号	质量问题名称	故障概述	原因分析	纠正措施
32	2006年3月24日	美国	法尔肯-1	燃料泵泄漏导致首飞失利	T+25 s，一级发动机点火，但工作时间远低于预计工作时间。T+41 s，火箭及其有效载荷一同坠落，首飞宣告失败	腐蚀裂缝造成定子燃料泵入口压力传感器上的铝制 B 型螺母发生故障。该故障引起 RP-1 煤油发生泄漏到发动机上部，到达推力室外部。当发动机点火时，泄漏的燃料开始起火。火焰导致气压下降，RP-1 煤油和液氧预启阀关闭，发动机在火箭发射后 34 s 停止燃烧	螺母采用不锈钢材料，主发动机零部件采用防火材料。严格控制发射前质量，改进火箭发射监测系统。采用自动倒计时减少人为误差
33	2006年7月10日	印度	GSLV	一个助推器丧失推力致使火箭解体	起飞 0.2 s，四个液体助推器中的一个突然丧失推力，其他正常，但对火箭控制明显减弱，50 s 左右火箭姿态控制跨过声速、姿态误差增大，导致空气动力载荷超出设计限值，火箭解体。损失金额高达 25.6 亿卢比（火箭 16 亿卢比、卫星 9.6 亿卢比）	发动机内的推进剂调节器在封闭环境内流量系数过高，导致气发生器的推进剂流量过大，气发生器的推进剂工作压力过大，致使冷却水的流量减小、温度升高、超过了设计的工作压力。过高的工作压力和温度导致燃气发生器结构出现故障。随后涡轮泵停止工作，发动机失去推力	1）对生产、检查、验收程序进行严格控制，对生产工艺进行严格评估及更新 2）各机构内部要对所有关键元件及组件进行独立检查 3）此外，还要对发动机抽样进行长期热试验，确保生产工艺符合要求

续表

序号	时间	国家	所属型号	质量问题名称	故障概述	原因分析	纠正措施
34	2006年2月28日	俄罗斯/乌克兰	第聂伯	一级发动机紧急关机使火箭坠毁	火箭一级发动机紧急关机使火箭坠毁于距发射场25km处	发动机液压作动器故障是导致发动机提前关机的主要原因。液压作动器故障可能是由于火箭隔热层被破坏，输送管路内推进剂过热所致	
35	2007年1月30日	多国	天顶-3SL	一级主机氧涡轮泵吸入金属碎片后爆炸	天顶-3SL火箭在发射NSS-8商业通信卫星时，离开发射塔架不久后就发生了爆炸，摧毁了整个火箭和卫星，海上奥德赛发射平台也部分受损	在一级RD-171M主发动机液氧供给系统中，活动的涡轮泵与固定零件之间存在金属碎片，在发射开始阶段，由于泵吸入了金属碎片，导致最终发射失败	
36	2008年3月15日	俄罗斯/乌克兰	质子-M/微风-M	微风-M上面级发动机二次点火异常导致提前关机	火箭发射后，微风-M上面级发动机在其第二次点火时发动机出现异常，提前关机，致使AMC-14卫星未能进入预定轨道。质子-M/微风-M火箭自2007年9月失利不到6个月的时间再度受挫，使俄罗斯商业航天发射受到困扰	微风-M上面级主发动机燃气发生器与推进剂涡轮泵之间的气体管路破裂	增加了气体管路的壁厚
37	2008年8月3日	美国	法尔肯-1	分离后一级发动机关机后剩余推力导致二级相撞	火箭在起飞后150s左右，一、二级分离，一级在分离前1.5s关机。在执行本次任务中，一级发动机关机后剩余推力在一、二级分离后继续推进火箭，导致一、二级相撞。火箭出现强烈震动，导致发射失败	主要原因是本次发射中一级使用了新型单1C发动机，采用再生冷却方式。而过去使用单1A发动机采用烧蚀冷却方式。这次失败确定是设计问题。单1A发动机原用序关机时序设计适用于单1A发动机1.5s并不适用于单1C发动机	

续表

序号	时间	国家	所属型号	质量问题名称	故障概述	原因分析	纠正措施
38	2009 年 5 月 21 日	俄罗斯/欧洲	联盟 2－1a	三级发动机提前关机导致卫星未入轨	火箭起飞 9 min 后，弗雷盖特上面级和卫星一同到达近地轨道。随后上面级继续提高轨道，到达高椭圆轨道的近地点。子午线卫星最终被送到 321 km×36 461 km，倾角 62.8° 的轨道，而预定轨道是 1 000 km×39 800 km，倾角 63°	失败的原因是三级发动机提前 3～5 s 关机，弗雷盖特无法在远之足够的推进剂，致使涡轮泵进行末次点火地点进行末次点火	
39	2010 年 4 月 15 日	印度	GSLV－MK2	低温上面级（CUS）主发动机液氢涡轮泵工作异常	火箭发射 5 min 后上升约 140 km 最高点，由于自主研发的低温上面级主发动机液氢涡轮泵工作异常导致发射失败	涡轮泵故障可能有以下两种原因：1) 可能是密封位置被卡住造成转子固死 2) 可能是由于压力上升过大或热应力过大，导致涡轮泵壳体破裂	
40	2010 年 6 月 10 日	韩国	罗老号	火箭与地面控制中心失去联络并坠毁	火箭飞行 137.19 s 后与地面控制中心失去联络，并在距地面 70 km 处脱离预定轨道、爆炸坠毁	可能原因：1) 俄罗斯制造的一级发动机异常 2) 俄罗斯制造的用于一、二级分离的螺栓故障	
41	2011 年 8 月 24 日	俄罗斯/乌克兰	联盟－U	三级发动机燃气发生器故障	火箭升空 325 s，箭上计算机飞行中止系统检测到火箭上面级的动力系统（发动机 px0110）发生故障后自动启动、中止提供推力、发射失败。据莫斯科任务控制中心消息，火箭发生事故后地面与火箭和飞船的通信立刻消失	二级发动机燃气发生器故障是导致此次发射失败的主要原因	

附录 B　可靠性相关标准

GB/T 4087－2009　数据的统计处理和解释 二项分布可靠度单侧置信下限

GB/T 4885－2009　正态分布完全样本可靠度单侧置信下限

GJB 813－1990　可靠性模型的建立和可靠性预计

GJB 1407－1992　可靠性增长试验

GJB/Z 77－1995　可靠性增长管理手册

GJB 899A－2009　可靠性鉴定与验收试验

GJB 451A－2005　可靠性维修性保障性术语

GJB 450A－2004　装备可靠性工作通用要求

GJB 1909A－2009　装备可靠性维修性保障性要求论证

GJB/Z 299C－2006　电子设备可靠性预计手册

GJB/Z 108A－2006　电子设备非工作状态可靠性预计手册

GJB/Z 1391－2006　故障模式、影响及危害性分析指南

GJB/Z 768A－1997　故障树分析指南

GJB/Z 34－1993　电子产品定量环境应力筛选指南

QJ 2668－1994　航天产品可靠性设计准则 电子产品可靠性设计准则

QJ 1408A－1998　航天产品可靠性保证要求

QJ 1544B－2004　航天产品不合格、失效和危险分类

QJ 3250－2005　航天产品非工作状态可靠性设计与评价指南

QJ 3138－2001　航天产品环境应力筛选指南

QJ 3127－2000　航天产品可靠性增长试验指南

QJA 11A－2007　航天产品质量与可靠性信息管理要求

QJA 55－2010　液氧煤油发动机可靠性试验与评估方法